Python

网络爬虫与数据可视化

应用实战　　　　陈允杰　著

中国水利水电出版社
www.waterpub.com.cn
·北京·

内 容 提 要

《Python 网络爬虫与数据可视化应用实战》是一本介绍大数据时代用 Python 进行数据获取、数据清洗和数据可视化分析的技术图书。全书共分两篇，其中第 1 篇主要介绍了数据获取的相关知识，具体内容包括 HTML、JSON 与网络爬虫基础，爬取静态网页，使用 CSS 选择器爬取数据，遍历 HTML 网页并获取数据，使用 XPath 表达式与 lxml 包创建爬虫程序，使用 Selenium 爬取动态网页，Scrapy 爬虫框架的使用，数据存储等；第 2 篇主要介绍数据分析及可视化相关知识，具体内容包括数据可视化基础知识，Pandsa 数据处理，使用 Pandas、Matplotlib、Seaborn、Bokeh 等工具进行数据分析和可视化等。每篇均设置特别章节进行了综合案例演练，提高综合水平。

《Python 网络爬虫与数据可视化应用实战》一书内容丰富，涵盖面广，特别适合作为大中专院校相关专业的教材，也适合作为大数据分析相关专业的自学参考书。

图书在版编目（CIP）数据

Python网络爬虫与数据可视化应用实战 / 陈允杰著. — 北京：中国水利水电出版社，2021.12
ISBN 978-7-5170-9054-0

Ⅰ.①P… Ⅱ.①陈… Ⅲ.①软件工具—程序设计 Ⅳ.① TP311.561

中国版本图书馆 CIP 数据核字 (2020) 第 233462 号

书　　名	Python 网络爬虫与数据可视化应用实战 Python WANGLUO PACHONG YU SHUJU KESHIHUA YINGYONG SHIZHAN	
作　　者	陈允杰　著	
出版发行	中国水利水电出版社	
	（北京市海淀区玉渊潭南路 1 号 D 座 100038）	
	网址：www.waterpub.com.cn	
	E-mail：zhiboshangshu@163.com	
	电话：（010）62572966-2205/2266/2201（营销中心）	
经　　售	北京科水图书销售中心（零售）	
	电话：（010）88383994、63202643、68545874	
	全国各地新华书店和相关出版物销售网点	
排　　版	北京智博尚书文化传媒有限公司	
印　　刷	河北华商印刷有限公司	
规　　格	190mm×235mm　16 开本　32.25 印张　740 千字	
版　　次	2021 年 12 月第 1 版　2021 年 12 月第 1 次印刷	
印　　数	0001—3000 册	
定　　价	109.00 元	

前 言

大数据分析的首要任务是获取数据，可以使用网络爬虫从网络获取所需的数据，拥有数据后才能进行数据分析。但是随着数据量的飞跃增长，无法马上从大量的数据中找出脉络，如果将数据以可视化的方式呈现，将有利于读者快速理解数据，获取有用信息。数据可视化作为大数据分析的一部分，也是人工智能和机器学习的必修课程。

数据可视化（Data Visualization）是使用图形化工具（如各种统计图表）运用可视化的方式来呈现从大数据中提取出的有用数据。简单地说，数据可视化可以将复杂数据使用图形（或图表）抽象化成易于听众或读者吸收的内容，从而更容易识别出数据中的模式（Patterns）、趋势（Trends）和关联性（Relationships）。

本书是一本使用 Python 3 实现 Python 网络爬虫和大数据分析的学习手册，书中实际使用 Python 五大程序包创建爬虫程序，在获取和存储数据后，使用 Python 四大程序包来执行数据可视化和大数据分析，可作为理工科院校和职业学院网络爬虫、数据可视化或大数据分析相关课程的教材。在内容上，本书从基础开始说明如何从网络上获取数据，不仅可以爬取静态网页内容，还能爬取动态网页内容，事实上，只要是在浏览器中看到的数据，都可以获取（有些网站设置了反爬取机制）。不仅如此，本书详细说明了网络爬虫必备的定位技术、CSS 选择器、XPath 表达式和正则表达式，最后是爬取 Web 网站的 Scrapy 框架。

在数据可视化部分，本书详细说明了数据可视化的概念和常用图表，然后实际使用 Python 相关程序包来执行数据可视化。全书以实务的形式详细说明网络爬虫和数据可视化需具备的理论、观念和技能，而这些是数据科学的基础内容，可以帮助读者轻松了解数据科学和大数据分析。

因为实操是程序学习时不可缺少的部分，本书在完整说明两大主题的相关 Python 包后，都提供了多个实操案例，可以让读者实际应用所学知识从网络爬取数据，并使用这些数据来绘制相关图表，实现数据可视化。

本书结构

本书从网络爬虫的基础知识开始，循序渐进，在简单说明 HTML 和 JSON 的概念后，从网络爬虫开始学习如何从网络获取数据，然后学习 Python 大数据分析的数据可视化，并详细说明 Python 的相关包。

I

※ 第一篇：创建 Python 爬虫程序——从网页获取数据

第一篇说明如何创建 Python 爬虫程序来获取网络数据。

第 1 章先说明 HTML、JSON 的基本概念和网络爬虫的基础知识，然后介绍 Python 五大网络爬虫函数库和 Spyder 集成开发环境的使用；第 2 章说明如何发送 HTTP 请求来获取 HTML 网页；第 3 章使用 BeautifulSoup 对象解析 HTML 网页，使用相关函数或正则表达式来获取网页数据；第 4 章使用 CSS 选择器 +BeautifulSoup 来爬取数据，并且说明爬虫相关的必备工具；第 5 章使用遍历 HTML 网页方式来获取数据，并将爬取的数据存储为 CSV 和 JSON 文件；第 6 章使用 XPath 表达式和 lxml 包创建 Python 爬虫程序；第 7 章使用 Selenium 爬取动态网页内容并与 HTML 表单进行互动，模拟用户在浏览器的操作来爬取 JavaScript 代码产生的网页数据；第 8 章介绍 Python 爬虫框架 Scrapy，可以爬取整个 Web 网站的内容；第 9 章是实战实例，实际使用五大程序包来创建 9 个网络爬虫的实现案例；第 10 章使用 Python 字符串处理和正则表达式清理数据后，将爬取的数据存入 MySQL 数据库。

※ 第二篇：Python 数据可视化——大数据分析

第二篇用 Python 对数据进行可视化，以便更好地进行大数据分析。

第 11 章说明什么是大数据，以及数据种类，详细说明大数据分析的数据可视化、数据可视化图表和 Python 数据可视化函数库；第 12 章介绍数据处理与分析的 Pandas 包，并且在最后介绍 Pandas 在数据清理中的应用；第 13 章介绍数据可视化的 Matplotlib 和 Pandas 包，我们可以通过绘制各种图表来执行数据可视化；第 14 章介绍 Seaborn 包的统计数据可视化；第 15 章是 Bokeh 包的互动可视化，通过此包我们可以绘制在网页显示的互动图表和仪表盘；第 16 章实际使用第 9 章获取的网络数据来实操四大包实现数据可视化，也就是进行 Python 大数据分析。

附录 A（电子版）说明 Python 语言的基本语法，以及在 Windows 操作系统中安装 Anaconda 整合包。

本书资源下载及服务方式

本书配套资源（具体内容见下页）可通过下面的方式下载：

（1）扫描右侧的二维码，或在微信公众号中直接搜索"人人都是程序猿"，关注后输入pc916并发送到公众号后台，即可获取资源下载链接。

（2）将链接复制到计算机浏览器的地址栏中，按Enter键即可下载资源。注意，在手机中不能下载，只能通过计算机浏览器下载。

（3）读者可加入QQ群1168052567，与其他读者交流学习。

特别声明

本书赠送的所有资源仅供读者学习使用，严禁分发和自行传播，若由此带来纠纷，本书作者及出版商不承担任何责任。如果在使用过程中因软件所造成的任何损失，与本书作者和出版商无关。

本书详细介绍了数据获取和数据可视化的各种方法，本书的截图是基于特定条件下的界面截图，可能与实际界面有所差异，请读者注意学习其中的方法，学会学习。另外，本书中的所有案例、技术仅为了读者学习，切勿从事非法活动，侵害他人利益，若由此造成的任何后果，与本书作者和出版商无关。

致谢

特别感谢工程师左云飞对本书的部分案例进行改写，并对全书内容进行了审查。

本书作者、编辑及所有出版人员虽力求完美，但因时间有限，谬误和疏漏之处在所难免，请读者不吝指正，多多包涵。如果您对本书有什么意见或建议，请直接将信息反馈到2096558364@QQ.com 邮箱，我们将根据你的意见或建议及时做出调整。

祝您学习愉快，一切顺利！

编　者

目 录

第一篇　创建 Python 爬虫程序——从网页获取数据

1 CHAPTER HTML、JSON与网络爬虫的基础

1-1 认识 HTML..3

    1-1-1　HTML 的标签与属性 3

    1-1-2　HTML 网页结构 4

1-2 JSON 的基础 6

    1-2-1　认识 JSON 6

    1-2-2　JSON 的语法 7

1-3 网络爬虫的概念 9

    1-3-1　认识网络爬虫 9

    1-3-2　为什么需要网络爬虫 10

    1-3-3　网络爬虫的基本步骤 13

1-4 网络爬虫的相关技术 14

    1-4-1　网络爬虫使用的相关技术 14

    1-4-2　使用浏览器浏览网页的步骤 15

1-5 Python 网络爬虫的相关函数库 20

1-6 Spyder 集成开发环境的使用 22

2 CHAPTER 从网络获取数据

2-1 认识 HTTP 头部与 httpbin.org 服务 29

    2-1-1　HTTP 头部 29

2-1-2　用开发者工具查看 HTTP 头部信息 30

2-1-3　认识 httpbin.org 服务 32

2-2 使用 Requests 发送 HTTP 请求 34

2-2-1　发送 GET 请求 34

2-2-2　发送 POST 请求 36

2-3 获取 HTTP 响应内容及头部信息 37

2-3-1　获取 HTTP 响应内容 37

2-3-2　内置的响应状态码 40

2-3-3　获取响应的 HTTP 头部信息 42

2-4 发送进阶的 HTTP 请求 44

2-4-1　访问 Cookie 的 HTTP 请求 44

2-4-2　创建自定义 HTTP 头部的 HTTP 请求 44

2-4-3　发送 RESTful API 的 HTTP 请求 45

2-4-4　发送需要认证的 HTTP 请求 46

2-4-5　使用 timeout 参数指定请求时间 47

2-5 错误 / 异常处理与文件访问 48

2-5-1　Requests 的异常处理 48

2-5-2　Python 文件访问 49

3 CHAPTER 爬取静态HTML网页数据

3-1 在 HTML 网页定位数据 54

3-1-1　网络爬虫的数据爬取工作 54

3-1-2　如何定位网页数据 54

3-2 使用 BeautifulSoup 解析 HTML 网页 55

3-2-1　创建 BeautifulSoup 对象 55

3-2-2　输出解析的 HTML 网页 56

3-2-3　BeautifulSoup 的对象说明 59

3-3 分析静态 HTML 网页 63
　　3-3-1 本章使用的示例 HTML 网页 63
　　3-3-2 使用开发者工具分析 HTML 网页 65

3-4 使用 find() 及 find_all() 函数搜索 HTML 网页 67
　　3-4-1 使用 find() 函数搜索 HTML 网页 67
　　3-4-2 使用 find_all() 函数搜索 HTML 网页 71

3-5 认识与使用正则表达式搜索 HTML 网页 75
　　3-5-1 认识正则表达式 75
　　3-5-2 使用正则表达式搜索 HTML 网页 77

4 CHAPTER 使用CSS选择器爬取数据

4-1 认识 CSS 层叠样式表 81
　　4-1-1 CSS 的基本概念 81
　　4-1-2 CSS 的基本语法 81
　　4-1-3 CSS 选择器互动测试工具 82

4-2 使用 CSS 选择器定位 HTML 标签 85
　　4-2-1 基本 CSS 选择器 85
　　4-2-2 属性选择器 87
　　4-2-3 子孙选择器与兄弟选择器 89
　　4-2-4 Pseudo-class 选择器 90
　　4-2-5 CSS 选择器的语法整理 91

4-3 CSS 选择器工具 —— Selector Gadget 94

4-4 Google Chrome 开发者工具 98
　　4-4-1 打开开发者工具 98
　　4-4-2 查看 HTML 元素 100

4-4-3　获取选取元素的网页定位数据 101

4-4-4　控制台标签页 103

4-5　在 BeautifulSoup 使用 CSS 选择器 105

5 CHAPTER　遍历HTML网页获取数据与数据存储

5-1　如何遍历 HTML 网页 113

5-2　遍历 HTML 网页获取数据 116

5-2-1　向下遍历 116

5-2-2　向上遍历 119

5-2-3　向左右进行兄弟遍历 120

5-2-4　前一个和下一个元素 122

5-3　修改 HTML 网页来爬取数据 125

5-4　将获取的数据存储成 CSV 和 JSON 文件 128

5-4-1　存储成 CSV 文件 128

5-4-2　存储成 JSON 文件 131

5-5　从网络下载图片 134

6 CHAPTER　使用XPath表达式与lxml包创建爬虫程序

6-1　XPath 与 lxml 包的基础 139

6-1-1　认识 XPath 139

6-1-2　lxml 包 140

6-2　使用 Requests 和 lxml 包 141

6-3　XPath 数据模型 145

6-3-1　XPath 数据模型概述 145

6-3-2　XPath 数据模型示例 147

6-4 XPath 基本语法 149

    6-4-1 认识 XPath 基本语法 149

    6-4-2 轴 150

    6-4-3 节点测试 153

    6-4-4 谓词 156

    6-4-5 XPath 表达式的缩写表示法 157

    6-4-6 组合的位置路径 158

6-5 XPath 运算符与函数 160

    6-5-1 XPath 运算符 160

    6-5-2 XPath 函数 160

6-6 XPath Helper 工具 162

7 CHAPTER Selenium表单互动与动态网页爬取

7-1 认识动态网页与 Selenium 168

    7-1-1 动态网页的基础 168

    7-1-2 认识 Selenium 169

7-2 安装 Selenium 170

7-3 Selenium 的基本用法 172

7-4 定位网页数据与异常处理 177

    7-4-1 认识 Selenium 网页数据定位函数 177

    7-4-2 使用网页数据定位函数 178

    7-4-3 Selenium 异常对象 182

7-5 与 HTML 表单进行互动 184

    7-5-1 与 Bing 搜索表单进行互动 184

    7-5-2 与 GitHub 网站登录表单进行互动 187

    7-5-3 Selenium 动作链 190

7-6 JavaScript 动态网页爬取 193

7-6-1 爬取"Hahow 好学校"的课程信息 193

7-6-2 使用 Selenium 爬取下一页数据 196

8
CHAPTER
Scrapy爬虫框架

8-1 Scrapy 爬虫框架的基础 201

8-1-1 认识 Scrapy 201

8-1-2 安装 Scrapy 201

8-2 使用 Scrapy Shell 204

8-3 创建 Scrapy 项目的爬虫程序 211

8-3-1 创建 Scrapy 项目 211

8-3-2 处理"下一页"的数据 216

8-3-3 合并从多个页面爬取的数据 219

8-3-4 优化 Scrapy 爬虫程序设置 221

8-4 在项目使用 Item 和 Item Pipeline 222

8-4-1 认识 Item 和 Item Pipeline 222

8-4-2 在 Scrapy 项目定义 Item 项目 223

8-4-3 使用 Item Pipeline 项目管道清理数据 224

8-5 输出 Scrapy 爬取的数据 226

8-5-1 设置 Scrapy 项目的输出 226

8-5-2 Windows 操作系统输出 CSV 格式的问题 227

9
CHAPTER
Python爬虫程序实战案例

9-1 Python 爬虫程序的常见问题 231

9-2 用 BeautifulSoup 爬取股价、电影、图书等信息 237

9-2-1 实战案例：爬取 Yahoo 股价信息 237

9-2-2 实战案例：爬取 Yahoo！本周电影新片信息 240

9-2-3 实战案例：爬取中国图书网的图书信息 242

9-2-4 实战案例：爬取编程论坛当月的发文 244

9-2-5 实战案例：爬取 NBA 球队的信息 247

9-3 用 Selenium 爬取旅馆、编程论坛信息 249

9-3-1 实战案例：爬取旅馆信息 249

9-3-2 实战案例：爬取编程论坛信息 254

9-4 用 Scrapy 爬取 Tutsplus 教学文件及 WallPaper 中的
精美壁纸 258

9-4-1 实战案例：爬取 Tutsplus 的教学文件信息 258

9-4-2 实战案例：爬取 WallPaper 中的精美壁纸 260

10 CHAPTER 将爬取的数据存入MySQL数据库

10-1 Python 字符串处理 266

10-1-1 创建字符串 266

10-1-2 字符串函数 267

10-1-3 字符串切割运算符 269

10-1-4 切割字符串成为列表与合并字符串 270

10-2 数据清理 272

10-2-1 使用 Python 字符串函数处理文字内容 272

10-2-2 使用正则表达式处理文字内容 274

10-3 MySQL 数据库 277

10-3-1 认识 MySQL 数据库 277

10-3-2 MySQL 数据库的基本使用 277

10-4　SQL 结构化查询语言 284

　　10-4-1　认识 SQL 284

　　10-4-2　SQL 的数据库查询指令 284

　　10-4-3　WHERE 子句的条件语法 285

　　10-4-4　排序输出 286

　　10-4-5　SQL 聚合函数 287

　　10-4-6　SQL 数据库操作指令 287

10-5　将数据存入 MySQL 数据库 289

10-6　将 Scrapy 爬取的数据存入 MySQL 数据库 293

第二篇　Python 数据可视化 —— 大数据分析

11 CHAPTER 认识大数据分析——数据可视化

11-1　大数据的基础 301

　　11-1-1　认识大数据 301

　　11-1-2　结构化数据、非结构化数据和半结构化数据 303

11-2　与数据进行沟通——数据可视化 304

　　11-2-1　数据沟通的方式 304

　　11-2-2　认识数据可视化 305

　　11-2-3　为什么需要数据可视化? 306

11-3　数据可视化使用的图表 308

　　11-3-1　如何阅读可视化图表 308

　　11-3-2　数据可视化的基本图表 311

　　11-3-3　互动图表与仪表盘 316

11-4　数据可视化的过程 318

11-5　Python 数据可视化的相关函数库 320

12 使用 Pandas 掌握数据
CHAPTER

12-1 Pandas 基础 323
12-1-1 认识 Pandas 323
12-1-2 Series 对象 323

12-2 DataFrame 的基本使用 326
12-2-1 建立 DataFrame 对象 326
12-2-2 导入与导出 DataFrame 对象 329
12-2-3 显示基本信息 332
12-2-4 访问 DataFrame 对象 334
12-2-5 指定 DataFrame 对象的索引 335

12-3 选取、过滤与排序数据 337
12-3-1 选取数据 337
12-3-2 过滤数据 342
12-3-3 排序数据 343

12-4 合并与更新 DataFrame 对象 345
12-4-1 更新数据 345
12-4-2 删除数据 347
12-4-3 新增数据 348
12-4-4 连接与合并 DataFrame 对象 349

12-5 群组、数据透视表与套用函数 353
12-5-1 群组 353
12-5-2 数据透视表 354
12-5-3 套用函数 355
12-5-4 DataFrame 的统计函数 355

12-6 Pandas 数据清理与转换 357
12-6-1 处理遗漏值 357
12-6-2 处理重复数据 360
12-6-3 转换分类数据 362

13 CHAPTER Matplotlib 与 Pandas 数据可视化

13-1 Matplotlib 的基本使用 366

13-1-1 图表的基本绘制 366

13-1-2 更改图表线条的外观和图形尺寸 368

13-1-3 在图表中显示标题和两轴标签 371

13-1-4 在图表显示图例和更改样式 372

13-1-5 在图表中指定轴的范围 375

13-1-6 将图表存储成图片 377

13-2 Matplotlib 的数据可视化 379

13-2-1 绘制条形图 379

13-2-2 绘制直方图 382

13-2-3 绘制箱线图 384

13-2-4 绘制散点图 385

13-2-5 绘制饼图 386

13-2-6 绘制折线图 389

13-3 Pandas 的数据可视化 390

13-4 Matplotlib 的轴与子图表 395

13-4-1 绘制子图表 395

13-4-2 使用轴绘制子图表 397

14 CHAPTER Seaborn 统计数据可视化

14-1 Seaborn 的基础与基本使用 401

14-1-1 认识 Seaborn 函数库 401

14-1-2 使用 Seaborn 绘制图表 402

14-1-3 更改 Seaborn 图表的外观 405

14-1-4 载入 Seaborn 内置数据集 408

14-2 数据集关联性的图表 410

14-2-1 两个数值数据的散点图 410

14-2-2 时间趋势的折线图 412

14-3 数据集分布情况的图表 414

14-3-1 数据集的单变量分布 414

14-3-2 数据集的双变量分布 418

14-3-3 数据集各字段配对的双变量分布 420

14-4 分类数据的图表 423

14-4-1 绘出分类的数据图表 423

14-4-2 分类数据的离散情况 424

14-4-3 分类数据的集中情况 427

14-4-4 多面向的分类数据图表 428

14-5 水平显示的宽图表 431

14-6 回归图表 433

14-6-1 绘出线性回归线 433

14-6-2 拟合各种类型数据集的回归模型 434

15 CHAPTER Bokeh互动图表与仪表盘

15-1 Bokeh 的基础与用法 439

15-1-1 认识 Bokeh 函数库 439

15-1-2 Bokeh 的基本使用 440

15-2 互动绘图 442

15-2-1 使用绘图模块绘制图表 442

15-2-2 定制化图像与图表 445

15-3 界面元件 451

15-4 布局模块与仪表盘 455

15-4-1 认识布局函数和 ColumnDataSource 对象 455

15-4-2 同时绘制多张图表 456

15-4-3 标签页 458

15-5 互动图表 460

15-5-1 联动多张图表 460

15-5-2 在图表新增更多的互动功能 462

15-6 创建 Bokeh 应用程序 465

15-6-1 认识 Bokeh 服务器 465

15-6-2 创建 Bokeh 应用程序 466

16 CHAPTER Python数据可视化实操案例

16-1 执行数据可视化 473

16-1-1 问对问题 473

16-1-2 选对图表 473

16-2 找出数据之间的关联性 475

16-2-1 使用散点图 475

16-2-2 使用相关系数 477

16-3 探索性和解释性数据分析 479

16-4 数据可视化实操案例 480

16-4-1 Matplotlib 与 Pandas 数据可视化 480

16-4-2 Seaborn 数据可视化 485

16-4-3 Bokeh 数据可视化 491

第一篇

创建 Python 爬虫程序——从网页获取数据

大数据分析的首要任务是获取**数据**，在获取数据的过程中，需要使用多种工具和函数库，本篇先带您认识 HTML 及 JSON 格式，以便后续在定位网页元素时能更有概念。接着会说明如何创建 Python 爬虫程序，可以依据不同目标网页或网站，使用不同的 Python 包来获取数据，如下所示。

* **爬取静态网页数据**——CSS 选择器 + Beautiful Soup 及 lxml
* **爬取 JavaScript 动态网页数据**——Selenium
* **爬取整个网站数据**——Scrapy 框架

本篇的最后，会以数个实例做演练，让您发挥所学实际抓取数据，并将爬取的数据存储到 MySQL 数据库。具体演练实例如下：

* 用 BeautifulSoup 爬取股价、电影、图书等信息
* 用 Selenium 爬取旅馆、论坛信息
* 用 Scrapy 爬取 Tutsplus 教学文件、WallPaper 壁纸

HTML、JSON 与
网络爬虫的基础

1-1 认识 HTML

1-2 JSON 的基础

1-3 网络爬虫的概念

1-4 网络爬虫的相关技术

1-5 Python 网络爬虫的相关函数库

1-6 Spyder 集成开发环境的使用

1-1 认识 HTML

在介绍网络爬虫前，先带您了解 HTML 网页的基本架构，对架构有初步的认识，后续才能更快进入状况。已经熟悉 HTML 的读者，可以跳过此节的内容。

1-1-1 HTML 的标签与属性

HTML（HyperText Markup Language）是一种文件内容格式的编排语言，主要是让浏览器知道该如何呈现网页内容。HTML 文件其实只是文字格式文件，用 Windows 内置的记事本就能创建，编辑后的文件不需要经过编译（Compile），就能通过浏览器看到结果。

HTML 主要是由标签及属性组成。

❊ 标签（Tags）：HTML 标签通常是成对出现，如 <p>...</p>，只有少数标签是单独出现，如
。HTML 标签可用来标示文字内容需套用的编排格式。例如，在 <p> 起始标签和 </p> 结尾标签之间的文字内容，就是使用默认格式编排成一个文字段落，如下所示。

```
<p>这是一个测试网页</p>
```

❊ 属性（Attributes）：HTML 标签拥有一些属性，用来定义细部的编排，如 <img> 标签的 src、width 和 height 属性，可以指定显示图片及其宽度与高度，如下所示。

```
<img src="sample.jpg" width="20" height="30">
```

HTML 已内置丰富的默认标签，就算不是专业的程序设计者，也能用 HTML 标签轻松创建 HTML 网页。

说 明

要利用网络爬虫抓取数据，除了要了解 HTML 的结构，对于 XML 也需要有基本的认识。XML（Extensible Markup Language）是可扩展标记语言，也是标签语言的一种，XML 的写法与 HTML 十分类似，但它不是用来编排内容，而是描述数据，因此 XML 没有 HTML 默认的标签，用户需要自行定义描述数据所需的各种标签，在功能上能够补足 HTML 标签的不足，并且拥有更多的扩充性。有关 XML 的说明，我们会在后续的章节做补充。

1-1-2 HTML 网页结构

HTML 网页的基本结构分为几个区块，分别标示网页文件的不同用途，具体如下：

```html
<!DOCTYPE html>
<html lang="zh">
<head>
<meta charset="utf-8">
<title>网页标题文字</title>
</head>
<body>
网页内容
</body>
</html>
```

上述 HTML 网页结构分为如下部分。

✪ <!DOCTYPE>

<!DOCTYPE> 位于 <html> 标签前，它并不是 HTML 标签，其目的是告诉浏览器使用的 HTML 版本，以便浏览器使用正确引擎来产生 HTML 网页内容。

> 请注意！在 <!DOCTYPE> 之前不可以有任何空格符，否则浏览器可能会产生错误。

✪ <html> 标签

<html> 标签是 HTML 网页的根元素，可以说是一个容器元素，其内容由其他 HTML 标签所组成，拥有 <head> 和 <body> 两个子标签。如果需要，<html> 标签可以使用 lang 属性指定网页使用的语言，如下所示。

```html
<html lang="zh-cn">
```

上述标签的 lang 属性值，常用的有 zh（中文）、en（英文）、fr（法文）、de（德文）、it（意大利文）和 ja（日文）等。lang 属性值也可以加上"-"分隔国家或地区，如 en-us 表示美式英文，zh-tw 表示中国台湾的繁体中文，zh-cn 表示中国大陆的简体中文等。

✪ <head> 标签

<head> 标签的内容是标题元素，包含 <title>、<meta>、<script> 和 <style> 标签。例如，<meta> 标签可以指定网页的编码为 utf-8，如下所示。

```html
<meta charset="utf-8">
```

✪ <body> 标签

<body> 标签才是真正编排网页内容的标签，包含文字、超链接、图片、表格、列表和表单等。

⊛ HTML 网页

在此使用 HTML 标签创建一个简单的 HTML 网页，如图 1-1 所示。

HTML 网页的后缀名是 .html 或 .htm，因为只是纯文字内容，可以用 Windows 的记事本来编辑 HTML 网页，记得在存档时指定 utf-8 编码和后缀名 .html，如图 1-2 所示。

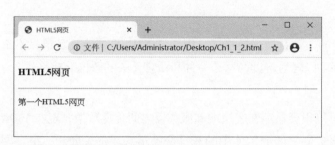

图1-1　用浏览器显示网页内容　　　　　　图1-2　用记事本编辑HTML标签

内容

```
01: <!DOCTYPE html>
02: <html lang="zh-cn">
03: <head>
04: <meta charset="utf-8"/>
05: <title>HTML5网页</title>
06: </head>
07: <body>
08: <h3>HTML5网页</h3>
09: <hr/>
10: <p>第一个HTML5网页</p>
11: </body>
12: </html>
```

说明

✓ 第 1 行 : 声明 DOCTYPE，告诉浏览器这是 HTML 的文件类型。

✓ 第 2 行 : 在 <html> 标签使用 lang 属性指定简体中文。

✓ 第 3 ~ 6 行 : <head> 标签包含 <meta> 和 <title> 标签，<meta> 提供网页内容属性，<title> 则是声明网页标题。

✓ 第 7 ~ 11 行 : <body> 标签包含 <h3>、<hr> 和 <p> 标签，设置文字的标题大小，加上水平分隔线及套用默认段落的文字。

想深入了解 HTML 的语法，可参考配套文件中 HTMLeBook 文件夹中的电子书。

1-2 JSON 的基础

JSON 的全名为 JavaScript Object Notation，这是一种类似 XML 的数据交换格式，事实上，JSON 就是 JavaScript 对象的文字表示法，其内容只有文字（Text Only）。

1-2-1 认识 JSON

JSON 是由 Douglas Crockford 创造的一种数据交换格式，因为比 XML 更快速且简单，不论是 JavaScript 语言还是其他程序语言都可以轻易解读，这是一种和语言无关的数据交换格式。

✪ 为什么使用 JSON

因为 JSON 格式就是文字内容，可以很容易地在客户端和服务器之间传送数据，现在 JSON 已经取代 XML 成为非同步浏览器与服务器之间通信使用的数据交换格式。不仅如此，很多网络公司也都支持 REST API，可以获取 JSON 格式的数据，换句话说，我们获取的网络数据，除了自行从 HTML 标签获取，也可以通过 AJAX 下载 JSON 格式文件取得。

✪ JSON 文件的内容

JSON 是一种可以自我描述和容易理解的数据交换格式，使用大括号定义成对的键和值（Key-Value Pairs），相当于对象的属性和值，类似 Python 语言的字典和列表，具体如下：

```
{
    "key1": "value1",
    "key2": "value2",
    "key3": "value3",
    ...
}
```

JSON 的对象阵列使用方括号来定义，具体如下：

```
[
    {
        "title": "C语言程序设计",
        "author": "陈会安",
        "category": "Programming",
        "pubdate": "06/2018",
        "id": "P101"
    },
    {
        "title": "PHP网页设计",
        "author": "陈会安",
```

```
      "category": "Web",
      "pubdate": "07/2018",
      "id": "W102"
    },
    ...
]
```

1-2-2　JSON 的语法

JSON 使用 JavaScript 语法来描述数据，是一种 JavaScript 语法的子集，以 Python 语言来说，JSON 对象类似 Python 字典，JSON 数组类似 Python 列表。

✪ JSON 的语法规则

JSON 语法并没有关键字，其基本语法规则如下：

✳ **数据是成对的键和值（Key–Value Pairs），使用 ":" 符号分隔。**

✳ **数据之间是使用 "," 符号分隔。**

✳ **使用"大括号"定义"对象"。**

✳ **使用"方括号"定义对象"阵列"。**

JSON 文件的后缀名为 .json；MIME 类型为 "application/json"。

✪ JSON 的键和值

JSON 数据是成对的键和值（Key–Value Pairs），首先是字段名称，接着是 ":" 符号，再加上值，即：

```
"author": "陈会安"
```

上述 "author" 是字段名称，" 陈会安 " 是值，JSON 的值可以是整数、浮点数、字符串（使用 """ 括起）、布尔值（True 或 False）、数组（使用方括号括起）和对象（使用大括号括起）。

✪ JSON 对象

JSON 对象是使用大括号包围的多个 JSON 键和值，具体如下：

```
{
  "title": "C语言程序设计",
  "author": "陈会安",
  "category": "Programming",
  "pubdate": "06/2018",
  "id": "P101"
}
```

✪ JSON 对象数组

    JSON 对象数组可以拥有多个 JSON 对象，例如，"Employees" 字段的值是一个对象数组，包含 3 个 JSON 对象，示例如下：

```
{
  "Boss": "陈会安",
  "Employees": [
    { "name" : "陈允杰", "tel" : "02-22222222" },
    { "name" : "江小鱼", "tel" : "02-33333333" },
    { "name" : "陈允东", "tel" : "04-44444444" }
  ]
}
```

    在简单认识 JSON 的格式之后，在实际爬取网页数据时还会有更进一步的说明。

1-3　网络爬虫的概念

网络爬虫（Web Crawler 或 Web Scrapying）或称为网络数据爬取（Web Data Extraction）是一个从 Web 资源爬取所需数据的过程，可以直接从 Web 网站的 HTML 网页获取所需的数据，其过程包含与 Web 资源进行通信、解析文件、取出所需数据和将数据整理成信息及转换成所需的数据格式。

1-3-1　认识网络爬虫

网络爬虫是一种针对目标 Web 网站自动爬取信息的技术，虽然可以使用复制和粘贴的方式来收集和爬取信息（详见 1-3-2 小节的说明），但是通过网络爬虫，可以自动帮助收集和爬取信息。

一般来说，Web 网站很多都是从关联式数据库取出结构化数据来产生网页内容，但是因为网站内容编排的模板设计，在网页会新增标题、注释、菜单、导览列和侧边栏等其他信息的区段，造成网页内容变成了一种结构不佳的数据。网络爬虫可以让我们从 Web 网站取出非表格或结构不佳的数据，然后转换成可用且结构化的数据。

简单地说，网络爬虫的目的就是转换 Web 网站的特定内容成为结构化数据。例如，转换输出成关联式数据库、Excel 表格或 CSV 文件等，网络爬虫主要是从 Web 网站找出所需内容，以及提供模式（Patterns）来识别和爬取出所需的信息。

❂ 不属于网络爬虫的范畴

请注意！并不是从网络获取数据都称为网络爬虫，如果获取的已经是机器可读取的数据，这些操作并不是网络爬虫，有如下示例。

※ 从网站下载数据文件：有些网站已经有现成结构化数据的文件可供下载，如 Excel 文件、CSV 文件、JSON 文件和 XML 文件等。

※ 应用程序界面 API：很多公司都会提供 Web 基础的 API 界面，如 REST API，我们可以通过 REST API 来下载结构化数据，如 JSON 或 XML 数据。

❂ 网络爬虫的用途

网络爬虫除了从网络爬取数据，还可以收集数据并在线上追踪数据的变更。网络爬虫的常见应用如下：

※ 在线商店可以周期性地使用网络爬虫获取竞争者的商品价格，并且使用获取的信息即时调整商品价格。

❋ 使用网络爬虫从相关网站获取指定商品价格、旅馆房间价格、机票价格等各种产品和服务的价格，轻松创建比价信息。

❋ 使用网络爬虫获取各类招聘信息和产品评论等信息。

❋ 从社交网站使用网络爬虫获取用户评价、流行趋势和热门话题。

❋ 使用网络爬虫从网络获取和收集电子邮件地址进行网络营销。

❋ 从房地产网站使用网络爬虫获取相关信息追踪房地产趋势。

❋ 从股票信息网站使用网络爬虫获取相关股票信息追踪股价趋势，进而规划投资策略。

❋ 针对特定网站执行单次网络爬虫获取所需信息，例如：

　　✓ 从网络书店爬取指定主题的图书列表。

　　✓ 从网络商店爬取热门商品排行榜。

　　✓ 从影音网站爬取超过百万人点击的标题，以便分析哪种主题的影片最受欢迎。

1-3-2　为什么需要网络爬虫

　　网络爬虫的主要工作就是从 HTML 网页内容取出所需的数据，我们当然可以自行用浏览器浏览网页后，使用复制与粘贴的方法手动获取这些数据，问题是你准备花多长时间来收集这些数据。

　　本节将用一个实际案例来说明为什么需要网络爬虫。例如，在孔夫子旧书网输入 ISBN 码来搜索图书售价，然后制作成 Excel 表格进行同一本书的价格比较。

✪ 手动获取网页数据

　　现在，已知中国水利水电出版社出版的《Python 编程从零基础到项目实战》一书的 ISBN 码：9787517067146，可以手动用搜索功能一一查出图书价格。首先，到孔夫子旧书网的搜索栏输入 ISBN 搜索此书，找到此书后，直接复制"正版图书折扣店"中该书售价 45.49 元到 Excel 文件，如图 1-3 所示。

图1-3　复制书价1

接着，复制"一米时光书店"中该书售价 47.08 元到 Excel 文件，如图 1-4 所示。

图1-4　复制书价2

最后，复制"远方书店"中该书售价 30.50 元到 Excel 文件，如图 1-5 所示。

图1-5　复制书价3

如此一来，就可以在 Excel 中创建 3 家网络书店的图书比价结果，如图 1-6 所示。

	A	B
1	书店名称	价格
2	正版图书折扣店	45.49
3	远方书店	30.50
4	一米时光书店	47.08

图1-6　图书比价结果

不难吧！没花多少时间就轻松找出 ISBN 为 9787517067146 的图书的比价数据。问题是这只是一本书，如果准备搜索中国水利水电出版社出版的所有计算机方面的图书，想想看你需要花多少时间才能完成这份比价数据！

✪ 使用 Python 爬虫程序

手动获取网页数据，如果数量不大，不需花费太多时间即可完成，问题是如果有上百本书，就需要使用 Python 爬虫程序，首先分析孔夫子旧书网搜索的 URL 网址，如下所示。

```
http://search.kongfz.com/product_result/?select=0&key=9787517067146&pagenum=1&ajaxda
ta=1
```

从上述网址可以看出一共有 4 个参数。

```
Select = 0;
Key = 9787517067146;
PageNum = 1;
AjaxData = 1;
```

不难发现，Key 就是 ISBN 码的搜索参数，Python 程序可以读取从网站数据库获取的 ISBN 数据，然后用 Requests 套件自动依次发送 HTTP 请求来查询每一本书的数据。

接着，分析图书搜索结果网页，找出价格的 HTML 标签，在 Chrome 浏览器按下 F12 键打开开发者工具，单击 Elements 标签后，再单击标签前的箭头图示，即可从网页中选择书价，如图 1-7 所示。

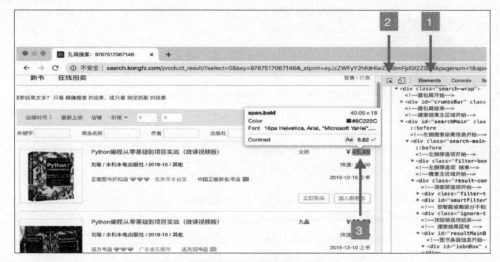

图1-7　开发者工具

上述图书价格的 HTML 标签是 <span> 标签，如下所示。

```
#searchlist > ul > li > span.price > strong:nth-child(2) > b
```

上述图书的价格是位于 <div> 标签的 <span> 子标签，可以同时在开发者工具取得定位此标签的 CSS 选择器字符串，如下所示。

```
#listBox > div:nth-child(1) > div.item-other-info > div.first-info.clearfix
> div.f_right.red.price > span.bold
```

上述字符串可以定位价格数据的 <span> 标签，Python 爬虫程序可以使用 BeautifulSoup 套件自动根据 CSS 选择器字符串来取出每本书在三大网络书店的价格，输出成 CSV 文件，完成数据爬取。换句话说，我们只需使用 Python 爬虫程序，就可以自动收集网络上的大量数据。

1-3-3　网络爬虫的基本步骤

从 1-3-2 小节可以看出网络爬虫是一个从 Web 资源爬取所需数据的过程，其基本步骤如下：

1. 识别出目标网址：网络爬虫的第一步是识别出目标 Web 资源的网址。

2. 发送 HTTP 请求获取 HTML 网页：使用 Python 函数库发送 HTML 请求来取回 HTTP 响应的 HTML 网页。

3. 分析 HTML 网页：使用相关可视化工具在 HTML 网页定位所需数据，并且分析如何搜索和找出此标签来获取数据。

4. 解析 HTML 网页：使用 Python 函数库解析（Parse）响应文件的 HTML 网页，可以创建成树状结构的标签对象集合。

5. 从解析网页取出所需数据：可以通过搜索或访问方式取出所需数据，在整理成指定格式后，存储为 CSV 或 JSON 文件。

1

1-4 网络爬虫的相关技术

网络爬虫是一个从网络资源爬取数据的过程，需要整合多种技术来完成此工作，由于是从Web网站获取数据，若能深入了解浏览器浏览网页的步骤，对于创建爬虫程序将有一定的助益。

1-4-1 网络爬虫使用的相关技术

网络爬虫涉及向Web网站发送HTTP请求，以及在返回的HTML网页中定位出所需的数据，在取出数据后，需要存储这些数据，所以网络爬虫需要使用的相关技术如下：

- **使用HTTP通信协议发送HTTP请求。**
- **解析HTML文件来定位网页数据。**
- **将获取的数据存储为指定的文件格式。**

HTTP通信协议

基本上，网络爬虫向Web网站发送HTTP请求，就是使用HTTP通信协议发送请求，可以向Web服务器请求所需的HTML网页。HTTP（HyperText Transfer Protocol）是一种在服务器端（Server）和客户端（Client）之间传送数据的通信协议，如图1–8所示。

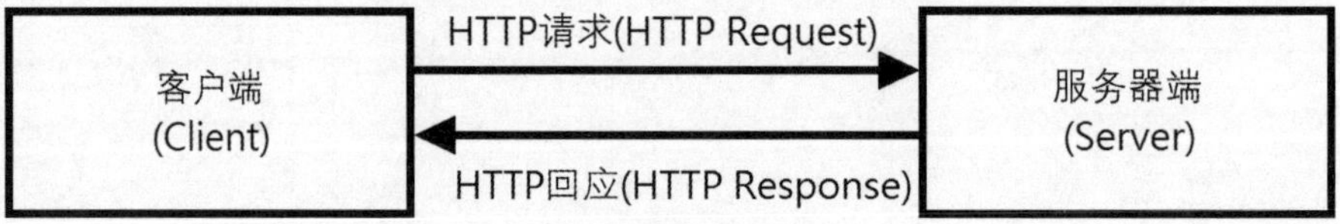

图1–8 HTTP协议

上述HTTP通信协议是一种主从式架构（Client–Server Architecture），在客户端（浏览器）使用URL（Uniform Resource Locator）统一资源定位符指定连接的服务器端资源（Web服务器），传送HTTP信息（HTTP Message）进行沟通，可以请求指定的文件，其过程如下：

1. **客户端要求连接服务器端。**
2. **服务器端允许客户端的连接。**
3. **客户端发送HTTP请求信息，内含GET/POST请求取得服务器端的指定文件。**
4. **服务器端以HTTP响应信息来响应客户端的请求，返回信息包含请求的文件内容和头部信息（Header Information）。**

定位网页数据

网络爬虫需要描述如何取得指定数据的方式，也就是在网页中定位出数据所在的位置，常用的技术有 3 种，如下所示。

⁂ CSS 选择器（CSS Selector）：CSS 选择器是 CSS 阶层样式表语法规则的一部分，可以定义哪些 HTML 标签需要套用 CSS 样式，主要是用来格式化 HTML 网页的显示效果，Python 网络爬虫的相关包都支持使用 CSS 选择器来定位网页数据。

⁂ XPath 表达式（XPath Expression）：XPath 表达式是一种 XML 技术的查询语言，可以在 XML 文件中找出所需的节点，也适用于 HTML 网页文件。换句话说，我们可以使用 XPath 表达式浏览 XML/HTML 文件，以便找出指定的 XML/HTML 元素和属性，Python 网络爬虫的进阶包大都支持 XPath 表达式来定位网页数据。

⁂ 正则表达式（Regular Expression）：正则表达式是一种小型模板匹配语言，可以使用模板字符串进行字符串匹配，以便从文字内容中找出符合的内容，可以配合 CSS 选择器搜索指定的标签内容，如金额、电子邮件地址和电话号码等。

❂ 存储网页数据

在爬取和收集好网络数据后，我们需要将其整理成结构化数据并存储起来，一般来说，我们会存储为 CSV 文件、JSON 文件或存入数据库，如下所示。

⁂ CSV 文件：文件内容是使用纯文字方式表示的表格数据，这是一个文本文件，其中的每一行是表格的一行，每一个字段使用逗号来分隔，Excel 可以直接打开 CSV 文件。

⁂ JSON 文件：全名 JavaScript Object Notation，这是一种类似 XML 的数据交换格式，事实上，JSON 就是 JavaScript 对象的文字表示法，其内容只有文字（Text Only）。

⁂ 数据库：因为关联式数据库的数据表就是以表格呈现的结构化数据，所以爬取的数据在整理成结构化数据后，就可以存入数据库，本书使用的是 MySQL 数据库，详见第 10 章的说明。

1-4-2　使用浏览器浏览网页的步骤

相信每位读者都会在浏览器的网址栏直接输入网址来浏览指定的网站内容，这个看起来十分简单的步骤，就是你创建爬虫程序的基础。基本上，使用浏览器浏览网页的步骤如下：

① 在浏览器输入网址是用来搜索指定的 Web 服务器，也就是向 Web 服务器发送 HTTP 请求，使用的是 HTTP 协议。

② Web 服务器根据 HTTP 请求来响应内容至浏览器，通常是 HTML 网页，也有可能是 XML 或 JSON 文件。

③ 浏览器在接收到服务器响应的 HTML 网页后，就会将文件内容解析创建成内部的树状结构，每一个 HTML 标签是一个节点，这就是文件对象模型 DOM（Document Object Model）。

④ 浏览器依据DOM 产生内容，这就是我们看到的网页内容，如图1–9 所示。

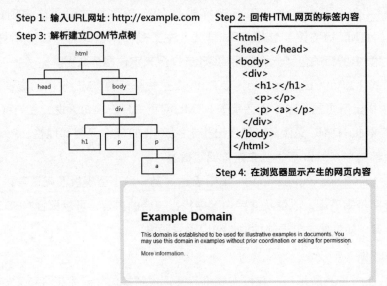

图1-9　浏览网页的步骤

✪ 网址的组成

在浏览器输入的网址由几个部分组成。例如，example.com 是一个测试域名的 Web 网站，其网址如下：

```
http://example.com
http://example.com:80/test/?user=hueyan
```

上述网址各部分的说明如下。

❈ http：在"://"符号之前是使用的通信协议，http 为 HTTP 通信协议，https 为 HTTP 的加密传输版本。

❈ example.com：Web 网站的域名，此域名会通过 DNS（Domain Name System）服务转换为 IP 地址。

❈ 80：位于":"后的是通信端口号，Web 默认使用端口号 80。

❈ /test：Web 服务器请求指定网页文件的路径。

❈ user=hueyan：在"?"符号后的是传递的查询参数，位于"="前的是参数名称，之后是参数值，如果不止一个参数，请使用 & 连接。

✪ HTML 网页

Web 服务器在接收到 HTTP 请求后，就会根据请求响应 HTML 网页。例如，在浏览器输入

16

http://example.com，可以在浏览器看到响应产生的网页内容，如图 1-10 所示。

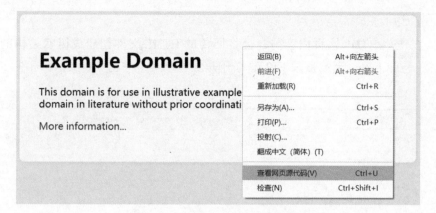

图1-10　响应产生的网页内容

　　上述网页是浏览器已经解析 HTML 文件所产生的网页内容，并非原始回传的文件，右击网页，打开快捷菜单，执行查看网页源代码命令，可以看到 Web 服务器回传的 HTML 网页内容如下：

```
<!doctype html>
<html>
<head>
    <title>Example Domain</title>
    <meta charset="utf-8" />
    <meta http-equiv="Content-type" content="text/html; charset=utf-8" />
    <meta name="viewport" content="width=device-width, initial-scale=1" />
    <style type="text/css">
    ...
    </style>
</head>
<body>
<div>
    <h1>Example Domain</h1>
    <p>This domain is established to be used for illustrative examples in
documents. You may use this domain in examples without prior coordination or
asking for permission.</p>
    <p><a href="http://www.iana.org/domains/example">More information...</a></p>
</div>
</body>
</html>
```

　　上述响应内容是由 HTML 标签组成的 HTML 网页，详细的 HTML 标签说明请参阅本书配

1

套电子书。

✪ 树状结构的节点

浏览器在产生 HTML 网页内容前，会将回传的 HTML 文件创建成树状结构的节点，即 DOM 节点树，在 Chrome 浏览器按 F12 键打开开发者工具，单击 Elements 标签，如图 1-11 所示。

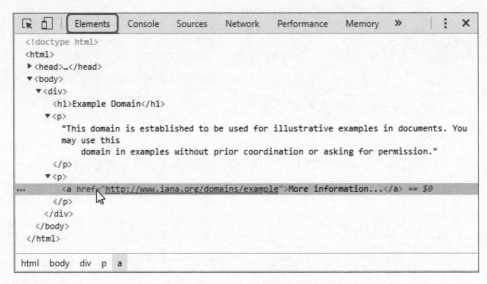

图1-11　Elements标签

图 1-11 显示的内容与原始程序代码十分类似，不过，可以一层一层地展开或折叠 HTML 标签。例如，依次展开 \<body\>，\<div\>，第二个 \<p\> 标签，可以看到最后的 \<a\> 标签，在下方显示 html body div p a，就是 HTML 标签的阶层关系，如图 1-12 所示。

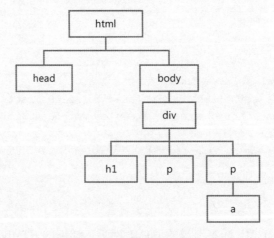

图1-12　HTML网页的DOM节点树

图 1–12 是 HTML 网页的 DOM 节点树，在 <body> 标签下有 <div> 标签，下面是 <h1> 和两个 <p> 标签，最后一个 <p> 标签下是 <a> 标签。

✪ 浏览器呈现的网页内容

最后，浏览器会产生根据 HTML 标签编排的网页内容，这就是浏览器显示的 HTML 网页内容，如图 1–13 所示。

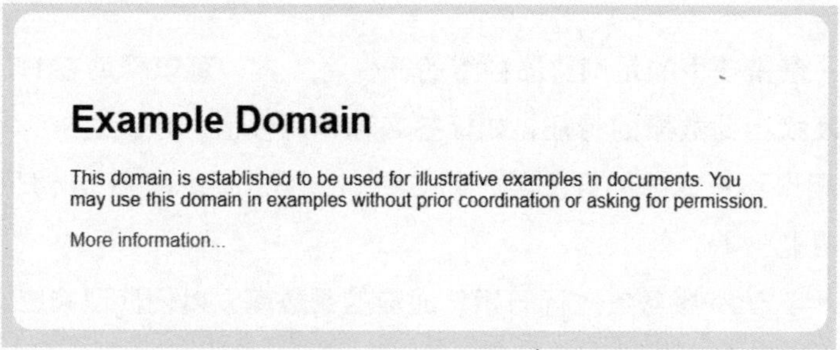

图1-13　浏览器显示的HTML网页内容

从上述网页内容可以知道 Example Domain 标题文字对应 <h1> 标签，位于标题文字下方的第一段文字对应第一个 <p> 标签，More information... 是一个 <a> 超链接标签，位于第二个 <p> 标签中。

所以，当网页内容中有想要取得的数据时，这些数据位于某个 HTML 标签中，可以遍历 DOM 树的节点到目标 HTML 标签，或者使用 CSS 选择器或 XPath 表达式来定位数据所在的 HTML 标签，接着再编写 Python 程序来爬取出所需的数据。

1

1-5 Python 网络爬虫的相关函数库

网络爬虫的过程需要使用多种工具和函数库（在 Python 语言中就是模块和包）来完成整个数据的爬取工作。

❋ 网络爬虫工具：最常使用的是浏览器内置的开发者工具，可以帮助在 HTML 网页定位出数据的所在，以及找出此数据的特征，如标签名称和属性值。除此之外，一些 Chrome 扩充功能更是网络爬虫不可或缺的好工具，如 Selector Gadget 和 XPath Helper（分别在第 4 章和第 6 章说明）。

❋ HTTP 函数库：与 Web 服务器进行 HTTP 通信的函数库，以便获取响应文件的 HTML 网页内容，在本书中使用 Requests。

❋ 网络爬虫函数库：在获取响应的 HTML 网页内容后，需要使用函数库来解析文件，以便取出所需的数据，如下所示。

  ✓ 爬取静态网页：对于使用 HTML 标签创建的网页内容，本书使用 Beautiful Soup 和 lxml 来爬取网页内容。

  ✓ 爬取动态网页：如果 Web 网站是 JavaScript 产生的动态网页内容，需要使用 Selenium 自动浏览器工具，也称为 WebDriver，它可以进行动态网页的数据爬取。

  ✓ 爬取整个网站：如果并非单纯爬取几页 HTML 网页，而是爬取整个 Web 网站的内容，需要使用 Scrapy 网络爬虫框架来帮助创建 Python 爬虫程序。

✪ 网络爬虫的农场：Requests

农场是生产食材的地方，创建 Python 网络爬虫程序的第一步就是取得原始 HTML 网页的数据，这就相当于是准备烹调主餐的食材，本书使用的是 Requests 函数库。

Requests 函数库是一套快速且好用的 HTTP 函数库（比起 Python 内置的 urllib2 模块），我们不只可以发送 HTTP 请求来获取 HTML 网页，还可以访问 API 来下载 XML 或 JSON 数据。

✪ 网络爬虫的主餐：BeautifulSoup

在取得所需的食材后，就可以开始烹调今天的主餐，在餐桌上送上一份漂亮（Beautiful）的主餐，使用的是 BeautifulSoup 函数库。BeautifulSoup 简单来说就是一个食材过滤器，可以切割食材，去除不需要的部分，只保留需要的材料来进行烹调。

BeautifulSoup 是一套解析 HTML/XML 的 Python 包，一个解析函数库，可以将 HTML/XML 标签转换成一棵 Python 对象树，有助于从 HTML/XML 爬取出所需的数据。

BeautifulSoup 默认支持 Python 标准函数库的 HTML 解析器 html.parser，也可以自行更改

使用的解析器（Parser），如 lxml。解析器是一个程序（如同一组刀具），可以帮助剖开 HTML/XML 文件，然后从中取出需要的 HTML/XML 标签，最后取出所需的数据。

✪ 网络爬虫的名牌刀具：lxml

工欲善其事，必先利其器，lxml 函数库是一套高效能和高品质的 HTML 和 XML 解析器，支持使用 CSS 选择器和 XPath 表达式来定位网页数据，lxml 函数库如同一组名牌刀具，可以让我们更快和更好地处理 HTML/XML 内容。

基本上，可以直接使用 Requests 加上 lxml 函数库来解析 HTML 网页内容（详见第 6 章），而根本忘了 BeautifulSoup 的存在，当然也可以整合 lxml 和 BeautifulSoup，让 BeautifulSoup 改用进口名牌刀具，使用 lxml 高效率解析器来处理食材，而不是 html.parser。

✪ 网络爬虫的主厨：Selenium

基本上，每位主厨都会有自己的拿手菜，BeautifulSoup 和 lxml 函数库只能烹调 HTML 标签创建的静态网页内容，对于使用 JavaScript 代码动态产生的网页内容就无能为力，因为这是一些根本没有食材可用的 HTML 网页。

当在浏览器查看 HTML 网页的原始代码时，如果根本看不到网页内容对应的 HTML 标签，就表示此网页内容并非静态内容，而是使用 JavaScript 代码在客户端动态产生的网页内容，因为没有静态 HTML 标签，BeautifulSoup 和 lxml 函数库就英雄无用武之地，根本派不上用场。

需要马上换一位主厨，让 Selenium 上场救援，Selenium 是一套自动浏览器工具，可以使用 Python 程序来控制浏览器，不只可以使用 Python 代码与 HTML 表单进行互动，更可以获取动态网页内容的即时 HTML 标签，进行动态网页内容的数据爬取。

✪ 网络爬虫的餐厅：Scrapy

现在，可以使用多种 Python 函数库来创建 Python 爬虫程序，Requests、Beautiful Soup 和 lxml 函数库用来爬取 HTML 标签创建的静态网页内容，如果是 JavaScript 程序产生的动态网页内容，可以使用 Selenium。

问题是，如果你的野心不小，并不只是想烹调好一份美味主餐，以及成为一位精通多种菜色的知名主厨，而是想开著名的连锁米其林餐厅，成为一代餐饮大亨，Scrapy 就是帮助你快速运作网络爬虫餐厅的好帮手。

不同于之前的 Python 函数库，Scrapy 不仅仅是一套单纯的网络爬虫函数库，还是一套完整的网络爬虫框架（Web Scraping Framework），不仅可以使用 Scrapy 管理 HTTP 请求、Session 和输出管道（Output Pipelines），更可以使用 Scrapy 解析和爬取网页内容。换句话说，只需使用 Scrapy，就可以完整创建出自己的 Python 爬虫程序，轻松爬取整个目标 Web 网站的内容。

本书使用的 Python 开发环境是 Anaconda 整合包（请参考电子版附录 A 的说明进行安装）和内置的 Spyder 集成开发环境来编辑和执行 Python 程序。

1-6 Spyder 集成开发环境 的使用

Spyder 是一套开源且跨平台的 Python 集成开发环境（Integrated Development Environment，IDE），这是功能强大的互动开发环境，支持代码编辑、互动测试、调试和执行 Python 程序。

✪ 启动与结束 Spyder

可以从 Anaconda Navigator 启动 Spyder，也可以直接从开始菜单启动 Spyder，其步骤如下：

① 执行"开始"→ Anaconda3 (64–bit)/Spyder 命令，即可看到欢迎界面。

② 若是第一次使用 Python，会弹出 Windows 安全警报窗口，如图 1–14 所示。

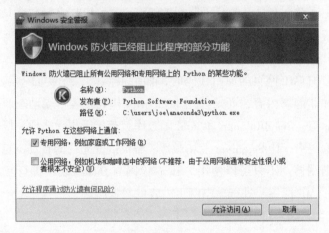

图1-14　Windows安全警报

③ 单击"允许访问"按钮继续，如果有新版，会弹出 Spyder 升级信息的 Spyder updates 窗口，如图 1–15 所示。

图1-15　Spyder updates

22

④ 信息指出如果使用 Anaconda 包内置的 Spyder，请不要自行升级，建议 Spyder 随着 Anaconda 包来更新，单击 OK 按钮，即可进入 Spyder 执行界面，如图 1-16 所示。

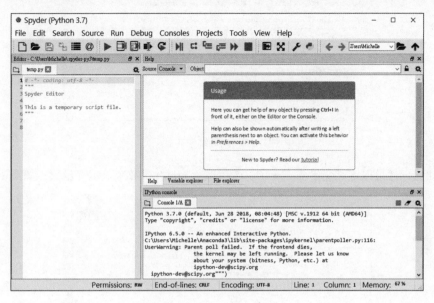

图1-16　Spyder 执行界面

上述执行界面最上方是功能栏和工具栏，下方左侧是代码编辑区域的标签页，右侧则是 IPython console 的 IPython Shell。若要结束 Spyder，请执行 File → Quit 命令。

✪ 使用 IPython console

Spyder 集成开发环境内置 IPython，这是功能强大的互动计算和测试环境，启动 Spyder 后，可以在右下方看到 IPython console 窗口，这就是 IPython Shell，如图 1-17 所示。

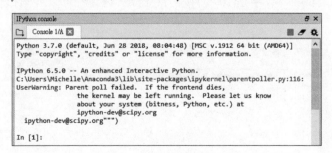

图1-17　IPython console

因为 Python 是一种直译语言，IPython Shell 提供互动模式，可以在"In [?]:"提示文字后输入 Python 代码来测试执行。例如，输入 5+10，按 Enter 键，可以马上看到执行结果 15，如图 1-18 所示。

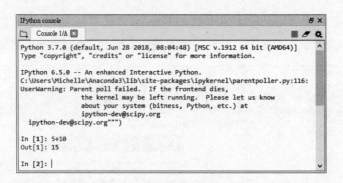

图1-18　执行结果（1）

不仅如此，还可以定义变量 num = 10，然后执行 print() 函数来显示变量值，如图 1-19 所示。

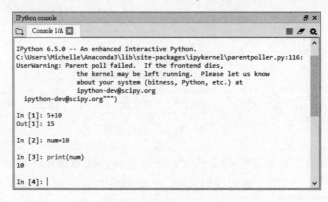

图1-19　执行结果（2）

同理，可以测试 if 条件，在输入 if num >= 10: 后，按 Enter 键，就会自动缩排 4 个空白字符，在空白后输入 print(" 数字是 10")，按两次 Enter 键，就可以看到执行结果，如图 1-20 所示。

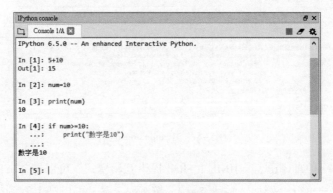

图1-20　执行结果（3）

✪ 使用 Spyder 新增、编辑和执行 Python 程序文件

在 Spyder 集成开发环境可以新增和打开既有的 Python 程序文件来编辑和执行，执行 File → New file 命令，新增 Python 程序文件，可以看到名为 untitled0.py 的 Python 代码编辑器的标签页，如图 1-21 所示。

图1-21　untitled0.py

请在上述代码编辑标签页中输入之前在 IPython Shell 输入的 Python 代码，完成 Python 代码的编辑后，执行 File → Save 命令，然后在 Save file 对话窗口切换文件的存储位置，单击"保存"按钮存储为名为 Ch1_6.py 的 Python 程序文件。

在 Spyder 中要执行 Python 程序，请执行 Run → Run 命令或按 F5 键，如图 1-22 所示。

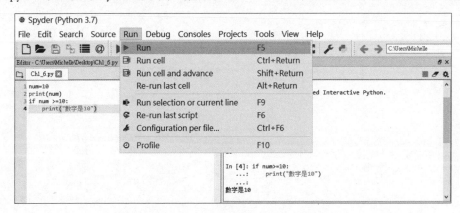

图1-22　执行Python程序

当执行 Python 程序后，在右下方 IPython console 可以看到 Ch1_6.py 的执行结果，如果程序需要输入，也是在此窗口输入，如图 1-23 所示。

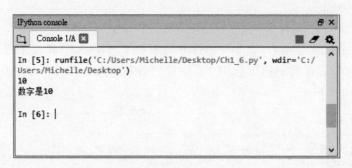

图1-23　程序输入

　　本书所附的 Python 程序示例，在 Spyder 中执行 File → Open 命令，打开 Python 程序文件即可编辑和执行 Python 程序。

请注意！ Scrapy 的 Python 程序只能使用 Spyder 编辑项目的代码，需要打开 Anaconda Prompt 命令提示符窗口，使用 Scrapy Shell 来执行爬虫程序。

1 请举例说明 HTML 文件，并说明 HTML 网页的基本结构。

2 请举例说明 JSON 文件是什么。

3 请问什么是网络爬虫？其用途是什么？

4 请举例说明为什么我们需要网络爬虫，并列出其基本步骤。

5 请简单说明网页爬虫的相关技术，以及使用浏览器浏览网页的步骤。

6 请问 Python 网络爬虫的相关函数库有哪些？

7 请简单说明 Spyder 工具。

8 请启动 Spyder，并新建名为 test.py 的 Python 程序文件。

2
CHAPTER

从网络获取数据

2-1　认识 HTTP 头部与 httpbin.org 服务

2-2　使用 Requests 发送 HTTP 请求

2-3　获取 HTTP 响应内容及头部信息

2-4　发送进阶的 HTTP 请求

2-5　错误 / 异常处理与文件访问

2-1 认识 HTTP 头部与 httpbin.org 服务

网络爬虫的第一步是使用 Python Requests 包发送 HTTP 请求，HTTP 请求就是使用 1-4-1 小节的 HTTP 协议与 Web 服务器进行通信，而我们首先需要了解 HTTP 头部，如此才能发送正确的 HTTP 请求。

2-1-1 HTTP 头部

HTTP 协议是使用 HTTP 头部（HTTP Header）在客户端和服务器之间交换浏览器、请求资源和 Web 服务器等相关信息，这是 HTTP 协议沟通信息的核心内容。

✪ 什么是 HTTP 头部

Python 程序或浏览器向 Web 服务器发送 HTTP 请求后，才能从 Web 服务器获取响应数据的网页内容，而浏览器和 Web 服务器之间的通信内容就包含 HTTP 头部，如图 2-1 所示。

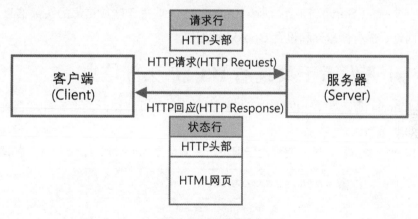

图2-1　HTTP头部

上述浏览器是使用 HTTP 协议向 Web 服务器提出浏览网页的请求，在服务器响应客户端请求的 HTTP 响应数据包含 HTTP 头部，其通信内容主要包含两个信息，如下所示。

❋ HTTP 请求（HTTP Request）：从浏览器送至 Web 服务器的信息，这是使用 HTTP 头部来提供请求相关信息，第一行是请求行信息，包含数据文件的名称和 HTTP 版本，具体如下：

```
GET /test.html HTTP/1.1
Host: hueyanchen.myweb.hinet.net
Connection: keep-alive
Upgrade-Insecure-Requests: 1
...
```

✢ HTTP 响应（HTTP Response）：Web 服务器响应浏览器的响应信息，第一行是状态行，响应码 200 表示请求成功，之后是 HTTP 头部，然后是 HTML 网页内容的 HTML 标签，具体如下：

```
HTTP/1.1 200 OK
Date: Sun, 15 Jul 2018 03:11:20 GMT
Server: Apache
...
```

✪ HTTP 头部的内容

基本上，HTTP 头部提供的信息主要有 3 种，具体如下：

✢ 一般头部（General-Header）：请求和响应信息的一般信息，如缓存控制、连接类型、时间和编码等。

✢ 客户端请求头部（Client Request-Header）：一些关于请求信息的头部信息，包括响应的文件 MIME 类型、请求方法、代理人信息（User-Agent）、主机名称、端口号、字符集、编码、语言、认证数据和 Cookie 等。

✢ 服务器响应头部（Server Response-Header）：一些关于响应信息的头部信息，包括转址的 URL 网址、服务器软件和设置 Cookie 数据等。

▌2-1-2 用开发者工具查看 HTTP 头部信息

当使用 Chrome 浏览器发送网址的 HTTP 请求后，即可使用开发者工具来查看 HTTP 头部信息，步骤如下：

① 启动 Chrome 浏览器，进入编程论坛网页，其网址是 https://bbs.bccn.net，如图 2-2 所示。

图2-2　编程论坛首页

② 按 F12 键打开开发者工具，再按 F5 键重新载入网页后，在上方选择 Network 标签下的 All 选项，即可在下方看到完整的 HTTP 请求列表，第一个 bbs.bccn.net 就是编程论坛网页，如图 2-3 所示。

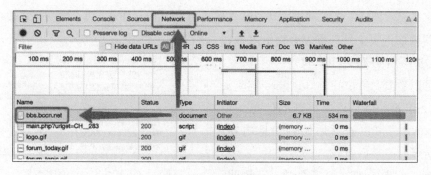

图2-3　HTTP请求列表

请注意！在浏览器输入网址浏览网页并不是发送一个 HTTP 请求，HTML 网页内容的每一张图片、外部 JavaScript 和 CSS 文件都是独立的 HTTP 请求。

③ 选择 bbs.bccn.net，可以在右方看到 HTTP 头部信息，如图 2-4 所示。

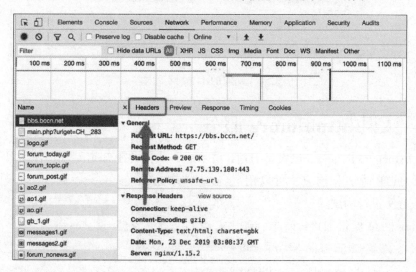

图2-4　HTTP头部信息

上述 Headers 标签的 General 区段是请求／响应的一般信息，即：

```
Request URL: https://bbs.bccn.net
Request Method: GET
Status Code: 200 OK
Remote Address: 47.75.139.180:443
Referrer Policy: unsafe-url
...
```

上述信息显示网址、GET 请求方法，状态码 Status Code 是 200，表示网站请求成功，已经从 Web 服务器读取网页文件，接着会列出服务器 IP 地址 47.75.139.180 和端口号 443。

下面可以看到 Response Headers 响应头部和 Request Headers 请求头部的信息，单击 view source，可以查看原始的信息内容，如图 2-5 所示。

在 2-3-3 小节有 HTTP 头部的进一步说明。

图2-5　响应和请求

单击上方 Response 标签，可查看响应的 HTML 网页内容，如图 2-6 所示。

图2-6　响应的HTML网页内容

2-1-3　认识 httpbin.org 服务

当使用 Python 的 Requests 包发送 HTTP 请求后，我们并不知道到底送出了什么数据，为了方便测试 HTTP 请求和响应，可以用 httpbin.org 服务来进行测试。

httpbin.org 网站提供 HTTP 请求 / 响应的测试服务，类似于 Echo 服务，可以将我们发送的 HTTP 请求自动以 JSON 格式响应发送的请求数据，支持 GET 和 POST 等 HTTP 方法，其网址是 http://httpbin.org，如图 2-7 所示。

httpbin.org 会分类列出目前支持的服务，单击 HTTP Methods 展开菜单，可以看到各种 HTTP 方法。例如，http://httpbin.org/get 是 GET 请求，http://httpbin.

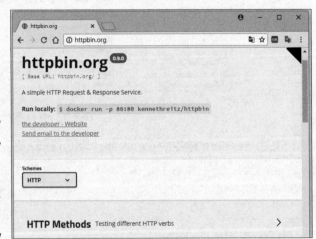

图2-7　httpbin.org网站首页

org/post 是 POST 请求（2-2-2 小节就是使用此服务来进行测试），如图 2-8 所示。

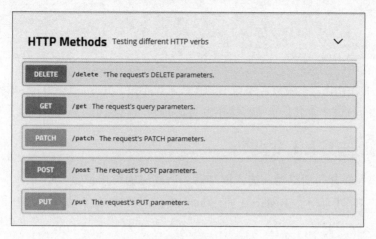

图2-8　HTTP Methods菜单

在 Chrome 浏览器输入 http://httpbin.org/user-agent，可以获取发送 HTTP 请求的客户端信息，如图 2-9 所示。

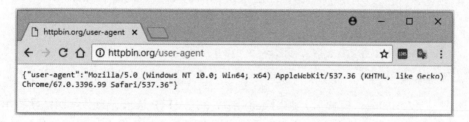

图2-9　用户代理

图 2-9 显示有客户端计算机执行的操作系统、浏览器引擎和浏览器名称等信息。

Python 内置的 urllib2 模块可以发送 HTTP 请求，不过，Requests 包能够用更简单的方式来发送 GET/POST 的 HTTP 请求，本节将使用 Requests 包进行说明。

2-2-1 发送 GET 请求

一般来说，大部分的浏览器在输入网址后，所发送的请求都是 GET 请求，这是向 Web 服务器要求资源的 HTTP 请求，Requests 使用 get() 函数来发送 GET 请求。在 Python 程序中，需要先导入模块。

```
import requests
```

✪ 发送简单的 GET 请求   Ch2_2_1.py

以发送百度网站的 GET 请求为例，网址为 http://www.baidu.com，其中：

```
import requests

r = requests.get("http://www.baidu.com")
print(r.status_code)
```

上述代码导入 requests 模块后，调用 get() 函数发送 HTTP 请求，参数是网址字符串，变量 r 是响应的 response 对象，我们可以使用 status_code 属性获取请求的状态码，其执行结果如下：

执行结果
```
200
```

执行结果显示为 200，表示请求成功，如果值为 400 ~ 599，表示请求有错误，如 404 表示网页不存在。

✪ 判断 GET 请求是否成功   Ch2_2_1a.py

实际上，可以用 if-else 条件检查状态码，来判断 GET 请求是否成功，即：

```
import requests

r = requests.get("http://www.baidu.com")
if r.status_code == 200:
    print("请求成功...")
else:
    print("请求失败...")
```

✪ 发送含有参数的 GET 请求

‹Ch2_2_1b.py›

在网址中也可以传递参数字符串，参数位于问号（？）之后，如果参数不止一个，请使用 & 符号分隔，具体如下：

```
http://httpbin.org/get?para1=value1&para2=value2
```

上述网址传递参数 para1 和 para2，其值分别为等号（=）后的 value1 和 value2。

接着，要发送 http://httpbin.org/get（HTTP 请求 / 响应的测试网站）的 GET 请求，并加上两个参数，具体如下：

```python
import requests

url_params = {'name': '陈会安', 'score': 95}
r = requests.get("http://httpbin.org/get", params=url_params)
print(r.url)
```

上述代码首先创建字典的参数，键是参数名称，值是参数值，在 get() 函数的 params 参数指定 url_params 变量值，url 属性可以获取完整的网址字符串，其执行结果如下：

执行结果

```
http://httpbin.org/get?name=%E9%99%B3%E6%9C%83%E5%AE%89&score=95
```

上述执行结果的网址，name 参数经过了编码。我们可以在网络上找到一些线上 URL Encode/Decode 网站，如 https://www.url-encode-decode.com，只需复制 URL 字符串，单击 Decode url 按钮，即可解码成原来的字符串，如图 2-10 所示。

图2-10　解码URL

在 http://httpbin.org/ 网站响应的是 JSON 数据，可以使用 text 属性显示响应字符串（Python 程序：Ch2_2_1c.py），具体如下：

```
print(r.text)
```

从程序的执行结果可以看到传递的参数（笔者已经整理过），具体如下：

```
{
  "args": {
    "name": "\u9673\u6703\u5b89",
    "score": "95"
  },
...
  "origin": "111.241.11.243",
  "url": "http://httpbin.org/get?name=\u9673\u6703\u5b89&score=95"
}
```

2-2-2　发送 POST 请求

Requests 包使用 get() 函数发送 GET 请求，同理，POST 请求使用 post() 函数，POST 请求返回 HTML 表单，如同 URL 参数，需要发送表单列的输入数据。

✪ 发送简单的 POST 请求　　　　　　　　　　　　　　　　　Ch2_2_2.py

使用 post() 函数发送 http://httpbin.org/post 的 POST 请求，发送的数据与 2-2-1 小节的参数相同，具体如下：

```
import requests

post_data = {'name': '陈会安', 'score': 95}
r = requests.post("http://httpbin.org/post", data=post_data)
print(r.text)
```

上述代码首先创建字典的发送数据，在 post() 函数指定 data 参数为 post_data 变量值，text 属性可以显示响应字符串，其执行结果如下：

```
{
...
  "form": {
    "name": "\u9673\u6703\u5b89",
    "score": "95"
  },
...
  "origin": "111.241.11.243",
  "url": "http://httpbin.org/post"
}
```

从上述执行结果可以看到发送的 name 和 score 数据。

2-3　获取 HTTP 响应内容及头部信息

响应内容（Response Content）是发送 HTTP 请求后，Web 服务器返回客户端的响应数据，其内容可能是 HTML 标签字符串、JSON 或二进制数据。

2-3-1　获取 HTTP 响应内容

Python 程序使用 get() 或 post() 函数发送 HTTP 请求，具体如下：

```
r = requests.get("https://www.w3school.com.cn")
```

上述代码的变量 r 是响应内容的 Response 对象，可以使用相关属性来获取响应数据，见表2-1。

表2-1　Response属性

属　性	说　明
text	解码后的字符数据，Requests 会根据 HTTP 头部信息来自动进行解码，以 HTML 网页为例，就是 HTML 标签字符串，使用 encoding 属性可以获取编码
contents	没有解码的字节数据，这是二进制的响应内容，适用于非文字内容的请求
raw	服务器响应的原始 Socket 响应（Raw Socket Response），这是 HTTPResponse 对象

HTTP 响应内容如果是编码的 HTML 标签字符串，HTML 网页的编码由 <head> 的 <meta> 子标签指定。

⭐ 获取 HTML 标签字符串的响应内容　　　　　　　　　　　　⟨Ch2_3_1.py⟩

发送 HTTP 的 GET 请求来获取解码后的响应内容，网址是 https://bbs.bccn.net，具体如下：

```
import requests

r = requests.get("https://bbs.bccn.net")

print(r.encoding)
print(r.text)
```

上述代码调用 get() 函数发送 HTTP 请求后，使用 encoding 和 text 属性获取使用的编码和响应字符串，其执行结果如下：

```
gbk
<!DOCTYPE html PUBLIC "-//W3C//DTD XHTML 1.0 Transitional//EN" "http://www.w3.org/TR/
xhtml1/DTD/xhtml1-transitional.dtd">
<html xmlns="http://www.w3.org/1999/xhtml">
<head>
<meta http-equiv="Content-Type" content="text/html; charset=gb2312" />
<title>编程论坛——中国最大的编程社区</title>
<link>
...
</link>
  <script type="text/javascript">
    ...
  </script>
```

上述执行结果显示网页内容，使用 gbk 编码，可以正确显示中文字符。

● 获取字节内容和原始 Socket 响应　　　　　　　　　　　◀ Ch2_3_1a.py ▶

　　同样地，发送 GET 请求来获取 3 种响应内容，网址是 https://bbs.bccn.net，共发送 3 次请求，具体如下：

```
import requests


r = requests.get("https://bbs.bccn.net")
r.encoding = 'gb2312'
print(r.text)
print("---------------------")


r = requests.get("https://bbs.bccn.net")
r.encoding = 'gb2312'
print(r.content)
print("---------------------")


r = requests.get("https://bbs.bccn.net" , stream=True)
r.encoding = 'gb2312'
print(r.raw)
print(r.raw.read(15))
```

　　上述代码，第一次获取 text 属性，第二次获取 content 属性，最后一次调用 get() 函数获取 raw 属性时，指定 stream=True，所以可以调用 raw.read() 函数读取前 15 个字节，其执行结果如下：

执行结果

```
<!DOCTYPE html PUBLIC "-//W3C//DTD XHTML 1.0 Transitional//EN" "http://www.w3.org/TR/
xhtml1/DTD/xhtml1-transitional.dtd">
<html xmlns="http://www.w3.org/1999/xhtml">
<head>
<meta http-equiv="Content-Type" content="text/html; charset=gb2312" />
<title>编程论坛——中国最大的编程社区</title>
<link>
...
</link>
        <script type="text/javascript">
          ...
        </script>
...
</html>
---------------------
b'<!DOCTYPE html PUBLIC "-//W3C//DTD XHTML 1.0 Transitional//EN" "http://www.w3.org/
TR/xhtml1/DTD/xhtml1-transitional.dtd">\n<html xmlns="http://www.w3.org/1999/xhtml">\
n<head>\n<meta http-equiv=
"Content-Type" content="text/html; charset=gb2312" />\n<title>\xb
1\xe0\xb3\xcc\xc2\xdb\xcc\xb3 -\xd6\xd0\xb9\xfa\xd7\xee\xb4\xf3\
xb5\xc4\xb1\xe0\xb3\xcc\xc9\xe7\xc7\xf8</title>
---------------------
<urllib3.response.HTTPResponse object at 0x0000025742744518>
b'\x1f\x8b\x08\x00\x00\x00\x00\x00\x00\x03\xdd]{s\xd4'
```

上述执行结果显示，首先得到解码后的 HTML 标签字符串，然后显示内容的字节的二进制响应内容，可以看到换行符号，中文字符是没有解码的编码内容，最后响应 HTTPResponse 对象，只读取前 15 个字节。

❂ 获取 JSON 响应内容 ◀Ch2_3_1b.py▶

使用 http://httpbin.org 网站获取响应的 JSON 数据时，可以获取 user-agent 代理人信息，即谁发送此 GET 请求，网址为 http://httpbin.org/user-agent，共发送两次请求，具体如下：

```
r = requests.get("http://httpbin.org/user-agent")
print(r.text)
print(type(r.text))
print("---------------------")
print(r.json())
print(type(r.json()))
```

上述代码首先获取 text 属性，然后调用 json() 函数解析 JSON 数据，并且分别调用 type() 函数获取响应内容的类型，其执行结果如下：

执行结果

```
{"user-agent":"python-requests/2.18.4"}


<class 'str'>
----------------------
{'user-agent': 'python-requests/2.18.4'}
<class 'dict'>
```

上述执行结果显示第一次是 str 字符串类型，可以看到这是 Python 程序 Requests 包发送的请求，然后调用 json() 函数解析 JSON 数据，可以看到是 dict 字典类型。

2-3-2　内置的响应状态码

2-2-1 小节的 Python 程序已经使用 status_code 属性获取请求的响应状态码（Response Status Codes），Requests 提供两个内置响应状态码 requests.codes.ok 和 requests.code.all_good（这两个响应状态码的功能相同），可以检查请求是否成功。

✪ 检查响应状态码 ◀Ch2_3_2.py▶

发送 w3school 网站的 HTTP 请求，分别使用两个内置响应状态码判断是否成功，True 是成功，False 是失败。共发送 3 次请求，具体如下。

```python
import requests


r = requests.get("https://www.w3school.com.cn")
print(r.status_code)
print(r.status_code == requests.codes.ok)

r = requests.get("https://www.w3school.com.cn/404")
print(r.status_code)
print(r.status_code == requests.codes.ok)

r = requests.get("https://www.w3school.com.cn")
print(r.status_code)
print(r.status_code == requests.codes.all_good)
```

上述代码中，第一次比较 r.status_code 属性和 requests.codes.ok，第二次一样，第三次比较 requests.code.all_good，其执行结果如下：

执行结果

```
200
True
404
False
200
True
```

上述执行结果中，第一次是 200 和 True，第二次因为网页不存在，状态码是 404，所以结果是 False，最后一次是 200 和 True。

⭐ 获取响应状态码的进一步信息 ◆Ch2_3_2a.py◆

当响应状态码为 400 ~ 599 时，表示请求有错误，可以使用 raise_for_status() 函数获取请求错误的进一步信息，如下所示。

```python
import requests
r = requests.get("https://www.w3school.com.cn/404")
print(r.status_code)
print(r.status_code == requests.codes.ok)

print(r.raise_for_status())
```

上述代码中，因为网页根本不存在，状态码为 404，因此使用 raise_for_status() 函数获取进一步的信息，其执行结果如下：

执行结果

```
404
False
Traceback (most recent call last):

  File "<ipython-input-21-8e6bd2029d1c>", line 1, in <module>
    runfile('C:/BigData/Ch02/Ch2 _ 3 _ 2a.py', wdir='C:/BigData/Ch02')
...
  File "C:/BigData/Ch02/Ch2 _ 3 _ 2a.py", line 7, in <module>
    print(r.raise _ for _ status())

  File "C:\Users\JOE\Anaconda3\lib\site-packages\requests\models.py", line 935, in
raise _ for _ status
    raise HTTPError(http _ error _ msg, response=self)

HTTPError: 404 Client Error: Not Found for url: https://www.w3school.com.cn/404
```

从上述执行结果的追踪信息最后可以看到 404 Client Error 错误，因为没有找到此网址的资源。

2-3-3　获取响应的 HTTP 头部信息

2-1-2 小节介绍了使用 Chrome 浏览器的开发者工具查看 HTTP 头部，也可以使用 Response 对象的 headers 属性来获取头部信息。

⭐ **获取 HTTP 头部信息（一）**　<inline-figure>Ch2_3_3.py</inline-figure>

获取 HTTP 头部的 Content-Type（内容类型）、Content-Length（内容长度）、Date（日期）和 Server（服务器名称）时，注意头部名称要区分英文大小写，具体如下：

```
import requests
r = requests.get("https://www.w3school.com.cn/")

print(r.headers['Content-Type'])
print(r.headers['Content-Length'])
print(r.headers['Date'])
print(r.headers['Server'])
```

上述代码使用字典方式获取指定头部名称的值，其执行结果如下：

执行结果
```
text/html
4026
Wed, 25 Mar 2020 12:36:29 GMT
Microsoft-IIS/10.0
```

可知，Content-Type 为 text/html，即 HTML 网页，长度为 4026，然后是日期和服务器名称。Content-Type 的值是 MIME 数据类型，常用类型的说明见表 2-2。

表2-2　MIME数据类型

MIME数据类型	说　明
text/html	HTML 网页文件
text/xml	XML 格式的文件
text/plain	一般文本文件
application/json	JSON 格式的数据
image/jpeg	JPEG 格式的图片文件
image/gif	GIF 格式的图片文件
image/png	PNG 格式的图片文件

⭐ 获取 HTTP 头部信息（二）
◀ Ch2_3_3a.py ▶

HTTP 头部信息的获取还可以使用 header.get() 函数，参数是头部名称字符串，具体如下：

```
import requests

r = requests.get("https://www.w3school.com.cn/")

print(r.headers['Content-Type'])
print(r.headers['Content-Length'])
print(r.headers['Date'])
print(r.headers['Server'])
```

上述代码获取的头部名称与 Ch2_3_3.py 完全相同。

2-4 发送进阶的 HTTP 请求

学习如何使用 Requests 发送 HTTP 请求和获取响应内容时，要注意有些特殊的 HTTP 请求，需要额外指定参数来发送这些进阶的 HTTP 请求。

2-4-1 访问 Cookie 的 HTTP 请求

Cookie 英文原义是小饼干，可以在浏览器保留用户的浏览信息，因为 Cookie 是存储在浏览器端，并不会浪费 Web 服务器资源。如果 HTTP 请求的响应内容有 Cookie，可以用 cookies 属性来获取 Cookie 值，即

```
r = requests.get("http://example.com/")
v = r.cookies["cookie_name"]
print(v)
```

上述代码获取 Cookie 字典的指定元素，"cookie_name" 是 Cookie 名称。在发送 HTTP 请求时，也可以在 get() 函数中定义 cookies 参数来发送 Cookie 数据。

☉ 发送 Cookie 的 HTTP 请求 `‹Ch2_4_1.py›`

在 http://httpbin.org/cookies 发送创建 Cookie 的 HTTP 请求如下：

```
url = "http://httpbin.org/cookies"

cookies = dict(name='Joe Chen')
r = requests.get(url, cookies=cookies)
print(r.text)
```

上述代码会创建字典的 Cookie 数据，然后在 cookies 参数指定发送的 Cookie，其执行结果会响应创建的 Cookie 数据，具体如下：

执行结果
```
{"cookies":{"name":"Joe Chen"}}
```

2-4-2 创建自定义 HTTP 头部的 HTTP 请求

可以创建自定义 HTTP 头部的 HTTP 请求。例如，当 Python 程序发送 HTTP 请求，为了避免网站封锁请求，可以更改 user-agent 头部信息（详见 Ch2_3_1b.py），改成 Chrome 浏览器的头部信息。

✪ 发送自定义头部的 HTTP 请求   ⟨Ch2_4_2.py⟩

准备在 http://httpbin.org/user-agent 发送自定义 HTTP 头部的 HTTP 请求，将 HTTP 请求模拟成从 Chrome 浏览器发送，共发送两次，第一次没有更改，第二次更改了头部信息，具体如下：

```python
import requests
url = "http://httpbin.org/user-agent"

r = requests.get(url)
print(r.text)
print("---------------------")

url_headers = {'user-agent': 'Mozilla/5.0 (Windows NT 10.0; Win64; x64)
AppleWebKit/537.36 (KHTML, like Gecko) Chrome/63.0.3239.132 Safari/537.36'}
r = requests.get(url, headers=url_headers)
print(r.text)
```

上述代码中，第一次只是单纯地获取响应信息，第二次创建 url_headers 变量的新标题，然后在 get() 函数指定发送自定义头部信息，其执行结果如下：

执行结果

```
{"user-agent":"python-requests/2.18.4"}


---------------------
{"user-agent":"Mozilla/5.0 (Windows NT 10.0; Win64; x64) AppleWcbKit/537.36 (KHTML,
like Gecko) Chrome/63.0.3239.132 Safari/537.36"}
```

上述执行结果中，第一次显示的是使用 Requests 包发送，第二次是模拟成 Chrome 浏览器发送的 HTTP 请求。

2-4-3 发送 RESTful API 的 HTTP 请求

Requests 包的 get() 函数也可以发送 RESTful API 的 HTTP 请求。例如，使用腾讯天气的 API 来查询天气预测信息，其返回数据是 JSON 数据，具体如下：

```
https://wis.qq.com/weather/common?source=xw&weather_type=<预测种类>
&province=<省>&city=<城市>
```

上述网址的 weather_type 参数是预测种类，例如，forecase_1h 和 forecase_24h；province 参数是省份；city 参数是城市。查询成都市 24 小时的天气预测信息的代码如下：

```
https://wis.qq.com/weather/common?source=xw&weather_type=forecast_24h
&province=四川&city=成都
```

☀ 发送 RESTful API 的 HTTP 请求 ◀ Ch2_4_3.py ▶

发送 RESTful API 的 HTTP 请求，查询成都市 24 小时的天气预测信息的代码如下：

```
url = "https://wis.qq.com/weather/common?source=xw"

url_params = {'weather_type': 'forecast_24h',
              'province': '四川',
              'city': '成都'}
r = requests.get(url, params=url_params)
print(r.json())
```

上述代码的 get() 函数使用 params 参数指定 API 参数，因为返回值是 JSON 数据，所以调用 json() 函数解析 JSON 数据，其执行结果如下：

执行结果

```
{'data': {'forecast _ 24h': {'0': {'day _ weather': '阴', 'day _ weather _ code': '02',
'day _ weather _ short': '阴', 'day _ wind _ direction': '北风', 'day _ wind _ direction _
code': '8', 'day _ wind _ power': '3', 'day _ wind _ power _ code': '0', 'max _ degree':
'10', 'min _ degree': '3', 'night _ weather': '小雨',
...
```

从上述执行结果可以看到返回查询结果预测天气的 JSON 数据。

2-4-4 发送需要认证的 HTTP 请求

如果网站或 API 界面需要认证，在发送 HTTP 请求时，可以加上认证数据的用户名称和密码，如 GitHub 网站的 API 界面需要认证数据。请注意！在测试本节 Python 程序前，先注册 GitHub 获取用户名和密码。

☀ 发送需要认证的 HTTP 请求 ◀ Ch2_4_4.py ▶

发送需要认证的 HTTP 请求至 GitHub 网站，网址是：https://api.github.com/user，代码如下：

```
import requests

url = "https://api.github.com/user"

r = requests.get(url, auth=('hueyan@ms2.hinet.net', '********'))
if r.status_code == requests.codes.ok:
    print(r.headers['Content-Type'])
    print(r.json())
else:
    print("HTTP请求错误...")
```

上述代码中，get() 函数使用 auth 参数指定认证数据，它是一个元组，第一个元素是用户名，第二个元素是密码，if-else 条件判断是否请求成功，如果成功就依次显示 Content-Type 头部信息和响应的 JSON 数据，其执行结果如下：

执行结果

```
application/json; charset=utf-8
{'login': 'hueyanchen', 'id': 35254525, 'avatar _ url': 'https://avatars2.
githubusercontent.com/u/35254525?v=4',
...
```

2-4-5 使用 timeout 参数指定请求时间

为了避免发送 HTTP 请求后 Web 服务器的响应时间太久，进而影响 Python 程序的执行，可以在 get() 函数指定 timeout 参数的期限时间指定等待的响应时间不超过 timeout 参数的时间，单位是 s。

☺ 发送只等待 0.03s 的 HTTP 请求　　　　　　　　　　　　　　　《Ch2_4_5.py》

发送 HTTP 请求至百度网站，而且只等 0.03s，请注意！这是为了测试 Timeout 异常，代码如下：

```
import requests


try:
    r = requests.get("http://www.baidu.com", timeout=0.03)
    print(r.text)
except requests.exceptions.Timeout as ex:
    print("错误: HTTP请求已经超过时间...\n" + str(ex))
```

上述 try-except 异常处理可以处理 Timeout 异常（进一步说明请参阅 2-5-1 小节），在 get() 函数指定 timeout 参数值为 0.03s，因为时间太短，所以会产生错误，其执行结果如下：

执行结果

```
错误: HTTP请求已经超过时间...
HTTPConnectionPool(host='www.baidu.com', port=80): Max retries exceeded with url: /
(Caused by ConnectTimeoutError(<urllib3.connection.HTTPConnection object at
0x00000257426B3160>, 'Connection to www.google.com timed out. (connect
timeout=0.03)'))
```

上述执行结果显示错误信息，下方是进一步 Timeout 异常对象的信息文字。

2-5 错误 / 异常处理与文件访问

当 HTTP 请求发生错误时，就会产生对应的异常，可以针对不同异常来进行错误处理。此外，常常需要将获取的 HTML 网页存成文件，所以，Python 文件访问也是爬虫的必备技能。

2-5-1 Requests 的异常处理

Python 程序可以使用 try-exception 异常处理和 Requests 异常对象来进行错误处理，Requests 常用的异常对象说明见表 2-3。

表2-3 常用的异常对象说明

异常对象	说　明
RequestException	HTTP 请求有错误时，就会产生此异常对象
HTTPError	当 HTTP 响应内容不合法时，就会产生此异常对象
ConnectionError	当网络连接或 DNS 错误时，就会产生此异常对象
Timeout	当 HTTP 请求超过指定期限时，就会产生此异常对象
TooManyRedirects	如果转发超过设置的最大值时，就会产生此异常对象

☉ 创建 Requests 的异常处理
Ch2_5_1.py

创建 HTTP 请求的异常处理，可以处理表 2-3 所列的异常对象（Timeout 异常已在 2-4-5 小节说明），代码如下：

```python
import requests

url = 'http://www.w3school.com.cn/404'

try:
    r = requests.get(url, timeout=3)
    r.raise_for_status()
except requests.exceptions.RequestException as ex1:
    print("Http请求错误: " + str(ex1))
except requests.exceptions.HTTPError as ex2:
    print("Http响应错误: " + str(ex2))
except requests.exceptions.ConnectionError as ex3:
    print("网络连线错误: " + str(ex3))
except requests.exceptions.Timeout as ex4:
    print("Timeout错误: " + str(ex4))
```

上述 try-except 异常处理可以处理 4 种异常，因为此网址根本不存在，从其执行结果可以看到 404 的错误信息，具体如下：

```
Http请求错误: 404 Client Error: Not Found for url: https://www.w3school.com.cn/404
```

2-5-2　Python 文件访问

Python 提供文件处理（File Handling）的内置函数，可以将数据写入文件，并读取文件的内容。

✪ 将获取的响应内容写入文件　　　　　　　　　　　　◀ Ch2_5_2.py ▶

在此要将 http://www.example.com 的内容存储成 test.txt 文件，代码如下：

```
import requests


r = requests.get("http://www.example.com")
r.encoding = "utf-8"

fp = open("test.txt", "w", encoding="utf-8")
fp.write(r.text)
print("写入文件test.txt...")
fp.close()
```

在此使用 open() 函数打开文件，close() 函数关闭文件

上述函数的返回值是文件指针，第一个参数是文件名称或文件完整路径，如果内含路径符号（\），Windows 操作系统需要使用溢出字符 \\，第二个参数是文件打开的模式字符串，支持的打开模式字符串说明见表 2-4。

表2-4　模式字符串说明

模式字符串	当打开文件已经存在	当打开文件不存在
r	打开只读的文件	产生错误
w	清除文件内容后写入	创建写入文件
a	打开文件从文档末尾开始写入	创建写入文件
r+	打开读 / 写的文件	产生错误
w+	清除文件内容后读 / 写内容	创建读 / 写文件
a+	打开文件从文档末尾开始读 / 写	创建读 / 写文件

最后的 encoding 参数是指定编码，本例中为 utf-8，从其执行结果中可以看到写入文件的信息文字，即：

```
写入文件test.txt...
```

☺ 读取文件的全部内容（一）

Ch2_5_2a.py

读取和显示 Ch2_5_2.py 创建的 test.txt 文件内容，代码如下：

```python
fp = open("test.txt", "r", encoding="utf-8")
str = fp.read()
print("文件内容:")
print(str)
```

上述 open() 函数的模式字符串是 "r"，即读取文件内容，然后调用 read() 函数，函数没有参数，就是读取文件的全部内容，其执行结果可以显示文件内容，具体如下：

执行结果

```
文件内容:
<!doctype html>
<html>
  <head>
      <title>Example Domain</title>

      <meta charset="utf-8" />
      <meta http-equiv="Content-type" content="text/html; charset=utf-8" />
      <meta name="viewport" content="width=device-width, initial-scale=1" />
      <style type="text/css">    ...    </style>
  </head>

  <body>
   <div>
      <h1>Example Domain</h1>
      <p>This domain is for use in illustrative examples in documents. You may use this
      domain in literature without prior coordination or asking for permission.</p>
      <p><a href="https://www.iana.org/domains/example">More information...</a></p>
   </div>
  </body>
</html>
```

☺ Python 的 with/as 程序区块

Ch2_5_2b.py

Python 文件处理需要在处理完自行调用 close() 函数来关闭文件，对于这些需要善后的操作，如果担心忘了执行事后清理工作，我们可以使用另一种更简洁的写法，改用 with-as 程序区块来读取文件内容，具体如下：

```python
with open("test.txt", "r", encoding="utf-8") as fp:
    str = fp.read()
```

```
print("文件内容:")
print(str)
```

上述代码创建读取文件内容的程序区块 [不要忘了 fp 后的冒号（ : ）]，当执行完程序区块，就会自动关闭文件。

☼ 读取文件的全部内容（二）

Ch2_5_2c.py

读取和显示 Ch2_5_2.py 创建的 test.txt 文件内容，具体如下：

```
with open("test.txt", "r", encoding="utf-8") as fp:
    list1 = fp.readlines()
    for line in list1:
        print(line, end="")
```

上述代码使用 readlines() 函数读取文件内容生成 list1 列表，每一行是一个项目，然后使用 for 循环显示每一行的文件内容，因为文件中的每一行有换行，所以 print() 函数就不需要换行。

2

习　题

[1] 请说明什么是 HTTP 头部，HTTP 头部的内容是什么。

[2] 请举例说明如何使用开发者工具来查看 HTTP 头部信息。

[3] 请简单说明什么是 httpbin.org 服务。

[4] Python 语言内置 _____ 模块也可以发送 HTTP 请求，本书使用的 _____ 包可以更简单地发送 GET/POST 的 HTTP 请求。

[5] 请问 GET 请求和 POST 请求有何差异。

[6] 请使用常用的 Web 网站，如学校官网，创建 Python 程序发送 GET 请求，并显示响应码。

[7] 继续第 [6] 题的程序，请显示响应的头部信息和响应内容。

[8] 继续第 [7] 题的 Python 程序，将响应内容存储成 home.html 文件。

3
CHAPTER

爬取静态 HTML
网页数据

3-1　在 HTML 网页定位数据

3-2　使用 BeautifulSoup 解析 HTML 网页

3-3　分析静态 HTML 网页

3-4　使用 find() 和 find_all() 函数搜索 HTML 网页

3-5　认识与使用正则表达式搜索 HTML 网页

3-1 在 HTML 网页定位数据

网络爬虫就是从 HTML 网页中爬取出所需的数据，因为是从网页中抓取数据，其最重要的工作就是定位出数据位置，如此才能编写 Python 爬虫程序来获取这些数据。

3-1-1 网络爬虫的数据爬取工作

当 Python 程序使用 Requests 发送 HTTP 请求取得响应的 HTML 网页内容后，该网页就如同 Google 地图，只需要在地图中定位出位置即可获取所需的数据，以便从 HTML 网页爬取出数据，其主要工作如下。

❊ 定位 HTML 网页：从 HTML 网页找出特定 HTML 标签或标签集合，可以使用 XPath 表达式、CSS 选择器和正则表达式来定位特定 HTML 元素。本章使用正则表达式（第 4 章说明 CSS 选择器，第 6 章介绍 XPath 表达式）。

❊ 遍历 HTML 网页：当找出特定 HTML 元素后，如果只能定位在目标数据的附近，或附近还有其他欲爬取的数据，可以从 HTML 网页结构中通过向上、向下、向左、向右遍历 HTML 元素来定位出数据的位置（详细的说明在第 5 章中）。

❊ 修改 HTML 网页：为了能够更顺利地爬取数据，如果取得的 HTML 网页有不完整或遗失标签，需要修改 HTML 标签和属性值以便顺利进行爬虫（详细的说明在第 5 章中）。

3-1-2 如何定位网页数据

基本上，在 HTML 网页中定位所需的数据，如同在地图上标记位置。

在地图上标记位置有多种方法，如直接用光标选择、输入地址或经纬度。同理，在 HTML 网页中定位数据也有多种方式，具体如下：

❊ HTML 标签名称。

❊ HTML 标签的 id 属性。

❊ HTML 标签的 class 属性。

❊ CSS 选择器。

❊ XPath 表达式。

❊ 正则表达式。

一般来说，Python 网页爬虫函数库都会支持相关函数使用上述方法定位网页数据，本书会依序说明 HTML 标签定位、正则表达式、CSS 选择器和 XPath 表达式。

3-2　使用 BeautifulSoup 解析 HTML 网页

BeautifulSoup 是著名的解析 HTML 网页的 Python 包，可以将 HTML 标签转换为一棵 Python 对象树，帮助从 HTML 网页中爬取出所需的数据。

3-2-1　创建 BeautifulSoup 对象

若依照第 1 章的说明安装好 Anaconda，那么 BeautifulSoup 包也会一并安装，只要直接 import 就可以使用。不过 BeautifulSoup 的包名称为 bs4，因此由 bs4 包中导入 BeautifulSoup 类别代码如下：

```
from bs4 import BeautifulSoup
```

输入上述代码导入 BeautifulSoup 模块后，就可以创建 BeautifulSoup 对象。创建 BeautifulSoup 对象的方法有 3 种，下面将分别说明。

❂ 使用 HTML 标签字符串创建 BeautifulSoup 对象　　◀ Ch3_2_1.py ▶

使用 HTML 标签字符串创建 BeautifulSoup 对象，代码如下：

```
from bs4 import BeautifulSoup

html_str = "<p>Hello World!</p>"
soup = BeautifulSoup(html_str, "lxml")
print(soup)
```

上述代码指定 html_str 变量的 HTML 标签字符串后，BeautifulSoup() 函数的第 1 个参数是标签字符串，第 2 个参数指定为 TreeBuilders，即使用 Python 对象树解析器。常用的解析器有 3 种："lxml"、"html5lib" 和内置的 "html.parser"，官方建议使用解析速度较快的 "lxml"。

在解析了 HTML 字符串后，调用 print() 函数显示内容，可以看到自动补齐缺少的 HTML 标签 <html> 和 <body>，其执行结果如下：

执行结果

```
<html><body><p>Hello World!</p></body></html>
```

❂ 使用 HTTP 响应内容创建 BeautifulSoup 对象　　◀ Ch3_2_1a.py ▶

使用 HTTP 响应内容来创建 BeautifulSoup 对象时，HTTP 请求的网址是 iana 示例域的首页 http://www.example.com，具体如下：

```
import requests
```

```
from bs4 import BeautifulSoup

r = requests.get("http://example.com")
r.encoding = "utf-8"
soup = BeautifulSoup(r.text, "lxml")
print(soup)
```

上述代码导入 requests 和 BeautifulSoup 模块后，使用 get() 函数发送 HTTP 请求，指定 encoding 编码为 utf-8，然后使用 text 属性的响应内容创建 BeautifulSoup 对象，最后调用 print() 函数显示内容，在执行结果中可以看到 HTML 标签内容，即：

执行结果

```
<!DOCTYPE html>
<html>
   ...
</body>
</div>
<h1>Example Domain</h1>
<p>This domain is for use in illustrative examples in documents. You may use this
    domain in literature without prior coordination or asking for permission.</p>
<p><a href="https://www.iana.org/domains/example">More information...</a></p>
</div>
</body>
</html>
```

✪ 打开文件创建 BeautifulSoup 对象 ⟨Ch3_2_1b.py⟩

使用 Python 文件访问时，可以直接打开本机的 HTML 文件来创建 BeautifulSoup 对象。例如，下面代码中的 index.html 文件是笔者自制的 iana 示例域的首页，即：

```
from bs4 import BeautifulSoup

with open("index.html", "r", encoding="utf-8") as fp:
    soup = BeautifulSoup(fp, "lxml")
    print(soup)
```

上述程序码使用 with-as 程序区块，调用 open() 函数打开文件 index.html（此文件和 Python 程序位于同一目录），然后使用文件指针 fp 创建 BeautifulSoup 对象，最后调用 print() 函数显示内容，从执行结果中可以看到和 Ch3_2_1a.py 相同的 HTML 标签。

▌ 3-2-2   输出解析的 HTML 网页

BeautifulSoup 对象可以使用 prettify() 函数来格式化输出解析的 HTML 网页或字符串。当然，也可以将输出内容存储成本机的 HTML 文件。

✪ 格式化输出 HTML 网页

文本文件 test.txt 是第 2 章 Ch2_5_2.py 输出的 HTML 标签文件，其内容如下：

内容

```
<!DOCTYPE html>
<html>
  ...
  <h1>Example Domain</h1>
  <p>This domain is for use in illustrative examples in documents. You may use this
      domain in literature without prior coordination or asking for permission.</p>
  <p><a href="https://www.iana.org/domains/example">More information...</a></p>
  ...
</html>
```

上述 HTML 标签的编排并没有统一的缩排，可以在打开文本文件后使用 BeautifulSoup 对象的 prettify() 函数来格式化输出解析的 HTML 标签，具体如下：

```
from bs4 import BeautifulSoup

with open("test.txt", "r", encoding="utf-8") as fp:
    soup = BeautifulSoup(fp, "lxml")
    print(soup.prettify())
```

上述代码在打开 test.txt 文件后，会调用 prettify() 函数格式化 HTML 标签字符串，其执行后的 HTML 标签会格式化为一致的缩排，执行结果如下：

执行结果

```
<!DOCTYPE html>
<html>
 <head>
  <title>
   Example Domain
  </title>
...
 </head>
 <body>
  <div>
   <h1>
    Example Domain
   </h1>
```

▼

3

```
<p>
 This domain is for use in illustrative examples in documents. You may use this
 domain in literature without prior coordination or asking for permission.
</p>
<p>
 <a href="https://www.iana.org/domains/example">
  More information...
 </a>
</p>
</div>
</body>
</html>
```

★ 将 Web 网页格式化并输出成文件 　　　　　　　　　　Ch3_2_2a.py

使用 Requests 发送 HTTP 请求至 http://example.coml 后，使用 BeautifulSoup 对象的 prettify() 函数来格式化输出解析的 HTML 网页，并且存储为 test2.txt，具体如下：

```
import requests
from bs4 import BeautifulSoup

r = requests.get("http://example.com")
r.encoding = "utf-8"
soup = BeautifulSoup(r.text, "lxml")

fp = open("test2.txt", "w", encoding="utf8")
fp.write(soup.prettify())
print("写入文件test2.txt...")
fp.close()
```

使用上述代码打开 test2.txt 文件后，prettify() 函数格式化输出 HTML 标签的结果如下：

执行结果

写入文件test2.txt...

使用记事本打开 test2.txt，可以看到文件内容和 test.txt 的差别。

内容

```
<!DOCTYPE html>
<html>
......
 <h1>
  Example Domain
 </h1>
```

```
    <p>
    This domain is for use in illustrative examples in documents. You may use this
    domain in literature without prior coordination or asking for permission.
    </p>
    <p>
    <a href="https://www.iana.org/domains/example">
     More information...
    </a>
    </p>
  </div>
 </body>
</html>
```

当成功将 Web 的 HTML 网页存储为本机 HTML 文件后，可以离线学习 BeautifuleSoup 对象的函数和属性，在本小节之后就是直接打开本机 HTML 文件来执行 HTML 标签的搜索和遍历，以及爬取所需的数据。

3-2-3　BeautifulSoup 的对象说明

BeautifulSoup 对象可以将 HTML 网页解析转换成 Python 对象树，主要解析成 4 种对象：Tag、NavigableString、BeautifulSoup 和 Comment 对象。

✪ Tag 对象
◆Ch3_2_3.py◆

Tag 对象是解析 HTML 网页将标签转换成的 Python 对象，提供多种属性和函数来搜索和遍历 Python 对象树，本小节的示例只说明如何获取标签名称和属性值。例如，解析 HTML 标签字符串创建 BeautifulSoup 对象和获取 Tag 对象，具体如下：

```
from bs4 import BeautifulSoup

html_str = "<div id='msg' class='body strikeout'>Hello World!</div>"
soup = BeautifulSoup(html_str, "lxml")
tag = soup.div
print(type(tag))
```

上述代码使用 HTML 标签字符串创建 BeautifulSoup 对象，<div> 标签拥有两个属性：id 和 class，class 属性是多重值属性，拥有空白字符分隔的 body 和 strikeout 两个值。

直接使用标签名称 soup.div 属性获取 Python 对象树中的第一个 <div> 标签对象，type() 函数显示类型是 Tag 对象，执行结果如下：

执行结果
```
<class 'bs4.element.Tag'>
```

59

在获取 HTML 标签的 Tag 对象后，就可以获取 Tag 对象的标签名称和属性值，具体如下：

✲ 获取标签名称：通过 Tag 对象的 name 属性可以获取标签名称 div，如下所示。

```
print(tag.name)        # 标签名称
```

```
div
```

✲ 获取标签属性值：在 Tag 对象获取标签 <div> 的 id 属性值，如下所示。

```
print(tag["id"])        # 标签属性
```

```
msg
```

✲ 获取标签属性的多重值：在 Tag 对象获取标签 <div> 的 class 属性值，这是多重值属性，
获取的是一个列表，如下所示。

```
print(tag["class"])   # 多重值属性的值列表
```

```
['body', 'strikeout']
```

✲ 获取标签的所有属性值：Tag 对象可以使用 attrs 属性获取标签的所有属性，这是一个字典，
如下所示。

```
print(tag.attrs)        # 标签所有属性值的字典
```

```
{'id': 'msg', 'class': ['body', 'strikeout']}
```

⊘ NavigableString 对象　　　　　　　　　　　　　　　　　　　　　　　　⟨Ch3_2_3a.py⟩

NavigableString 对象是标签内容，即位于 <div></div> 标签中的文字内容，使用 Tag 对象的 string
属性来获取 NavigableString 对象，具体如下：

```
from bs4 import BeautifulSoup
html_str = "<div id='msg' class='body strikeout'>Hello World!</div>"
soup = BeautifulSoup(html_str, "lxml")
tag = soup.div
print(tag.string)         # 标签内容
print(type(tag.string))   # NavigableString类型
```

上述程序码显示标签内容和类型，其执行结果如下：

执行结果
```
Hello World!
<class 'bs4.element.NavigableString'>
```

Tag 对象除了使用 string 属性获取标签内容，还可以使用 text 属性和 get_text() 函数来获取

标签内容，其说明见表 3–1。

表3–1　获取NavigableString对象的属性和函数

属性或函数	说　明
string	获取 NavigableString 对象的标签内容
text	获取所有子标签内容的合并字符串
get_text()	获取所有子标签内容的合并字符串，可以加上参数字符串的分隔字符，如 get_text("-")，也可以加上 strip=True 参数清除空白字符

请注意！如果标签内容有子标签，string 属性无法成功获取标签内容，需要使用 text 属性或 get_text() 函数。

```
html_str = "<div id='msg'>Hello World! <p> Final Test <p></div>"
soup = BeautifulSoup(html_str, "lxml")
tag = soup.div
print(tag.string)          # string属性
print(tag.text)            # text属性
print(type(tag.text))
print(tag.get_text())      # get_text()函数
print(tag.get_text("-"))
print(tag.get_text("-", strip=True))
```
◈Ch3_2_3b.py▷

上述 HTML 标签字符串拥有 <p> 子标签，tag.string 是 None 并无法获取标签的文字内容，需要使用 text 属性来获取，get_text() 函数类似于 text 属性，还可以指定参数的分隔字符 "-"，其执行结果如下：

执行结果
```
None
Hello World!  Final Test
<class 'str'>
Hello World!  Final Test
Hello World! - Final Test
Hello World!-Final Test
```

上述执行结果中，第二行是 text 属性值，最后三行是 get_text() 函数，第四行显示所有标签的文字内容，第五行可以看到分隔字符 "-"，最后一行会删除前后空白字符。

✪ BeautifulSoup 对象
◈Ch3_2_3c.py▷

BeautifulSoup 对象本身代表整个 HTML 网页，如果只是 HTML 标签字符串，也会自动补齐成为完整的 HTML 网页，name 属性值是 [document]，即：

```
from bs4 import BeautifulSoup

html_str = "<div id='msg'>Hello World!</div>"
soup = BeautifulSoup(html_str, "lxml")
```

```
tag = soup.div
print(soup.name)
print(type(soup))    # BeautifulSoup类型
```

上述代码可以显示 name 属性和类型，其执行结果如下：

执行结果

```
[document]
<class 'bs4.BeautifulSoup'>
```

✪ Comment 对象

◀ Ch3_2_3d.py ▶

Comment 对象是特殊的 NavigableString 对象，可以获取 HTML 网页的注释文字，具体如下：

```
from bs4 import BeautifulSoup
html_str = "<p><!-- 注释文字 --></p>"
soup = BeautifulSoup(html_str, "lxml")
comment = soup.p.string
print(comment)
print(type(comment))    # Comment类型
```

上述 HTML 标签字符串的 <p> 标签内容是注释文字，其执行结果如下：

执行结果

```
注释文字
<class 'bs4.element.Comment'>
```

3-3 分析静态 HTML 网页

网络爬虫最主要的工作就是网页数据爬取，需要先分析 HTML 网页来找出目标数据的特征：如果可以在浏览器查看 HTML 标签的源代码，这是静态 HTML 网页；如果看不到 HTML 标签，只有 JavaScript 代码，这是动态 HTML 网页（进一步说明请参考第 7 章）。

对于静态网页，Chrome 浏览器内置的开发者工具就是一个分析 HTML 网页的好工具。

3-3-1　本章使用的示例 HTML 网页

为了方便学习 BeautifulSoup 相关搜索和遍历的函数和属性，本章使用本机 Example.html 的 HTML 网页文件作示范，具体如下：

Example.html

```
<!DOCTYPE html>
<html lang="big5">
 <head>
  <meta charset="utf-8"/>
  <title>测试数据爬取的HTML网页</title>
 </head>
 <body>
  <div class="surveys" id="surveys">
   <div class="survey" id="q1">
    <p class="question">
      <a href="http://example.com/q1">请问你的性别?</a></p>
    <ul class="answer">
     <li class="response">男-<span>10</span></li>
     <li class="response selected">女-<span>20</span></li>
    </ul>
   </div>
    <div class="survey" id="q2">
    <p class="question">
      <a href="http://example.com/q2">请问你是否喜欢侦探小说?</a></p>
    <ul class="answer">
     <li class="response">喜欢-<span>40</span></li>
     <li class="response selected">普通-<span>20</span></li>
     <li class="response">不喜欢-<span>0</span></li>
```

```
      </ul>
    </div>
    <div class="survey" id="q3">
      <p class="question">
        <a href="http://example.com/q3">请问你是否会程序设计?</a></p>
      <ul class="answer">
        <li class="response selected">会-<span>30</span></li>
        <li class="response">不会-<span>6</span></li>
      </ul>
    </div>
  </div>
  <div class="emails" id="emails">
    <div class="question">电子邮件列表信息: </div>
    abc@example.com
    <div class="survey" data-custom="important">def@example.com</div>
    <span class="survey" id="email">ghi@example.com</div>
  </div>
  </body>
</html>
```

上述 HTML 网页的 <body> 标签之下分成两个 <div> 标签,转换成的 HTML 标签树如图 3–1 所示。

图 3–1 是 HTML 网页各标签的层级结构(没有 <li> 标签下的 <span> 标签),因为需要了解 HTML 网页结构,才能成功搜索、定位和遍历 HTML 网页。

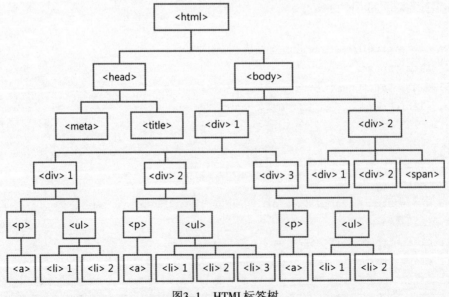

图3-1　HTML标签树

Python 程序可以在打开 Example.html 文件后使用 BeautifulSoup 解析 HTML 网页, 具体如下:

```
from bs4 import BeautifulSoup

with open("Example.html", "r", encoding="utf-8") as fp:
    soup = BeautifulSoup(fp, "lxml")

print(soup)
```

上述代码导入 BeautifulSoup 对象后会打开并读取 Example.html, 此时即可使用文件内容创建 BeautifulSoup 对象解析 HTML 网页, 执行结果可以显示整个 HTML 网页内容。

3-3-2 使用开发者工具分析 HTML 网页

为了成功将所需数据从特定 HTML 标签爬取出来, 需要分析 HTML 网页来拟定所需的搜索、定位和遍历策略, 如数据位于哪一个标签、标签是否有 id 或 class 属性。如果位于定位 HTML 标签的附近, 可以再次搜索, 或使用访问方式来处理。

启动 Chrome 浏览器载入 Example.html 后, 按 F12 键打开开发者工具, 选择 Elements 标签, 如图 3-2 所示。

图3-2 选择Elements标签

在右边上方工具栏单击光标所在的第一个按钮, 然后在左边网页移动光标至欲获取的文字内容, 即可查看对应的 HTML 标签, 如图 3-3 所示。

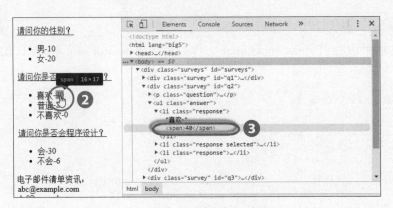

图3-3　查看对应的HTML标签

3-4 使用 find() 及 find_all() 函数搜索 HTML 网页

BeautifulSoup 和 Tag 对象支持 find 开头的函数来搜索 HTML 网页，可以在 HTML 网页找出目标的 HTML 标签。

3-4-1 使用 find() 函数搜索 HTML 网页

搜索 HTML 网页就是搜索 BeautifulSoup 解析成 Python 对象的标签树，以使用 find() 函数搜索 HTML 网页来找出指定 HTML 标签，基本语法如下：

```
find(name, attribute, recursive, text, **kwargs)
```

上述函数可以使用标签名称和属性条件来搜索 HTML 网页，返回的是找到的第一个符合条件的 Python 对象，即 HTML 标签对象；如果没有找到会返回 None。函数的参数说明如下。

❋ name 参数：指定搜索的标签名称，可以找到第一个符合条件的 HTML 标签，值可以是字符串的标签名称、正则表达式、列表或函数。

❋ attribute 参数：搜索条件的 HTML 标签属性。

❋ recursive 参数：布尔值默认是 True，搜索会包含所有子孙标签；如为 False，搜索只限下一层子标签，不包含再下一层的孙标签。

❋ text 参数：指定搜索的标签字符串内容。

函数最后的 **kwargs 是指 find() 函数的参数个数是不定长度（有参数才需指定），而且参数格式是一种"键 = 值"参数。

⭐ 使用标签名称搜索 HTML 标签

◀ Ch3_4_1.py ▶

找出 Example.html 问卷第 1 题的题目，在 Chrome 浏览器的开发者工具可以找出 <a> 标签的内容，如图 3-4 所示。

上述标签 <a> 是第一个 <a> 标签，可以使用 find() 函数搜索此 HTML 标签，具体如下：

```
tag_a = soup.find("a")
print(tag_a.string)
```

上述代码搜索 <a> 标签名称 "a" 的字符串，可以找到第一个 <a> 标签的 Tag 对

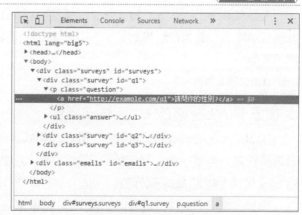

图3-4 <a>标签的内容

象，然后使用 string 属性获取内容，其执行结果如下：

请问你的性别?

当再次观察 HTML 标签树时，`<a>` 标签的上一层是 `<p>` 父标签，可以先调用 find() 函数搜索 `<p>` 父标签后，再从 `<p>` 标签使用属性遍历至 `<a>` 标签，或再次调用 find() 函数搜索下一层 `<a>` 子标签，具体如下：

```
tag_p = soup.find(name="p")
tag_a = tag_p.find(name="a")
print(tag_p.a.string)
print(tag_a.string)
```

上述代码首先搜索父标签 `<p>`，find() 函数使用"键 = 值"参数，然后从 `<p>` 标签开始再调用 find() 函数搜索下一层 `<a>` 子标签，即可从 tag_p 开始使用 a 属性遍历获取 `<a>` 子标签后再获取内容，因为 tag_a 就是 `<a>` 标签，可以直接获取内容，从执行结果可以看到两个相同的标签内容，即：

请问你的性别?
请问你的性别?

☺ 搜索 HTML 标签的 id 属性 ◀ Ch3_4_1a.py ▶

因为 HTML 标签的 id 属性值是唯一值，如果 HTML 标签有 id 属性，可以直接使用 id 属性来搜索 HTML 标签。例如，准备找出第 2 题的问卷题目，`<div>` 标签的 id 属性值是 q2，具体如下：

```
tag_div = soup.find(id="q2")
tag_a = tag_div.find("a")
print(tag_a.string)
```

上述代码使用 id="q2" 搜索 `<div>` 标签，找到后再调用 find() 函数搜索 `<a>` 标签，可以获取题目字符串，其执行结果如下：

请问你是否喜欢侦探小说?

☺ 搜索 HTML 标签的 class 样式属性 ◀ Ch3_4_1b.py ▶

HTML 标签的 class 属性值是套用 CSS 样式，可以用此属性值来搜索 HTML 标签，不过，因为属性值并非唯一值，找到的只有第一个。请注意！ class 是 Python 的保留字，所以需要改用 attrs 属性来指定 class 属性值。

例如，使用 class 样式属性值 response 搜索第一个 `<li>` 标签，具体如下：

```
tag_li = soup.find(attrs={"class": "response"})
tag_span = tag_li.find("span")
print(tag_span.string)
```

上述 find() 函数使用 attrs 属性指定 class 属性值是 response，这是字典，可以找到第一个 <li> 标签，然后再搜索下面的 <span> 标签，可以显示 <span> 标签的分数，其执行结果如下：

执行结果
```
10
```

因为 HTML 标签的 class 属性值是常用的搜索条件，所以 BeautifulSoup 对象提供特殊常量 class_，即在之后加上 "_" 来快速指定 class 属性值的条件。例如，搜索问卷第 2 题 <div> 标签下的第一个 <li> 标签的 <span> 标签，具体如下：

```
tag_div = soup.find(id="q2")
tag_li = tag_div.find(class_="response")
tag_span = tag_li.find("span")
print(tag_span.string)
```

上述代码先使用 id 属性找到第 2 题的 <div> 标签，然后再调用两次 find() 函数，第一次的 class 属性值 response 使用 class_ 指定，第二次搜索 <span> 标签，可以显示 <span> 标签的分数，其执行结果如下：

执行结果
```
40
```

❂ 使用 HTML5 自定义属性搜索 HTML 标签　　〈Ch3_4_1c.py〉

HTML5 的标签支持 data- 开头的自定义属性，因为自定义属性有 "-" 符号，不能作为参数名称，需要使用 attrs 属性来指定自定义属性值。例如，在电子邮件的 <div> 标签有 data-custom 属性值 important，具体如下：

```
tag_div = soup.find(attrs={"data-custom": "important"})
print(tag_div.string)
```

上述 attrs 属性指定 data-customer 自定义属性值的搜索条件，其执行结果是标签内容的电子邮件地址字符串，即：

执行结果
```
def@example.com
```

❂ 搜索 HTML 标签的文字内容　　〈Ch3_4_1d.py〉

如果搜索的是 HTML 标签的文字内容，可以使用 text 属性来指定搜索条件，具体如下：

```
tag_str = soup.find(text="请问你的性别?")
print(tag_str)
tag_str = soup.find(text="10")
print(tag_str)
print(type(tag_str))        # NavigableString类型
print(tag_str.parent.name)  # 父标签名称
tag_str = soup.find(text="男-")
print(tag_str)
```

上述代码使用 text 参数指定文字内容的搜索条件，返回值是找到符合文字内容的 NavigableString 对象，tag_str.parent.name 是使用 parent 属性遍历父标签（详见 5-2-2 小节），可以获取此文字内容的父标签名称，其执行结果如下：

```
请问你的性别?
10
<class 'bs4.element.NavigableString'>
span
男-
```

上述执行结果显示文字内容后，可以看到类型是 NavigableString 对象，父标签是 <span>，最后找到字符串"男 –"。

✪ 同时使用多个条件搜索 HTML 标签　　　　　　　　　　　　　　　◀ Ch3_4_1e.py ▶

Example.html 的 class 属性值 question 分别套用在问卷的问题和第二个电子邮件列表的 <div> 标签，可以使用两个条件来分别搜索这两个不同的 HTML 标签，代码如下：

```
tag_div = soup.find("div", class_="question")
print(tag_div)
tag_p = soup.find("p", class_="question")
print(tag_p)
```

上述代码的第一个 find() 函数是搜索 <div> 标签且 class 属性值是 question，第二个 find() 函数是搜索 <p> 标签，从执行结果中可以看到这两个 HTML 标签，即：

```
<div class="question">电子邮件列表信息: </div>
<p class="question">
<a href="http://example.com/q1">请问你的性别?</a></p>
```

✪ 使用 Python 函数定义搜索条件　　　　　　　　　　　　　　　　　◀ Ch3_4_1f.py ▶

find() 函数的参数可以是一个函数调用，可以使用函数来定义搜索条件。例如，创建 is_

secondary_question() 函数，可以检查标签是否有 href 属性，而且属性值是 "http://example.com/q2"，具体如下：

```
def is_secondary_question(tag):
    return tag.has_attr("href") and \
            tag.get("href") == "http://example.com/q2"

tag_a = soup.find(is_secondary_question)
print(tag_a)
```

上述 find() 函数的参数是 is_secondary_question() 函数，不需加上括号，可以获取第 2 题的 <a> 标签，其执行结果如下：

执行结果

```
<a href="http://example.com/q2">请问你是否喜欢侦探小说?</a>
```

3-4-2 使用 find_all() 函数搜索 HTML 网页

使用 BeautifulSoup 的 find_all() 函数搜索 HTML 网页找出所有符合条件的 HTML 标签，其基本语法如下：

```
find_all(name, attribute, recursive, text, limit, **kwargs)
```

上述函数的参数和 find() 函数只差 limit 参数，其说明如下。

limit 参数：指定搜索到符合 HTML 标签的最大值，而 find() 函数就是 limit 参数值为 1 的 find_all() 函数。

BeautifulSoup 的 find_all() 和 find() 函数的使用方法类似，3-4-1 小节介绍的参数都可以使用在 find_all() 函数，只是搜索结果是符合条件的列表，而不是第一个符合条件的 Tag 对象。

✪ 找出所有问卷的题目字符串 〈Ch3_4_2.py〉

使用 find_all() 函数在 Example.html 中找出所有问卷题目的列表，代码如下：

```
tag_list = soup.find_all("p", class_="question")
print(tag_list)

for question in tag_list:
    print(question.a.string)
```

上述 find_all() 函数的条件是所有 <p> 标签且 class 属性值是 "question"，for-in 循环可以遍历列表——获取题目字符串，因为题目字符串位于 <a> 子标签，所以使用 question.a.string 显示题目字符串，其执行结果如下：

```
[<p class="question">
<a href="http://example.com/q1">请问你的性别?</a></p>, <p class="question">
<a href="http://example.com/q2">请问你是否喜欢侦探小说?</a></p>,
<p class="question">
<a href="http://example.com/q3">请问你是否会程序设计?</a></p>]
请问你的性别?
请问你是否喜欢侦探小说?
请问你是否会程序设计?
```

上述结果先显示搜索结果的 <p> 标签列表，最后是 3 个问卷题目的字符串。

◎ 使用 limit 参数限制搜索数量 ◀ Ch3_4_2a.py ▶

修改 Ch3_4_2.py，在 find_all() 函数中加上 limit 参数，只搜索前两笔数据，代码如下：

```
tag_list = soup.find_all("p", class_="question", limit=2)
print(tag_list)

for question in tag_list:
    print(question.a.string)
```

上述代码的区别只是 find_all() 函数最后的 limit 参数，其执行结果只有前两个 <p> 标签，即：

```
[<p class="question">
<a href="http://example.com/q1">请问你的性别?</a></p>, <p class="question">
<a href="http://example.com/q2">请问你是否喜欢侦探小说?</a></p>]
请问你的性别?
请问你是否喜欢侦探小说?
```

◎ 搜索所有标签 ◀ Ch3_4_2b.py ▶

如果 find_all() 函数的参数值是 True，就是搜索之下的所有 HTML 标签。例如，搜索问卷
第 2 题的所有 HTML 标签，代码如下：

```
tag_div = soup.find("div", id="q2")
# 找出所有标签列表
tag_all = tag_div.find_all(True)
print(tag_all)
```

上述代码首先使用 find() 函数找到第 2 题的 <div> 标签，然后再调用 find_all() 函数搜索所
有标签，参数值是 True，执行结果如下：

```
[<p class="question">
<a href="http://example.com/q2">请问你是否喜欢侦探小说?</a></p>,
<a href="http://example.com/q2">请问你是否喜欢侦探小说?</a>,
<ul class="answer">
<li class="response">喜欢-<span>40</span></li>
<li class="response selected">普通-<span>20</span></li>
<li class="response">不喜欢-<span>0</span></li>
</ul>, <li class="response">喜欢-<span>40</span></li>, <span>40</span>, <li
class="response selected">普通-<span>20</span></li>, <span>20</span>, <li
class="response">不喜欢-<span>0</span></li>, <span>0</span>]
```

✪ 搜索所有文字内容 ◁Ch3_4_2c.py▷

如果 find_all() 函数的参数是 text=True，就是搜索所有的文字内容，也可以使用列表来指定只搜索特定的文字内容，代码如下：

```
tag_div = soup.find("div", id="q2")
# 找出所有文字内容列表
tag_str_list = tag_div.find_all(text=True)
print(tag_str_list)
# 找出指定的文字内容列表
tag_str_list = tag_div.find_all(text=["20", "40"])
print(tag_str_list)
```

上述代码找到第 2 题的 <div> 标签后，第一个 find_all() 函数是搜索所有文字内容，第二个 find_all() 函数只搜索 "20" 和 "40" 两个文字内容，其执行结果如下：

```
['\n', '\n', '请问你是否喜欢侦探小说?', '\n', '\n', '喜欢-', '40', '\n', '普通-', '20', '\n',
'不喜欢-', '0', '\n', '\n']
['40', '20']
```

上述执行结果有两个列表，第一个是第 2 题问题的所有文字内容，第二个只有两个项目 "40" 和 "20"。请注意！上述 HTML 标签的文字内容常常有一些特殊字符，在之后的章节会说明如何清理这些多余的字符。

✪ 使用列表指定搜索条件 ◁Ch3_4_2d.py▷

在 find_all() 函数中使用列表指定搜索条件时，此时的每一个项目是"或"条件，如标签名称列表或属性值列表，代码如下：

```
tag_div = soup.find("div", id="q2")
# 找出所有<p>和<span>标签
tag_list = tag_div.find_all(["p", "span"])
```

```
print(tag_list)
# 找出class属性值question或selected的所有标签
tag_list = tag_div.find_all(class_=["question", "selected"])
print(tag_list)
```

上述代码的第一个 find_all() 函数的参数是标签名称列表，第二个指定 class 属性值的列表，其执行结果如下：

执行结果

```
[<p class="question">
<a href="http://example.com/q2">请问你是否喜欢侦探小说?</a></p>,
<span>40</span>, <span>20</span>, <span>0</span>]
[<p class="question">
<a href="http://example.com/q2">请问你是否喜欢侦探小说?</a></p>,
<li class="response selected">普通-<span>20</span></li>]
```

上述执行结果的第一个列表项目是所有 <p> 和 <span> 标签，第二个标签的 class 属性值是 "question" 或 "selected"。

✪ 没有使用递归（recursive）来执行搜索 ⟨Ch3_4_2e.py⟩

find() 和 find_all() 函数都支持 recursive 参数（默认值 True），可以指定是否递归搜索子标签下的所有子孙标签，代码如下：

```
tag_div = soup.find("div", id="q2")
# 找出所有<li>子孙标签
tag_list = tag_div.find_all("li")
print(tag_list)
# 没有使用递归来找出所有<li>标签
tag_list = tag_div.find_all("li", recursive=False)
print(tag_list)
```

上述代码的第一个 find_all() 函数没有指定 recursive 参数，默认搜索所有子孙标签，第二个 find_all() 函数指定为 False，只搜索子标签是否有 <li> 标签。其执行结果如下：

执行结果

```
[<li class="response">喜欢-<span>40</span></li>, <li class="response selected">普
通-<span>20</span></li>, <li class="response">不喜欢-
<span>0</span></li>]
[]
```

上述执行结果的第一个列表项目是所有 <li> 标签，第二个列表项目是空列表，因为 <div> 标签的子标签是 <p> 和 <ul>，没有 <li> 标签。

3

3-5　认识与使用正则表达式搜索 HTML 网页

　　BeautifulSoup 对象的 find() 和 find_all() 函数也可以使用正则表达式来搜索 HTML 网页，事实上，常常使用正则表达式来搜索 URL 网址、电子邮件地址和电话号码。

3-5-1　认识正则表达式

　　正则表达式（Regular Expression）也称正规表达式，是一个模板字符串，可以用来进行字符串比对，在正则表达式的模板字符串中，每一个字符都拥有特殊意义，这是一种小型的字符串比对语言。

　　正则表达式解释器（或称为引擎）能够将定义的正则表达式模板字符串和字符串变量进行比较，引擎返回布尔值，True 表示字符串符合模板字符串的定义；False 表示不符合。

☺ 字符集

　　正则表达式的模板字符串由英文字母、数字和一些特殊字符组成，其中最主要的就是字符集。可以使用"\"开头的默认字符集，或是使用"[ ]"符号组合成一组字符集的范围，每一个字符集代表比对字符串中的字符需要符合的条件，其说明见表 3-2。

表3-2　字符集及其说明

字符集	说　明
[abc]	包含英文字母 a、b 或 c
[abc{]	包含英文字母 a、b、c 或符号 {
[a-z]	任何英文的小写字母
[A-Z]	任何英文的大写字母
[0-9]	数字 0 ~ 9
[a-zA-Z]	任何大小写的英文字母
[^abc]	除了 a、b 和 c 以外的任何字符，[^...] 表示之外
\w	任何字符，包含英文字母、数字和底线，即 [A-Za-z0-9_]
\W	任何不是 \w 的字符，即 [^A-Za-z0-9_]
\d	任何数字的字符，即 [0-9]
\D	任何不是数字的字符，即 [^0-9]
\s	空白字符，包含不会显示的逸出字符，例如：\n 和 \t 等，即 [\t\r\n\f]
\S	不是空白字符的字符，即 [^ \t\r\n\f]

正则表达式的模板字符串除了字符集外，还可以包含 Escape 溢出字符串代表的特殊字符，见表 3-3。

表3-3　Escape溢出字符

Escape溢出字符	说　明
\n	换新行符号
\r	Carriage Return 的 Enter 键（换行并移到最前端）
\t	Tab 键
\.、\?、\/、\\、\[、\]、\{、\}、\(、\)、\+、*、|	在模板字符串中代表 .、?、/、\、[、]、{、}、(、)、+、* 和	特殊功能的字符
\xHex	十六进制的 ASCII 码
\xOct	八进制的 ASCII 码

正则表达式的模板字符串不只可以是字符集和 Escape 溢出字符串，还可以是序列字符组成的子模板字符串，或是使用括号括起，具体如下：

```
"a(bc)*"
"(b | ef)gh"
"[0-9]+"
```

上述 a、gh、(bc) 是子字符串，在之后的 "*" "+" 和中间的 "|" 字符是比较字符。

☻ 比较字符

正则表达式的比较字符定义模板字符串比较时的比对方式，可以定义正则表达式模板字符串中字符出现的位置和次数。常用比较字符的说明见表 3-4。

表3-4　比较字符

比较字符	说　明
^	比对字符串的开始，即从第一个字符开始比对
$	比对字符串的结束，即字符串最后需符合模板字符串
.	代表任何一个字符
|	或，可以是前后两个字符的任一个
?	0 或 1 次
*	0 或很多次
+	1 或很多次
{n}	出现 n 次
{n,m}	出现 n 到 m 次
{n,}	至少出现 n 次
[...]	符合方括号中的任一个字符
[^...]	符合不在方括号中的任一个字符

✪ 模板字符串的示例

一些正则表达式模板字符串的示例见表 3–5。

表3–5 正则表达式模板字符串示例

模板字符串	说　明
^The	字符串需要以 The 字符串开头，例如：These
book$	字符串需要以 book 字符串结尾，例如：a book
note	字符串中有 note 子字符串
a?bc	拥有 0 或 1 个 a，之后是 bc，例如：abc、bc
a*bc	拥有 0 或多个 a，例如：bc、abc、aabc、aaabc
a(bc)*	在 a 之后有 0 或多个 bc 字符串，例如：abc、abcbc、abcbcbc
(a | b)*c	拥有 0 或多个 a 或 b，之后是 c，例如：bc、abc、aabc、aaabc
a+bc	拥有 1 或多个 a，之后是 bc，例如：abc、aabc、aaabc
ab{3}c	拥有 3 个 b，例如：abbbc 字符串，不可以是 abbc 或 abc
ab{2,}c	至少拥有两个 b，例如：abbc、abbbc、abbbbc 等
ab{1,3}c	拥有 1 ~ 3 个 b，例如：abc、abbc 和 abbbc
[a-zA-Z]{1,}	至少 1 个英文字符的字符串
[0-9]{1,}、[\d]{1,}	至少 1 个数字字符的字符串

3-5-2　使用正则表达式搜索 HTML 网页

在 Python 程序使用正则表达式需要导入 re 模块，代码如下：

```
import re
```

✪ 使用正则表达式搜索文字内容　　　　　　　　　⟨Ch3_5_2.py⟩

在 find() 函数中使用正则表达式搜索文字内容，代码如下：

```
regexp = re.compile("男-")
tag_str = soup.find(text=regexp)
print(tag_str)
regexp = re.compile("\w+-")
tag_list = soup.find_all(text=regexp)
print(tag_list)
```

上述代码首先使用 compile() 函数创建 regexp 正则表达式对象，参数是模板字符串，然后在 find() 函数中指定 text 参数是 regexp 对象，即可使用正则表达式搜索 " 男 –"，然后搜索所有最后是 "–" 的文字内容，其执行结果如下：

```
男-
['男-', '女-', '喜欢-', '普通-', '不喜欢-', '会-', '不会-']
```

上述执行结果的第一行使用了正则表达式，可以看到找到符合条件的文字内容，下面是使用正则表达式找出所有符合的文字内容。

✪ 使用正则表达式搜索电子邮件地址　　　　　　　　　　◀Ch3_5_2a.py▶

可以使用电子邮件的正则表达式模板来搜索 HTML 网页中的所有电子邮件地址，代码如下：

```python
email_regexp = re.compile("\w+@\w+\.\w+")
tag_str = soup.find(text=email_regexp)
print(tag_str)
print("----------------------")
tag_list = soup.find_all(text=email_regexp)
print(tag_list)
```

上述代码创建正则表达式对象后，搜索第一个和所有包含电子邮件地址的文字内容，其执行结果如下：

```
    abc@example.com

----------------------
['\n    abc@example.com\n    ', 'def@example.com', 'ghi@example.com']
```

✪ 使用正则表达式搜索 URL 网址　　　　　　　　　　　◀Ch3_5_2b.py▶

HTML 标签的属性值也可以使用正则表达式，可以搜索 href 属性值使用 "http:" 开头的标签，具体如下：

```python
url_regexp = re.compile("^http:")
tag_href = soup.find(href=url_regexp)
print(tag_href)
print("----------------------")
tag_list = soup.find_all(href=url_regexp)
print(tag_list)
```

上述代码创建正则表达式对象后，搜索 href 属性值以 "http:" 开头，其执行结果如下：

```
<a href="http://example.com/q1">请问你的性别?</a>
----------------------
[<a href="http://example.com/q1">请问你的性别?</a>, <a href="http://example.com/q2">请问
你是否喜欢侦探小说?</a>, <a href="http://example.com/q3">请问你是否会程序设计?</a>]
```

1 请简单说明网络爬虫的数据爬取工作是什么，如何在 HTML 网页中定位数据。

2 请问什么是 BeautifulSoup？BeautifulSoup 对象有哪 4 种?

3 请继续第 2 章第 6 题的 Python 程序，使用 BeautifulSoup 对象解析响应内容，并且格式化输出为 home2.html。

4 现在有一个 HTML 标签字符串，请创建 Python 程序解析此 字符串来显示 <div> 标签的名称、id 属性和内容，如下所示。

```
html_str = "<div id='title'>Python Web Scraping</div>"
```

5 请说明如何使用 Chrome 浏览器的开发者工具来分析 HTML 网页。

6 请举例说明 find() 和 find_all() 函数的差异。

7 请举例说明 BeautifulSoup 对象的 find() 函数，如何使用 正则表达式。

8 请创建 Python 程序，打开配套文件的 Ch03\index.html，找 出 <title> 标签的内容。

9 请创建 Python 程序，打开配套文件的 Ch03\index.html，找 出所有 <a> 标签的 href 属性值。

10 请创建 Python 程序，打开配套文件的 Ch03\index.html，找 出所有以 http 开头的网址列表。

使用 CSS 选择器
爬取数据

4-1 认识 CSS 层叠样式表

4-2 使用 CSS 选择器定位 HTML 标签

4-3 CSS 选择器工具 —— Selector Gadget

4-4 Google Chrome 开发者工具

4-5 在 BeautifulSoup 使用 CSS 选择器

4-1 认识 CSS 层叠样式表

CSS（Cascading Style Sheets）层叠样式表（也有人称阶层式样式表或级联样式表）的主要作用是描述 HTML 标签的外观显示。

4-1-1 CSS 的基本概念

基本上，通过浏览器看到的好看的 HTML 网页内容，绝对不是单纯 HTML 标签的默认样式就可以编排出来的，需要使用 CSS 重新定义 HTML 标签的显示效果。例如，HTML 标签 <p> 的默认样式是段落，<ul> 是列表项目，CSS 能够重新定义标签的显示样式，以符合网页设计的需求。

简单地说，CSS 的目的是重新定义 HTML 标签的显示样式。例如，HTML 标签 <p> 是段落，默认使用浏览器的字体与字号大小，如果使用 CSS，可以重新定义标签 <p> 的显示样式为：

```
<style type="text/css">
p { font-size: 10pt;
    color: red; }
</style>
```

上述 <style> 标签定义 CSS，重新定义 <p> 标签使用字号为 10pt 的文字，颜色为红色，现在只要在 HTML 网页使用 <p> 标签，都会套用此字号和颜色来显示标签的外观。

因为 CSS 样式规则并不是我们爬取数据的目标，我们要的是数据，并不是样式。对于要爬取数据来说，我们需要了解 CSS 如何选出套用样式的 HTML 标签，即位于大括号前的 CSS 选择器（CSS Selectors）。

4-1-2 CSS 的基本语法

HTML 标签可以套用 CSS 样式来显示出不同的样式，只需选择要套用的 HTML 标签，即可定义这些标签显示样式的规则，基本语法如下：

```
选择器 {属性名称1: 属性值1; 属性名称2: 属性值2; ...}
```

上述 CSS 语法分成两大部分，大括号前的是选择器（Selector），可以选择套用样式的 HTML 标签，括号中的是重新定义显示样式的样式组，称为样式规则。

✪ 选择器

选择器可以定义哪些 HTML 标签需要套用样式，CSS Level 1 提供基本选择器：类型、嵌套和群组选择器；CSS Level 2 提供更多选择器，如属性条件选择；CSS Level 3 增加了很多功能强大的选择器，因为 CSS 选择器可以在网页中定位网页元素，所以，网络爬虫可以使用 CSS 选择器来定位欲获取数据的 HTML 标签。

❂ 样式规则

样式规则是一组 CSS 样式属性，样式如下：

> 属性名称1：属性值1；属性名称2：属性值2；...

上述样式规则是多个样式属性组成的集合，各样式之间使用分号（；）做分隔，在冒号（：）后是属性值；之前是样式属性的名称。例如：定义 <p> 标签的 CSS 样式，具体如下：

```
p { font-size: 10pt;
    color: red; }
```

上述选择器选择 <p> 标签，表示在 HTML 网页中的所有 <p> 标签都套用之后的样式，font-size 和 color 是样式属性名称；10pt 和 red 是属性值，基于阅读上的便利性，样式规则的各样式属性都会自成一列。

4-1-3 CSS 选择器互动测试工具

为了方便学习 CSS 选择器语法，在配套文件的 Tools 文件夹中，提供给笔者使用 jQuery 开发的 CSS 选择器互动测试工具，在输入或打开 HTML 标签文件后，只需输入 CSS 选择器，即可标识选了哪些 HTML 标签。

❂ 启动 CSS 选择器互动测试工具

CSS 选择器互动测试工具并不需要安装，只需解压缩至指定目录后，在目录下选 SelectorTester.html，右击执行快捷菜单中的"打开方式"→Google Chrome 命令，使用 Chrome 浏览器打开网页，如图 4-1 所示。

图4-1　启动CSS选择器互动测试工具

在网页上方的输入框可以输入 CSS 选择器字符串，下方右边框是原始 HTML 标签，左边框是依据原始 HTML 标签自动产生的标签结构，可以标示 CSS 选择器选取的 HTML 标签。

✪ 使用 CSS 选择器互动测试工具

在 CSS 选择器输入框中输入选择器字符串，如 h1，可以看到下方标示选取了 <h1> 标签，如图 4-2 所示。

图4-2　标示<h1>标签

图 4-2 中右边是一个文字编辑框，可以剪贴 HTML 标签，也可以自行输入。例如，在 <h1> 标签下再输入一个 <h1> 标签，如图 4-3 所示。

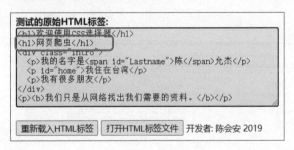

图4-3　编辑原始标签

输入后，单击下方的"重新载入 HTML 标签"按钮重建标签结构，可以看到现在左侧框中选取了两个 <h1> 标签。

✪ 载入测试的 HTML 标签文件

CSS 选择器互动测试工具也可以载入 HTML 标签文件做测试（标签内容是 <body> 子标签，不可有 <html> 和 <head>），单击下方的"打开 HTML 标签文件"按钮，即可看到"打开"对话窗口，如图 4-4 所示。

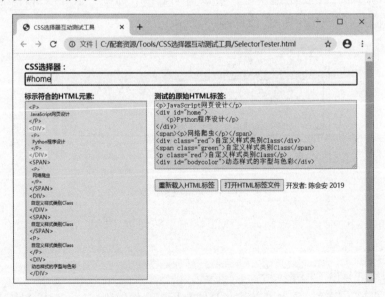

图4-4　"打开"对话框

切换至配套文件的 Ch04 文件夹，选择 Ch4_2_1.html，单击"打开"按钮，即可载入测试的 HTML 标签，如图 4-5 所示。

图4-5　载入测试的HTML标签

4-2 使用 CSS 选择器定位 HTML 标签

CSS 选择器（Selector）可以定位哪些 HTML 标签需要套用样式，同理，网络爬虫可以使用 CSS 选择器定位网页中欲获取数据的 HTML 标签。

本书使用的 Python 函数库 BeautifulSoup、lxml、Selenium 和 Scrapy 都支持使用 CSS 选择器来定位 HTML 标签。

4-2-1 基本 CSS 选择器

基本 CSS 选择器使用标签名称、id 和 class 属性值来选取 HTML 元素，可以使用群组选择器来同时选择不同 CSS 选择器的元素。可以在 CSS 选择器互动测试工具载入 Ch4_2_1.html 的测试标签。

✪ 类型选择器

类型选择器（Type Selectors）是单纯选择 HTML 标签，使用标签名称来选择 HTML 标签。例如，输入 p，可以看到选取了所有 <p> 标签，如图 4-6 所示。

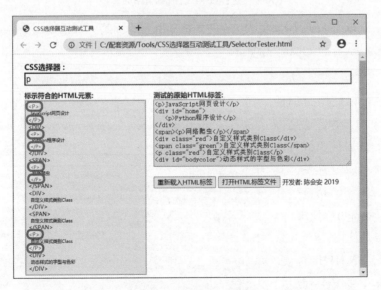

图4-6　选取所有<p>标签

输入 div 可以选取 3 个 <div> 标签，输入 span 会选取两个 <span> 标签。

✪ 样式类别选择器

CSS 可以定义个人风格的样式类别（Class），即一组样式属性，它是使用"."开始的名称，可以对应 HTML 标签的 class 属性值。例如，输入 .red，如图 4-7 所示。

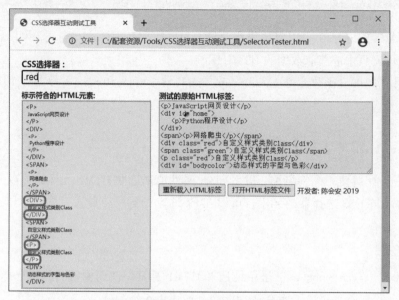

图4-7　选择class属性值为red的标签

可以看到，选取了 class 属性值为 red 的 \<div\> 和 \<p\> 标签。如果输入 .green，可以选取一个 class 属性值为 green 的 \<span\> 标签。

✪ id 属性选择器

HTML 标签可以使用 id 属性来指定标签对象的名称，这是一个唯一的名称，id 属性不只可以使用在 \<div\> 和 \<span\> 标签，其他段落、表格、框架、超链接和图片等 HTML 标签都可以使用。

CSS 选择器是使用"#"开头的 id 属性值来选取 HTML 标签。例如，输入 #home，如图 4-8 所示。

可以看到，选取了 id 属性值为 home 的 \<div\> 标签。如果输入 #bodycolor，可以选取 id 属性值为 bodycolor 的 \<div\> 标签。

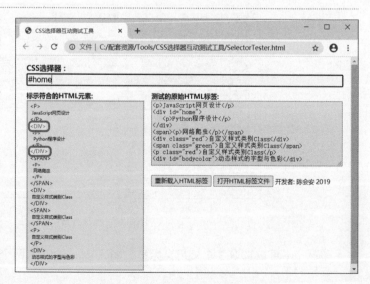

图4-8　选取id属性值为home的标签

✪ 分组选择器

可以使用分组选择器（Grouping Selector）来选取多个不同的 HTML 标签，只需使用 ","
分隔各标签名称。例如，输入 "div, p"，如图 4-9 所示。

图4-9　选取所有<div>和<p>标签

可以看到，选取了所有 <div> 和 <p> 标签。","不只可以分隔 HTML 标签名称，也可以分
隔样式类别和 id 属性选择器，见表 4-1。

表4-1　CSS选择器字符串及说明

CSS 选择器字符串	说　明
.red, span	选取所有 class 属性值为 red 的标签和 <span> 标签
.red, .green	选取所有 class 属性值为 red 和 green 的标签
span, #home, #bodycolor	选取所有 <span> 标签，以及 id 属性值为 home 和 bodycolor 的标签

4-2-2　属性选择器

属性选择器（Attribute Selector）依据 HTML 属性名称和值来选取拥有此属性的 HTML 标
签。下面在 CSS 选择器互动测试工具载入 Ch4_2_2.html 的测试标签。

✪ 选取指定属性名称的标签

只需使用方括号 "[ ]" 括起属性名称，即可选出拥有此属性的 HTML 标签。例如，输入 [id]，
可以选取所有拥有 id 属性的 HTML 标签，如图 4-10 所示。

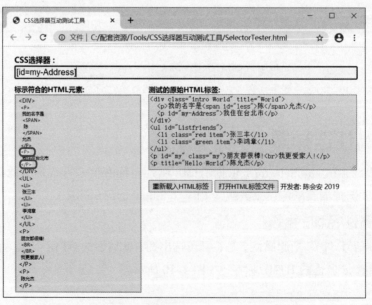

图4-10 选取所有拥有id属性的标签

可以看出，选取了有 id 属性的 <span> 和 <ul> 标签，输入 [class] 可以选取所有拥有 class 属性的 HTML 标签。

✪ 选取指定属性名称和属性值的标签

除了属性名称外，还可以指定属性值来选取指定属性名称和属性值的标签。例如，输入 [id=my-Address]，可选取有此属性和属性值的 <p> 标签，如图 4-11 所示。

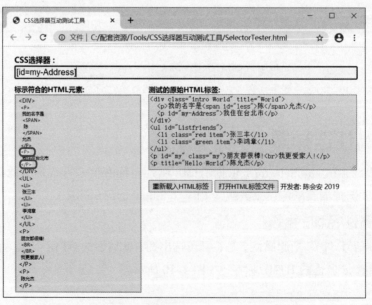

图4-11 选取id=my-Address的标签

HTML 属性的值可用空格符来分隔多个值，例如下面两个 <li> 标签。

```
<li class="red item">张三丰</li>
<li class="green item">李鸿章</li>
```

上述 class 属性值有空白字符，CSS 选择器需要使用 "" 括起属性值，如 [class="red item"]。

✪ 更多属性选择器的条件

在属性选择器名称和值的等号前，可以加上 $、|、^、~ 和 * 符号来创建所需的查询条件，见表 4-2。

表4-2　CSS选择器符号及说明

CSS 选择器符号	说　明
[id$=ess]	所有 id 属性值是 ess 结尾的 HTML 标签
[id|=my]	所有 id 属性值是 "my" 或以 "my" 开始，之后是 "-"（即 "my-"）的 HTML 标签
[id^=L]	所有 id 属性值是以 "L" 开头的 HTML 标签
[title~=World]	所有 title 属性包含 "World" 这个字的 HTML 标签
[id*=s]	所有 id 属性值包含字符串 "s" 的 HTML 标签

4-2-3　子孙选择器与兄弟选择器

HTML 网页是一种阶层结构的标签，可以使用子孙选择器与兄弟选择器来选取阶层关系的 HTML 标签。可以在 CSS 选择器互动测试工具载入 Ch4_2_3.html 的测试标签。

✪ 子孙选择器

当 HTML 元素拥有子孙元素时，为了避免与其他元素同名的子孙元素产生冲突，可以使用子孙选择器（Descendant Selectors）指明是哪一个 HTML 标签的子孙，具体如下：

```
<div class="intro">
  <p>我的名字是<span id="Lastname">陈</span>允杰</p>
  <p id="home">我住在台湾</p>
  <span>我有很多<p>朋友</p></span>
</div>
```

上述 div 和 span 元素都有 p 子元素，可以指明元素的父子关系来选择 <div> 下的两个 <p> 标签或 <span> 下的 <p> 标签，见表 4-3。

表4-3　指明元素的父子关系

CSS 选择器	说　明
div > p	选取所有 <div> 标签拥有 <p> 子标签，不含 <span> 子标签下的 <p> 标签
span > p	选取所有 <span> 标签拥有 <p> 子标签
div p	选取所有 <div> 标签拥有 <p> 子标签，包含 <span> 子标签下的 <p> 标签

☺ 兄弟选择器

兄弟选择器（Sibling Selector）可以选择下一个兄弟 HTML 标签或之后的所有兄弟 HTML 标签，具体如下：

```
<ul id="friends">
  <li>张三丰</li>
  <li>李鸿章</li>
</ul>
<p>我的朋友都很棒!<br>但我更爱我的家人!!</p>
<h3>我们不是虫!</h3>
<p><b>我们只是从网络找出我们需要的数据.</b></p>
```

上述 \<ul\> 标签之后有两个 \<p\> 标签，第一个是下一个邻接的兄弟标签，最后的 \<p\> 也是兄弟标签，但不是邻接的兄弟标签，见表 4-4。

表4-4　兄弟标签

CSS 选择器	说　明
ul + p	选取所有 \<ul\> 标签之后邻接的第一个 \<p\> 兄弟标签
ul ~ p	选取所有 \<ul\> 标签之后的 \<p\> 兄弟标签

4-2-4　Pseudo-class 选择器

CSS Level 3 的 Pseudo-class 选择器可以依据标签的位置顺序来选取 HTML 标签。可以在 CSS 选择器互动测试工具载入 Ch4_2_4.html 的测试标签。

☺ :nth-child(n) 和 :nth-last-child(n) 选择器

Pseudo-class 选择器 :nth-child(n) 和 :nth-last-child(n) 可以选择第 n 个子标签（n 从 1 开始）。例如，\<ul\> 列表有 4 个 \<li\> 子标签，具体如下：

```
<ul id="friends">
  <li>陈允杰</li>
  <li>王阳明</li>
  <li>李鸿章</li>
  <li>王美丽</li>
</ul>
```

上述列表有 4 个 \<li\> 标签，可以使用 :nth-child(n) 和 :nth-last-child(n) 选择器来选取 \<li\> 标签，见表 4-5。

表4-5 :nth-child(n)和:nth-last-child(n)选择器

CSS 选择器	说 明
li:nth-child(even)	选取所有偶数的 <li> 标签
li:nth-child(odd)	选取所有奇数的 <li> 标签
li:nth-child(1)	选取所有父 <ul> 标签下的第一个 <li> 子标签
li:nth-last-child(1)	选取所有父 <ul> 标签下倒数第一个 <li> 子标签

✪ :nth-of-type(n) 和 :nth-last-of-type(n) 选择器

Pseudo-class 选择器 :nth-of-type(n) 类似于 :nth-child(n)，可以选择第 n 个子标签（n 从 1 开始）。例如，<table> 表格有 4 个 <tr> 子标签，即：

```
<table>
    <tr><td>陈允杰</td></tr>
    <tr><td>王阳明</td></tr>
    <tr><td>李鸿章</td></tr>
    <tr><td>王美丽</td></tr>
</table>
```

上述表格有 4 个 <tr> 标签，可以使用 :nth-of-type(n) 和 :nth-last-of-type(n) 选择器来选取 <tr> 标签，见表 4-6。

表4-6 :nth-of-type(n)和:nth-last-of-type(n)选择器

CSS 选择器	说 明
tr:nth-of-type(2)	所有 <table> 标签的 <tr> 子标签中，选取第二个 <tr> 标签
tr:nth-last-of-type(2)	所有 <table> 标签的 <tr> 子标签中，选取倒数第二个 <tr> 标签

4-2-5 CSS 选择器的语法整理

事实上，CSS 选择器是一个模板在 HTML 网页找出符合的 HTML 元素，在 CSS Level 1、Level 2 和 Level 3 分别提供多种 CSS 选择器。

✪ CSS Level 1 选择器

CSS Level 1 选择器的语法、示例和说明见表 4-7。

表4-7 CSS Level 1选择器的语法、示例和说明

语 法	示 例	说 明
.class	.test	选取所有 class="test" 的元素
#id	#name	选取 id="name" 的元素
element	p	选取所有 p 元素

语　法	示　例	说　明
element,element	div,p	选取所有 div 元素和所有 p 元素
element element	div p	选取所有是 div 后代子孙的 p 元素
:first-letter	p:first-letter	选取所有 p 元素的第一个字母
:first-line	p:first-line	选取所有 p 元素的第一行
:link	a:link	选取所有没有访问过的超链接
:visited	a:visited	选取所有访问过的超链接
:active	a:active	选取所有可点选的超链接
:hover	a:hover	选取所有光标在其上的超链接

请注意！上表中使用 ":" 开头的选择器是 Pseudo-class 选择器，用来定义 HTML 元素的特殊状态，如超链接的不同显示状态。

✪ CSS Level 2 选择器

CSS Level 2 选择器的语法、示例和说明见表 4-8。

表4-8　CSS Level 2选择器的语法、示例和说明

语　法	示　例	说　明
*	*	选取所有元素
element>element	div>p	选取所有父元素是 div 元素的 p 元素
element+element	div+p	选取所有紧接着 div 元素之后的 p 兄弟元素
[attribute]	[count]	选取所有拥有 count 属性的元素
[attribute=value]	[target=_blank]	选取所有拥有 target="_blank" 属性的元素
[attribute~=value]	[title~=flower]	选取所有元素拥有 title 属性，且包含 "flower"
[attribute|=value]	[lang|=en]	选取所有元素拥有 lang 属性，且属性值是 "en" 开头
:focus	input:focus	选取取得焦点的 input 元素
:first-child	p:first-child	选取所有是第 1 个子元素的 p 元素
:before	p:before	插入在每一个 p 元素之前的拟元素（Pseudo-elements），这是一个没有实际名称或原来并不存在的元素，可以将它视为是一个新元素
:after	p:after	插入在每一个 p 元素之后的拟元素
:lang(value)	p:lang(it)	选取所有 p 元素拥有 lang 属性，且属性值是 "it" 开头

✪ CSS Level 3 选择器

CSS Level 3 选择器的语法、示例和说明见表 4-9。

表4-9　CSS Level 3选择器的语法、示例和说明

语　法	示　例	说　明
element1~element2	p~ul	选取所有之前是 p 元素的 ul 兄弟元素
[attribute^=value]	a[src^="https"]	选取所有 a 元素的 src 属性值是 "https" 开头
[attribute$=value]	a[src$=".txt"]	选取所有 a 元素的 src 属性值是 ".txt" 结尾
[attribute*=value]	a[src*="hinet"]	选取所有 a 元素的 src 属性值包含 "hinet" 子字符串
:first-of-type	p:first-of-type	选取所有是第 1 个 p 子元素的 p 元素
:last-of-type	p:last-of-type	选取所有最后 1 个 p 子元素的 p 元素
:only-of-type	p:only-of-type	选取所有是唯一 p 子元素的 p 元素
:only-child	p:only-child	选取所有是唯一子元素的 p 元素
:nth-child(n)	p:nth-child(2)	选取所有是第 2 个子元素的 p 元素
:nth-last-child(n)	p:nth-last-child(2)	选取所有是倒数第 2 个子元素的 p 元素
:nth-of-type(n)	p:nth-of-type(2)	选取所有是第 2 个 p 子元素的 p 元素
:nth-last-of-ype(n)	p:nth-last-of-type(2)	选取所有是倒数第 2 个 p 子元素的 p 元素
:last-child	p:last-child	选取所有最后 1 个 p 子元素的 p 元素
:root	:root	选取 HTML 网页的根元素
:empty	p:empty	选取所有没有子元素的 p 元素，包含文字节点
:enabled	input:enabled	选取所有作用中的 input 元素
:disabled	input:disabled	选取所有非作用中的 input 元素
:checked	input:checked	选取所有已选取的 input 元素
:not(selector)	:not(p)	选取所有不是 p 元素的元素

✪ CSS 的 Pseudo 元素

CSS 的 Pseudo 元素（Pseudo-elements）使用 "::" 符号开头，可以用来样式化 HTML 元素的部分内容，见表 4-10。

表4-10　CSS的Pseudo元素

Pseudo 元素	示　例	示例说明
::after	p::after	在每一个 p 元素的内容后插入一些东西
::before	p::before	在每一个 p 元素的内容前插入一些东西
::first-letter	p::first-letter	选取每一个 p 元素的第 1 个字母
::first-line	p::first-line	选取每一个 p 元素的第 1 行
::selection	p::selection	选取被用户在 p 元素选取的部分内容

4-3 CSS 选择器工具—— Selector Gadget

Selector Gadget 是 Chrome 浏览器的扩充功能，它是一套开源的免费工具，可帮助我们在 HTML 网页选择元素和生成 CSS 选择器字符串。

✪ 安装 Selector Gadget

要在 Chrome 浏览器安装 Selector Gadget，由于部分地区无法进入 Chrome 在线应用程序商店，需要选取本地的 Selector Gadget 文件添加至 Chrome 中，其步骤如下：

① 启动 Chrome 浏览器，在浏览器地址栏输入：chrome://extensions/。

② 在配套文件的 Tools → Selector Gadget 文件夹中，提供了笔者已经准备好的 Selector Gadget.crx 文件。将其拖进 Chrome 浏览器，此时浏览器会弹出如图 4-12 所示的对话框。

图4-12　安装 Selector Gadget

提示：如果出现"无法从该网站添加应用、扩展程序和用户脚本"的提示，可以在该页面打开"开发者模式"后重新启动 Chrome 浏览器，重复执行步骤 ① 和步骤 ② 的操作。

③ 单击"添加扩展程序"按钮安装 Selector Gadget，稍等一下，即可看到已经在 Chrome 窗口的右上角工具栏中新增了扩展程序图标，如图 4-13 所示。

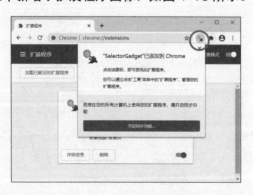

图4-13　扩展程序图标

✿ 使用 Selector Gadget

当成功新增 Selector Gadget 扩充功能后，即可使用 Selector Gadget。例如，在京东商城网站找出《Python 数据科学与人工智能应用实战》一书封面图片的 CSS 选择器，具体操作如下所示。

1️⃣ 启动 Chrome 浏览器，在京东图首（book.jd.com）点击图书分类科技馆下的"编程语言"超链接，在"品牌"栏选择"中国水利水电出版社"，找到上述图书，然后单击右上方工具栏中的 Selector Gadget 图标，可以在下方看到 Selector Gadget 工具栏，如图 4-14 所示。

图4-14　Selector Gadget工具栏

2️⃣ 此时光标会变成橙色方框来进行元素选取，请移动至《Python 数据科学与人工智能应用实战》图书封面上，单击后可以看到背景成为绿色框线（选取），此时所有其他封面图片背景会显示黄色框线（同时选取），在下方的 Selector Gadget 工具栏中也会显示相关信息，如图 4-15 所示。

图4-15　显示选取信息

上述工具栏开头显示目前产生的 CSS 选择器是 img，即选取所有 <img> 标签，第二个 Clear (77) 按钮可以清除选择，数字 77 表示此 CSS 选择器选取了 77 个元素，Toggle Position 按钮可以切换工具栏的显示位置，XPath 按钮是转换 CSS 选择器为 XPath 表达式。

请注意！由于网站内容会随时变动，所以实际操作 Selector Gadget 工具时，Clear( ) 中的数值可能会与图中不同。

③ 因为选取的元素太多，需要缩小范围，只需单击黄色背景的方框，即可删除这些元素，首先单击旁边的封面图片，可以看到背景没有黄色，目前 CSS 选择器已经更改，而选取元素剩 1 个，如图 4-16 所示，表示已经成功选取此封面图片。

图4-16　缩小选择范围

④ 请注意，如果一次操作后没有成功选取目标图片，则需要接着单击其他显示为黄色方框的图片，来进一步缩小范围，直到 clear 后面的数字显示为 1，表示已经成功选取此封面图片。如图 4-17 所示。

图4-17　成功选取图片

⑤ 在 Selector Gadget 工具栏中可以复制选取此封面图片的 CSS 选择器字符串，即

```
.gl-item:nth-child(4) img
```

⑥ 单击 XPath 按钮，可以看到 Selector Gadget 转换成的 XPath 表达式字符串，即

```
//*[contains(concat( " ", @class, " " ), concat( " ", "gl-item", " " ))
and (((count(preceding-sibling::*) + 1) = 4) and parent::*)]//img
```

4

4-4 Google Chrome 开发者工具

Google Chrome 浏览器内置开发者工具（Developer Tools），可以帮助进行程序的调试，即时查看 HTML 元素与属性，或获取选择元素的 CSS 选择器字符串和 XPath 表达式。

4-4-1 打开开发者工具

除了在 Chrome 窗口最右侧单击 ⋮ 按钮，执行功能表中的"更多工具"→"开发者工具"命令打开开发者工具外，还有多种方法可以打开。

❂ 在浏览器切换打开 / 关闭开发者工具

启动 Chrome 浏览器载入 HTML 网页 Ch4_4.html 后，按 F12 键或 Ctrl + Shift + I 快捷键，即可切换打开 / 关闭开发者工具，如图 4-18 所示。

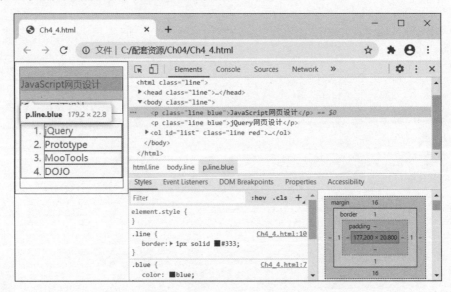

图4-18 切换打开/关闭开发者工具

在 Elements 标签选取 HTML 标签 <p> 后，左边显示选取的网页元素，并且使用黑底浮动框来显示对应的 HTML 标签和元素尺寸。位于下方的 Styles 标签可以显示元素套用的样式列表（如果 Chrome 窗口够宽，Styles 标签显示在右边），如图 4-19 所示。

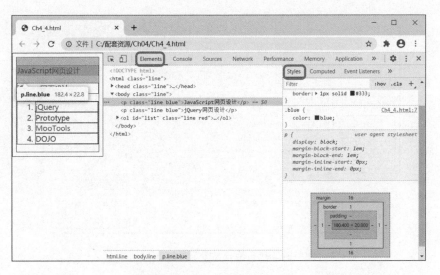

图4-19 Elements和Styles标签

◎ 使用"检查"命令打开开发者工具

在 Chrome 浏览器打开 Ch4_4.html 网页内容后，请在想要查看的元素上右击，打开快捷菜单，可以看到最后的检查命令（执行查看网页源码命令可以显示网页的 HTML 标签），如图4-20 所示。

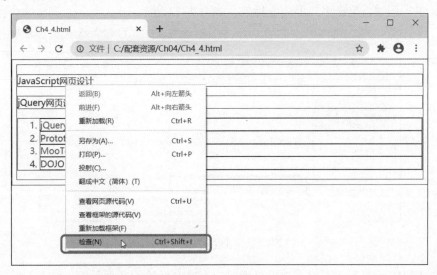

图4-20 检查命令

执行"检查"命令，即可打开开发者工具，显示此元素对应的 HTML 标签，此例为 <p> 标签，如图 4-21 所示。

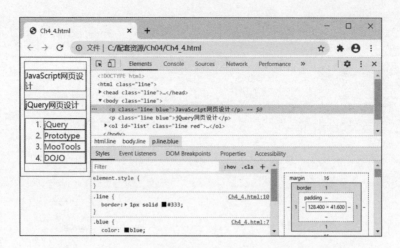

图4-21 执行检查命令显示HTML标签

4-4-2 查看 HTML 元素

Chrome 浏览器的开发者工具提供多种方式来帮助查看 HTML 元素。

✪ Elements 标签页

在开发者工具选择 Elements 标签页时,可以显示 HTML 元素的 HTML 标签,可以在此查看 HTML 元素。例如,单击第二个 <p> 标签,如图 4-22 所示。

图4-22 查看HTML元素

当选取 HTML 标签时,可以在左方显示对应 HTML 标签的网页元素,位于下方的 html.line body.line p.line.blue 是 HTML 标签的阶层结构,"."符号后的 blue 是此标签的 class 属性值。

✪ 选取 HTML 元素

开发者工具提供多种方法来选取 HTML 网页中的元素,具体如下:

✻ 使用光标在网页内容选取：单击 Elements 标签前方的箭头按钮，就可以在左方网页内容选取元素，当光标移至欲选取元素的范围时，就会在元素周围显示蓝底，表示是欲选取的元素，在右方对应的 HTML 标签也显示淡蓝的底色，此例选择的是 <li> 标签，如图 4-23 所示。

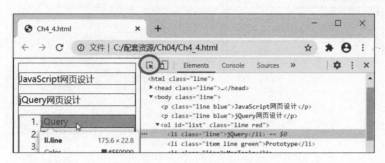

图4-23　光标选取HTML元素

✻ 在 Elements 标签选取：可以直接展开 HTML 标签的节点来选取指定的 HTML 元素，如图 4-24 所示。

图4-24　在Elements标签选取HTML元素

4-4-3　获取选取元素的网页定位数据

在 HTML 网页选取元素后，开发者工具可以生成网页定位数据的 CSS 选择器或 XPath 表达式。

✪ 获取 CSS 选择器字符串

只需选取 HTML 元素，即可输出此元素定位的 CSS 选择器。例如，选取第一个 <p> 标签，在选取元素上，右击执行快捷菜单中的 Copy → Copy selector 命令，如图 4-25 所示。

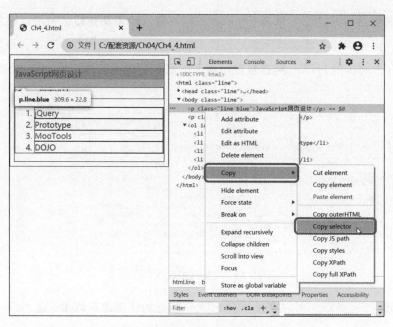

图4-25　Copy selector

执行命令后，即可将 CSS 选择器字符串复制到剪切板，即

```
body > p:nth-child(1)
```

◎ 获取 XPath 表达式

同理，只需选取 HTML 元素，即可输出此元素定位的 XPath 表达式。例如，选取第一个 \<li\> 标签，在选取元素上右击，执行快捷菜单中的 Copy → Copy XPath 命令，如图 4-26 所示。

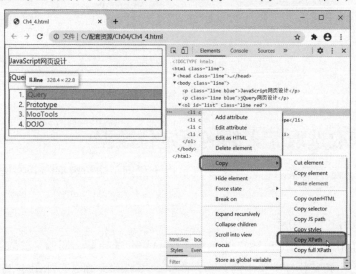

图4-26　Copy XPath

执行命令后，即可将 XPath 表达式字符串复制到剪切板，即：

```
//*[@id="list"]/li[1]
```

4-4-4 控制台标签页

在控制台标签页的互动界面可以执行 JavaScript 代码片段来测试执行 CSS 选择器，也支持 XPath 表达式，单击 Console 标签页，如图 4-27 所示。

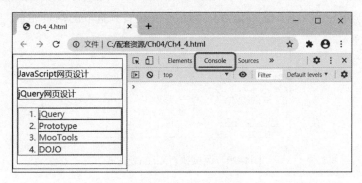

图4-27　Console标签页

在上述 Console 标签中除了可以显示红色字的 JavaScript 程序错误信息外，在 ">" 提示符号后是 JavaScript 互动界面，可以输入和执行 JavaScript 代码片段。

✪ 测试执行 CSS 选择器

JavaScript 代码执行 CSS 选择器，使用 document.querySelector() 函数，参数是 CSS 选择器字符串。例如，执行 4-4-3 小节获取的 CSS 选择器如图 4-28 所示。

```
document.querySelector("body > p:nth-child(1)")
```

图4-28　测试执行CSS选择器

输入代码后按 Enter 键，即可在下方看到执行结果，显示选取的 HTML 元素，将光标移至其上，即可在左边看到选取的网页元素。

✪ 测试执行 XPath 表达式

JavaScript 代码执行 XPath 表达式，使用 $x() 函数，参数是 XPath 表达式。例如，执行 4-4-3 小节获取的 XPath 表达式（请注意！因为 XPath 表达式中有双引号，所以 $x() 函数改用单引号括起整个 XPath 表达式字符串），代码如下：

```
$x('//*[@id="list"]/li[1]')
```

输入代码后按 Enter 键，即可在下方看到执行结果，因为执行结果是多个元素的阵列，展开后，将光标移至第一个元素（索引值 0），即可在左边看到选取的网页元素，如图 4-29 所示。

图4-29　测试执行XPath表达式

<div style="text-align:center">

4-5 在 BeautifulSoup 使用 CSS 选择器

</div>

CSS 选择器（Selector）可以从 HTML 网页中选出哪些 HTML 标签套用 CSS 样式，BeautifulSoup 对象支持 CSS 选择器，使用的是 select() 或 select_one() 函数。

在 Tag 和 BeautifulSoup 对象调用 select() 函数，只需传入 CSS 选择器字符串，即可搜索 HTML 网页，返回值是符合条件的 Tag 标签对象列表。

> 请注意！ BeautifulSoup 并未完全支持 CSS 选择器，如本书使用的版本只支持 nth-of-type()，不支持其他 nth-??()。

☼ 使用开发者工具找出指定内容的 CSS 选择器

Chrome 浏览器开发者工具在打开 Example.html 选择的指定网页内容后，即可复制此数据所属标签的 CSS 选择器字符串，如图 4-30 所示。

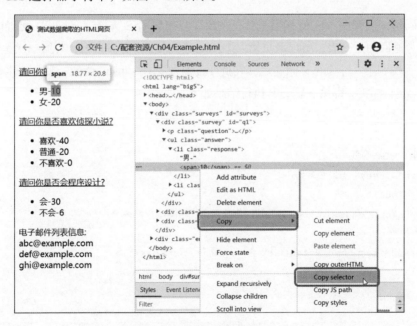

图4-30 复制CSS选择器字符串

在选取第 1 题第一个选项的内容 10 后，可以看到定位是 <span> 标签，在标签上右击，执行快捷菜单中的 Copy → Copy selector 命令，取得此内容的 CSS 选择器字符串，即

```
#q1 > ul > li:nth-child(1) > span
```

> 请注意！虽然开发者工具可以很容易地找出指定内容的 CSS 选择器，但是因为 Beautiful- Soup 不支持 nth-child()，需要自行改为 nth-of-type()，即
>
> ```
> #q1 > ul > li:nth-of-type(1) > span
> ```

☺ 找出指定 CSS 选择器字符串和标签名称   ◀ Ch4_5.py ▶

首先使用开发者工具复制的 CSS 选择器字符串找出选项值 10，再找出 <title> 标签，最后是第 3 题问题的 <div> 标签，具体如下：

```
tag_item = soup.select("#q1 > ul > li:nth-of-type(1) > span")
print(tag_item[0].string)
tag_title = soup.select("title")
print(tag_title[0].string)
tag_first_div = soup.find("div")
tag_div = tag_first_div.select("div:nth-of-type(3)")
print(tag_div[0])
```

上述代码第一次调用 select() 函数是从开发者工具复制 CSS 选择器字符串（已经改为 nth-of-type(1)），因为返回的是列表，所以取出第一个 Tag 对象来显示标签内容 10；第二次是找 <title> 标签内容，最后找到第一个 <div> 标签后，在此 Tag 对象调用 select() 函数，使用 nth-of-type(3) 找出第三个子 <div> 标签，即第 3 题，其执行结果如下：

执行结果

```
10
测试数据爬取的HTML网页
<div class="survey" id="q3">
  <p class="question">
  <a href="http://example.com/q3">请问你是否会程序设计?</a></p>
  <ul class="answer">
    <li class="response selected">会-<span>30</span></li>
    <li class="response">不会-<span>6</span></li>
  </ul>
</div>
```

☺ 找出指定标签下的特定子孙标签   ◀ Ch4_5a.py ▶

使用阶层关系的 CSS 选择器来搜索 <title> 标签，并搜索 <div> 标签下所有 <a> 子孙标签，代码如下：

```
tag_title = soup.select("html head title")
print(tag_title[0].string)
tag_a = soup.select("body div a")
print(tag_a)
```

上述代码第一个 select() 函数的 CSS 选择器字符串是依序找到 <html>，下一层的 <head>，再下一层的 <title> 标签，第二个 select() 函数是找到 <body> 标签下的 <div> 标签，最后搜索所有 <a> 子孙标签，其执行结果如下：

测试数据爬取的HTML网页

[<a href="http://example.com/q1">请问你的性别?</a>, <a href="http://example.com/q2">请问你是否喜欢侦探小说?</a>, <a href="http://example.com/q3">请问你是否会程序设计?</a>]

❂ 找出特定标签下的直接子标签　　　　　　　　　　　　◀ Ch4_5b.py ▶

接着，要找出特定标签下的直接子标签，并使用 nth-of-type() 找出是第几个标签，或使用 id 属性，代码如下：

```
tag_a = soup.select("p > a")
print(tag_a)
tag_li = soup.select("ul > li:nth-of-type(2)")
print(tag_li)
tag_span = soup.select("div > #email")
print(tag_span)
```

上述代码第一个 select() 函数找出所有 <p> 的子标签是 <a>，第二个 select() 函数找出所有 <ul> 的子标签是 <li>，但只取出第二个，第三个 select() 函数是找出 <div> 标签子标签的 id 属性值是 email，其执行结果如下：

执行结果

[<a href="http://example.com/q1">请问你的性别?</a>, <a href="http://example.com/q2">请问你是否喜欢侦探小说?</a>, <a href="http://example.com/q3">请问你是否会程序设计?</a>]
[<li class="response selected">女-<span>20</span></li>,
<li class="response selected">普通-<span>20</span></li>,
<li class="response">不会-<span>6</span></li>]
[<span class="survey" id="email">ghi@example.com</span>]

上述执行结果有 3 个列表，第一个列表项目都是 <a> 标签，第二个列表项目是所有 <ul> 的第二个 <li> 标签，第三个列表项目是 <body> 下第二个 <div> 标签的 <span> 子标签，因为 id 属性值是 email。

❂ 找出兄弟标签　　　　　　　　　　　　　　　　　　◀ Ch4_5c.py ▶

可以使用 CSS 选择器 "~" 搜索之后的所有兄弟标签，"+" 是只有下一个兄弟标签，首先使用

第 4 章　使用 CSS 选择器爬取数据

find() 函数找出第 1 题 q1 的题目字符串，具体如下：

```
tag_div = soup.find(id="q1")
print(tag_div.p.a.string)
print("-----------")
tag_div = soup.select("#q1 ~ .survey")
for item in tag_div:
    print(item.p.a.string)
print("-----------")
tag_div = soup.select("#q1 + .survey")
for item in tag_div:
    print(item.p.a.string)
```

上述第一个 select() 函数使用 "~" 搜索 id 属性值 q1 之后所有 class 属性值为 survey 的兄弟标签，第二个 select() 函数只有第一个兄弟标签，其执行结果如下：

执行结果

请问你的性别？

请问你是否喜欢侦探小说？
请问你是否会程序设计？

请问你是否喜欢侦探小说？

上述执行结果中，第一部分是第 1 题题目，第二部分是之后的两题，第三部分只有下一题。

✪ 找出 class 和 id 属性值的标签 ◁ Ch4_5d.py ▷

在 select() 函数中可以搜索指定 class 和 id 属性值的 HTML 标签，前两个 select() 函数用于搜索 id 属性值 q1，以及 id 属性值为 email 的 <span> 标签，具体如下：

```
tag_div = soup.select("#q1")
print(tag_div[0].p.a.string)
tag_span = soup.select("span#email")
print(tag_span[0].string)
tag_div = soup.select("#q1, #q2")  # 多个 id 属性
for item in tag_div:
    print(item.p.a.string)
print("-----------")
tag_div = soup.find("div")          # 第 1 个 <div> 标签
tag_p = tag_div.select(".question")
for item in tag_p:
    print(item.a["href"])
tag_li = soup.select("[class~=selected]")
for item in tag_li:
    print(item)
```

上述第三个 select() 函数同时搜索 id 属性值 q1 和 q2，for-in 循环显示两题的题目，第四个 select() 函数在使用 find() 函数找到第一个 <div> 标签后，搜索所有 class 属性值 question 的 <p> 标签，for-in 循环显示每一个 <a> 标签的 href 属性值。

最后一个 select() 函数搜索 class 属性包含 selected 属性值的 HTML 标签，其执行结果如下：

```
执行结果
请问你的性别?
ghi@example.com
请问你的性别?
请问你是否喜欢侦探小说?
-----------
http://example.com/q1
http://example.com/q2
http://example.com/q3
```

```
<li class="response selected">女-<span>20</span></li>
<li class="response selected">普通-<span>20</span></li>
<li class="response selected">会-<span>30</span></li>
```

上述执行结果的第 1 ~ 2 行是前两个 select() 函数的结果，接着两个题目字符串是第三个 select() 函数的结果，3 个网址是第四个 select() 函数的结果，最后是 3 个 <li> 标签值。

✪ 找出特定属性值的标签 〈 Ch4_5e.py 〉

select() 函数也可以搜索 HTML 标签是否拥有指定属性，或进一步指定属性值来执行搜索，具体如下：

```
tag_a = soup.select("a[href]")
print(tag_a)
tag_a = soup.select("a[href='http://example.com/q2']")
print(tag_a)
tag_a = soup.select("a[href^='http://example.com']")
print(tag_a)
tag_a = soup.select("a[href$='q3']")
print(tag_a)
tag_a = soup.select("a[href*='q']")
print(tag_a)
```

上述第一个 select() 函数搜索拥有 href 属性的 <a> 标签，第二个 select() 函数指定属性值，最后 3 个条件依次使用此属性值是开头、结尾和包含之后的值，从执行结果中可以看到第 1 个列表是 3 个 <a> 标签；第 2 个是 1 个 <a> 标签，第 3 个是 3 个 <a> 标签，第 4 个是 1 个 <a> 标签，第 5 个是 3 个 <a> 标签，执行结果如下：

4

执行结果

[<a href="http://example.com/q1">请问你的性别?</a>, <a href="http://example.com/q2">请问你是否喜欢侦探小说?</a>, <a href="http://example.com/q3">请问你是会程序设计?</a>]

[<a href="http://example.com/q2">请问你是否喜欢侦探小说?</a>]

[<a href="http://example.com/q1">请问你的性别?</a>, <a href="http://example.com/q2">请问你是否喜欢侦探小说?</a>, <a href="http://example.com/q3">请问你是会程序设计?</a>]

[<a href="http://example.com/q3">请问你是否会程序设计?</a>]

[<a href="http://example.com/q1">请问你的性别?</a>, <a href="http://example.com/q2">请问你是否喜欢侦探小说?</a>, <a href="http://example.com/q3">请问你是会程序设计?</a>]

✪ 使用 select_one() 函数搜索标签 ◀ Ch4_5f.py ▶

BeautifulSoup 的 select_one() 函数和 select() 函数的使用方式相同，此函数只会返回符合条件的第一个标签，而不是列表，具体如下：

```
tag_a = soup.select_one("a[href]")
print(tag_a)
```

上述 select_one() 函数只会返回第一个符合 <a> 标签的 Tag 对象，其执行结果如下：

执行结果

<a href="http://example.com/q1">请问你的性别?</a>

4

1　请问什么是 CSS 层叠样式表。请举例说明 CSS 基本语法。

2　请问什么是 Selector Gadget 扩充功能。

3　请简单说明什么是 Google Chrome 开发者工具。

4　请说明下列 CSS 样式码是哪一种 CSS 选择器。

```
p {    }
.littlered {    }
#bodycolor {    }
div, p {    }
div p {    }
```

5　请使用 Chrome 浏览器进入百度首页搜索 Python 关键字，然后使用 Selector Gadget 找出第一个搜索项目的 CSS 选择器字符串。

6　继续第 5 题，在清除 Selector Gadget 的选择器字符串后，找出第二个搜索项目的 CSS 选择器字符串。

7　继续第 5 题，请改用 Chrome 开发者工具找出第一个搜索项目的 CSS 选择器字符串。

8　请在 Chrome 开发者工具的控制台标签页测试第 5 ~ 7 题获取的 CSS 选择器字符串。

9　如果使用 CSS 选择器，BeautifulSoup 对象可以调用_____或_____函数来找出目标的 HTML 标签。

10　请创建 Python 程序打开配套文件"Ch04\index.html"，使用 CSS 选择器来找出所有 class 属性值为"nav-item"的 HTML 标签。

5
CHAPTER

遍历 HTML 网页获取
数据与数据存储

5-1   如何遍历 HTML 网页

5-2   遍历 HTML 网页获取数据

5-3   修改 HTML 网页来爬取数据

5-4   将获取的数据存储成 CSV 和 JSON 文件

5-5   从网络下载图片

5-1 如何遍历 HTML 网页

BeautifulSoup 除了相关函数外，还支持特定属性来帮助遍历 HTML 网页，可以在对象树进行遍历，也可以使用上一个 / 下一个元素来遍历解析 HTML 网页的标签顺序。本章使用的示例网页在配套文件的 Ch05\Example.html 下。

☆ 遍历 Python 对象树

BeautifulSoup 会解析 HTML 网页成为一棵阶层结构的 Python 对象树，因为是阶层结构，可以向上（父）、向下（子）和左右（兄弟）方向来进行遍历。例如，Example.html 第 2 题问题的 <div> 标签，如图 5-1 所示。

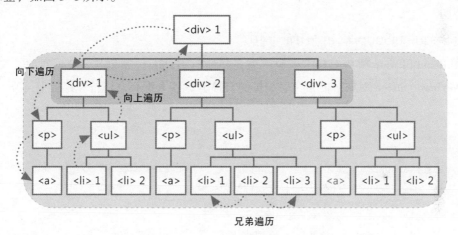

图5-1 Example.html第2题问题的<div>标签

图 5-1 的第二层 <div> 标签是第一层 <div> 标签的直接子标签（Direct Child），整个大框的所有标签是其子孙标签（Descendants）。Python 对象树中各标签遍历方式的说明如下所示。

✳ 向下遍历：从 <div> → <div> → <p> → <a>。

✳ 向上遍历：从 <li> → <ul> → <div> → <div>。

✳ 兄弟遍历：对于 <ul> 标签的同一层 <li> 子标签，从 <li> 2 → <li> 1 和 <li> 2 → <li> 3 是兄弟遍历。

☆ 遍历上一个和下一个元素

Python 对象树以类似阶层上下楼梯方式来遍历标签，也可以使用 HTML 网页标签解析顺序进行遍历，下一个元素是目前标签对象的下一个对象，上一个元素是前一个对象，如图 5-2 所示。

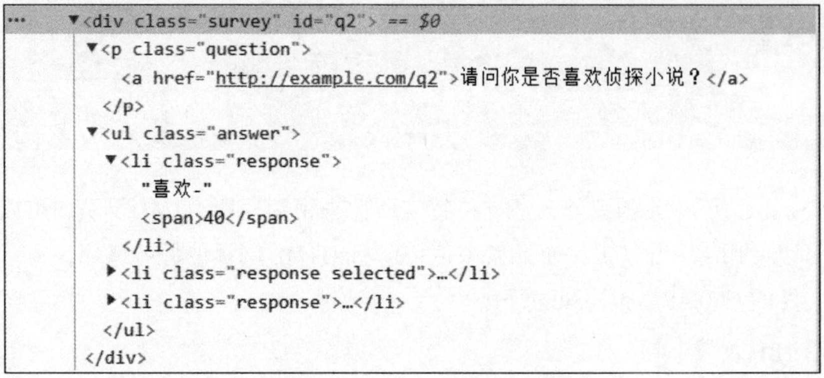

```
···  ▼<div class="survey" id="q2"> == $0
        ▼<p class="question">
            <a href="http://example.com/q2">请问你是否喜欢侦探小说？</a>
        </p>
        ▼<ul class="answer">
            ▼<li class="response">
                "喜欢-"
                <span>40</span>
            </li>
            ▶<li class="response selected">…</li>
            ▶<li class="response">…</li>
        </ul>
    </div>
```

图5-2　遍历上一个和下一个元素

上述 `<div>` 的下一个元素是 `<p>`，再下一个是 `<ul>`，再下一个是 `<li>`，其顺序和树状结构的遍历不同。

✪ 再谈 BeautifulSoup 解析 HTML 网页

使用 BeautifulSoup 解析 HTML 网页，就是将所有 HTML 标签创建成 Tag 对象，文字内容创建成 NavigableString 对象，但是文字编排的 HTML 标签大都有空格符和换行字符 \n，具体如下：

```
<div class="survey" id="q2">
      …
<ul class="answer">
  <li class="response">喜欢-<span>40</span></li>
  <li class="response selected">普通-<span>20</span></li>
  <li class="response">不喜欢-<span>0</span></li>
</ul>
</div>
```

上述是 Example.html 第 2 题的原始 `<div>` 标签，可以看到标签之间有空格符，这些空格符都会创建成 NavigableString 对象，所以，实际遍历的 Python 对象树会多出很多 NavigableString 对象。

> 当 HTML 网页在各标签间没有任何空格符和换行字符，全部都连在一起时，解析 HTML 网页的 Python 树就是本节前图例的树状结构。

例如，使用 5-2-1 小节的 children 属性取得 `<ul>` 标签下的所有子标签（Python 程序：Ch5_1.py），代码如下：

```
tag_div = soup.select("#q2") # 找到第2题
```
▼

```
tag_ul = tag_div[0].ul          # 遍历到之下的<ul>
for child in tag_ul.children:
    print(type(child))
```

上述代码使用 select() 函数找到第 2 题的 <div> 标签，然后取出 <ul> 子标签，for-in 循环遍历 <ul> 标签的所有子标签，理论上来说应该只有 3 个 <li> 标签，但是执行结果如下：

执行结果
```
<class 'bs4.element.NavigableString'>
<class 'bs4.element.Tag'>
<class 'bs4.element.NavigableString'>
<class 'bs4.element.Tag'>
<class 'bs4.element.NavigableString'>
<class 'bs4.element.Tag'>
<class 'bs4.element.NavigableString'>
```

上述执行结果中共有 3 个 <li> 标签的 Tag 对象，其他 NavigableString 对象是位于 <li> 标签前后的空格符和换行字符。可以使用 if 条件过滤掉这些多余的 NavigableString 对象，在 Python 程序需要导入 NavigableString 对象。

```
from bs4.element import NavigableString
```

接着修改 Ch5_1.py，不显示这些 NavigableString 对象（Python 程序：Ch5_1a.py），具体如下：

```
tag_div = soup.select("#q2")   # 找到第2题
tag_ul = tag_div[0].ul          # 遍历到之下的<ul>
for child in tag_ul.children:
    if not isinstance(child, NavigableString):
        print(child.name)
```

上述 if 条件使用 not 加上 isinstance() 函数判断是否为 NavigableString 对象，如果不是，就是 Tag 对象，所以只显示 3 个标签名称 li，执行结果如下：

执行结果
```
li
li
li
```

5-2 遍历 HTML 网页获取数据

已经学会使用 BeautifulSoup 对象的 find() 和 select() 函数来搜索和定位 HTML 网页后，对于复杂数据的爬取，在缩小范围后，如果无法马上获取数据或相关数据就在附近，可以通过遍历的方式来定位和获取所需的数据。

5-2-1 向下遍历

BeautifulSoup 和 Tag 对象可以直接使用子标签名称来向下遍历（Navigating Down），另一个方式是使用默认属性进行向下遍历。

✪ 使用子标签名称向下遍历   ◀ Ch5_2_1.py ▶

可以从 Python 对象树的阶层顺序依次使用子标签名称来向下一层遍历，请注意！因为同名子标签可能不止一个，这种方法只能遍历同名的第一个子标签。例如，从 <html> 依次遍历至 <head> 下的 <title> 和 <meta> 子标签，如下所示。

```
print(soup.html.head.title.string)
print(soup.html.head.meta["charset"])
```

上述第一行代码获取 <title> 标签内容，第二行是 <meta> 标签的 charset 属性值，然后使用 div 属性获取第一个 <div> 标签，代码如下：

```
print(soup.html.body.div.div.p.a.string)
```

上述代码获取第一个 <div> 标签下的第一个 <div> 标签，请注意！使用属性并无法遍历第二个 <div> 标签，其执行结果如下：

执行结果

测试数据爬取的HTML网页

utf-8

请问你的性别？

✪ 使用 contents 属性获取所有子标签   ◀ Ch5_2_1a.py ▶

BeautifulSoup 可以使用 contents、children 和 descendants 3 个属性来获取之下的所有子标签，首先是 contents 属性，返回的是子标签列表，即

```
tag_div = soup.select("#q2")   # 找到第2题
tag_ul = tag_div[0].ul         # 遍历到之下的<ul>
for child in tag_ul.contents:
```

5

116

```
if not isinstance(child, NavigableString):
    print(child.span.string)
```

上述代码首先找到第 2 题的 <ul> 标签，然后使用 for-in 循环遍历 contents 属性获取的子标签列表，并且判断是否为 NavigableString，如果不是，就显示 <span> 子标签的内容，其执行结果如下：

```
40
20
0
```

✪ 使用 children 属性获取所有子标签　　　　　　　⟨Ch5_2_1b.py⟩

BeautifulSoup 的 children 属性和 contents 属性基本上是相同的，只是返回的不是列表，而是列表生成器（List Generator），类似 for 循环的 range() 函数。例如，因为 <li> 标签内容是混合内容，拥有文字内容和 <span> 子标签，准备获取 <li> 标签的文字内容的代码如下：

```
tag_div = soup.select("#q2")    # 找到第2题
tag_ul = tag_div[0].ul          # 遍历到之下的<ul>
for child in tag_ul.children:
    if not isinstance(child, NavigableString):
        print(child.name)
        for tag in child:
            if not isinstance(tag, NavigableString):
                print(tag.name, tag.string)
            else:
                print(tag.replace('\n', ''))
```

上述代码是两层 for-in 循环，第一层遍历 children 属性获取子标签的列表生成器，if 条件判断是否为 NavigableString，如果不是，即为 <li> 标签。

如果是 <li> 标签，就再次使用 for-in 循环取出下一层文字内容的 NavigableString 和 <span> 子标签的 Tag 对象，if-else 条件判断是哪一种，Tag 对象就显示标签名称和内容，NavigableString 就调用 replace() 函数取代 \n 换行字符，避免多显示换行，其执行结果如下：

```
li
喜欢-
span 40
li
普通-
span 20
```

5

```
li
不喜欢-
span 0
```

⊗ 使用 descendants 属性获取所有子孙标签 ⟨Ch5_2_1c.py⟩

BeautifulSoup 的 children 和 contents 属性只能获取所有直接的子标签，descendants 属性可以获取之下的所有子孙标签。例如，获取 <ul> 标签之下的所有 <li> 子标签和 <span> 孙标签，代码如下：

```
tag_div = soup.select("#q2")  # 找到第2题
tag_ul = tag_div[0].ul        # 遍历到之下的<ul>
for child in tag_ul.descendants:
    if not isinstance(child, NavigableString):
        print(child.name)
```

上述代码使用 for-in 循环遍历 descendants 属性获取子孙标签，if 条件判断是否为 NavigableString，如果不是，就显示标签名称，其执行结果如下：

执行结果

```
li
span
li
span
li
span
```

⊗ 使用 strings 属性获取所有子孙的文字内容 ⟨Ch5_2_1d.py⟩

BeautifulSoup 的 strings 属性可以获取所有子孙的文字内容。例如，获取 <ul> 标签之下的所有文字内容的代码如下：

```
tag_div = soup.select("#q2")  # 找到第2题
tag_ul = tag_div[0].ul        # 遍历到之下的<ul>
for string in tag_ul.strings:
    print(string.replace('\n', ''))
```

上述代码使用 for-in 循环遍历 strings 属性获取子孙的文字内容，replace() 函数取代 \n 换行字符成为空字符串，其执行结果如下：

执行结果

```
喜欢-
40
```

▼

```
普通-
20

不喜欢-
0
```

上述执行结果中有 3 列是空白列，因为有 3 个 NavigableString 对象是 <li> 标签前的空格符和换行字符。

5-2-2　向上遍历

BeautifulSoup 可以使用属性和函数来向上遍历，即遍历上一层的父标签，或是更上一层的所有祖先标签。

✪ 向上遍历父标签　　　　　　　　　　　　　　　　　　　　　◀Ch5_2_2.py▶

可以使用 parent 属性和 find_parent() 函数遍历父标签，代码如下：

```
tag_div = soup.select("#q2")  # 找到第2题
tag_ul = tag_div[0].ul        # 遍历到之下的<ul>
# 使用属性获取父标签
print(tag_ul.parent.name)
# 使用函数获取父标签
print(tag_ul.find_parent().name)
```

上述代码首先找到第 2 题的 <ul> 标签，然后分别使用 parent 属性和 find_parent() 函数显示父标签名称，其执行结果如下：

执行结果
```
div
div
```

✪ 向上遍历祖先标签　　　　　　　　　　　　　　　　　　　　◀Ch5_2_2a.py▶

如果不只需要父标签，我们可以使用 parents 属性和 find_parents() 遍历所有位于目前标签之上的祖先标签，代码如下：

```
tag_div = soup.select("#q2")  # 找到第2题
tag_ul = tag_div[0].ul        # 遍历到之下的<ul>
# 使用属性获取所有祖先标签
for tag in tag_ul.parents:
    print(tag.name)
# 使用函数获取所有祖先标签
for tag in tag_ul.find_parents():
    print(tag.name)
```

119

上述代码首先找到第 2 题的 <ul> 标签，然后分别使用 parents 属性和 find_parents() 函数显示所有上层的祖先标签，直到 [document]，其执行结果如下：

执行结果

```
div
div
body
html
[document]
div
div
body
html
[document]
```

5-2-3　向左右进行兄弟遍历

BeautifulSoup 可以使用属性和函数来向左右进行兄弟遍历，即遍历同一层的前一个兄弟标签或下一个兄弟标签。

❄ 遍历下一个兄弟标签　　　　　　　　　　　　　　　　　◀Ch5_2_3.py▶

可以使用 next_sibling 属性和 find_next_sibling() 函数遍历下一个兄弟标签，代码如下：

```
tag_div = soup.select("#q2")  # 找到第2题
first_li = tag_div[0].ul.li   # 第1个<li>
print(first_li)
# 使用next_sibling属性获取下一个兄弟标签
second_li = first_li.next_sibling.next_sibling
print(second_li)
```

上述代码首先找到第 2 题的 <ul> 标签，然后使用两次 next_sibling 属性遍历下一个兄弟标签，因为有多个 NavigableString 对象。然后使用 find_next_sibling() 函数遍历下一个兄弟标签（只需调用一次，因为此函数会自动跳过 NavigableString 对象），代码如下：

```
# 调用next_sibling()函数获取下一个兄弟标签
third_li = second_li.find_next_sibling()
print(third_li)
print("--------------------------------------")
# 调用next_siblings()函数获取所有兄弟标签
for tag in first_li.find_next_siblings():
    print(tag.name, tag.span.string)
```

上述代码最后调用 find_next_siblings() 函数获取所有之后的兄弟标签，可以使用 for-in 循

环显示标签名称和 <span> 子标签的内容，执行结果如下：

```
<li class="response">喜欢-<span>40</span></li>
<li class="response selected">普通-<span>20</span></li>
<li class="response">不喜欢-<span>0</span></li>
--------------------------------------
li 20
li 0
```

上述执行结果首先显示第一个 <li>，然后使用属性遍历下一个兄弟标签，所以是第二个 <li> 标签，接着调用函数遍历下一个兄弟标签，即第三个 <li> 标签，最后显示第一个 <li> 标签之后的两个 <li> 标签。

☻ 遍历前一个兄弟标签   ◀Ch5_2_3a.py▶

使用 previous_sibling 属性和 find_previous_sibling() 函数遍历前一个兄弟标签时，首先找到第 2 题 <ul> 标签的第一个 <li> 标签，然后调用两次 find_next_sibling() 遍历至第三个 <li> 标签，具体如下：

```python
tag_div = soup.select("#q2")    # 找到第2题
tag_li = tag_div[0].ul.li        # 第一个<li>
third_li = tag_li.find_next_sibling().find_next_sibling()
print(third_li)
# 使用previous_sibling属性获取前一个兄弟标签
second_li = third_li.previous_sibling.previous_sibling
print(second_li)
```

上述代码使用两次 previous_sibling 属性遍历前一个兄弟标签，因为有多个 NavigableString 对象。然后使用 find_previous_sibling() 函数遍历前一个兄弟标签（只需调用一次，因为此函数会跳过 NavigableString 对象），具体如下：

```python
# 调用previous_sibling()函数获取前一个兄弟标签
first_li = second_li.find_previous_sibling()
print(first_li)
print("--------------------------------------")
# 调用previous_siblings()函数获取所有兄弟标签
for tag in third_li.find_previous_siblings():
    print(tag.name, tag.span.string)
```

上述代码最后调用 find_previous_siblings() 函数获取所有之前的兄弟标签，可以使用 for-in 循环显示标签名称和 <span> 子标签的内容，执行结果如下：

```
<li class="response">不喜欢-<span>0</span></li>
<li class="response selected">普通-<span>20</span></li>
<li class="response">喜欢-<span>40</span></li>
----------------------------------------
li 20
li 40
```

上述执行结果和之前相反，因为是从最后的 <li> 向前一个遍历兄弟标签，最后显示第三个 <li> 标签之前的两个 <li> 标签。

5-2-4 前一个和下一个元素

BeautifulSoup 也可以使用解析 HTML 网页的顺序来进行遍历，可以使用 next_element 属性遍历下一个元素，这是目前标签对象的下一个对象，previous_element 属性遍历前一个元素，即前一个对象。

☀ 遍历前一个和下一个元素   Ch5_2_4.py

下面以 Example.html 的 HTML 网页为例，来说明前一个和下一个元素的遍历，具体如下：

```
<html lang="big5">
 <head>
  <meta charset="utf-8"/>
  <title>测试数据爬取的HTML网页</title>
 </head>
 <body>
 ...
 </body>
</html>
```

以上述 HTML 标签为例，准备从 <html> 标签遍历至下一个元素至 <head> 标签，从 <title> 标签遍历至前一个 <meta> 标签，具体如下：

```
tag_html = soup.html      # 找到第<html>标签
print(type(tag_html), tag_html.name)
tag_next = tag_html.next_element.next_element
print(type(tag_next), tag_next.name)
tag_title = soup.title     # 找到第<title>标签
print(type(tag_title), tag_title.name)
tag_previous = tag_title.previous_element.previous_element
print(type(tag_previous), tag_previous.name)
```

上述代码首先找到 <html> 标签，使用 next_element 遍历下一个元素，共使用两次，因为之间有多个 NavigableString 对象，可以遍历到下一个 `<head>` 标签，然后找到 `<title>` 标签，使用两次 previous_element 遍历前一个元素至 `<meta>` 标签，其执行结果如下：

```
<class 'bs4.element.Tag'> html
<class 'bs4.element.Tag'> head
<class 'bs4.element.Tag'> title
<class 'bs4.element.Tag'> meta
```

✪ 遍历所有的下一个元素　　　　　　　　　　　　　　　Ch5_2_4a.py

　　使用 next_elements 属性遍历所有下一个元素。例如，首先使用 id 属性找到第二个 `<div>` 标签，具体如下：

```
...
<div class="emails" id="emails">
  <div class="question">电子邮件列表信息: </div>
  abc@example.com
  <div class="survey" data-custom="important">def@example.com</div>
  <div class="survey" id="email">ghi@example.com</div>
</div>
...
```

　　然后使用 next_elements 属性显示所有下一个元素的标签名称，具体如下：

```
tag_div = soup.find(id = "emails")
for element in tag_div.next_elements:
    if not isinstance(element, NavigableString):
        print(element.name)
```

　　上述 for-in 循环遍历所有下一个元素，使用 if 条件跳过 NavigableString 对象，其执行结果如下：

```
div
div
span
```

✪ 遍历所有的前一个元素　　　　　　　　　　　　　　　Ch5_2_4b.py

　　使用 previous_elements 属性遍历所有前一个元素，例如先用 id 属性找到第一个问题的 `<div>` 标签，具体如下：

```
<html lang="big5">
 <head>
  <meta charset="utf-8"/>
```

```
 <title>测试数据爬取的HTML网页</title>
</head>
<body>
<!-- Surveys -->
<div class="surveys" id="surveys">
 <div class="survey" id="q1">
 ...
```

然后，使用 previous_elements 属性显示所有前一个元素的标签名称，即：

```
tag_div = soup.find(id="q1")
for element in tag_div.previous_elements:
    if not isinstance(element, NavigableString):
        print(element.name)
```

上述 for-in 循环遍历所有前一个元素，使用 if 条件跳过 NavigableString 对象，其执行结果如下：

执行结果

```
div
body
title
meta
head
html
```

5-3 修改 HTML 网页来爬取数据

因为 HTML 网页的标签元素可能不完整或没有数据，为了顺利爬取数据，有时需要修改 HTML 标签和属性来帮助顺利执行 Python 爬虫程序。

> 请注意！修改的是 BeautifulSoup 解析 HTML 网页创建的 Python 对象树，并不会更改原始 HTML 网页。

❂ 更改 HTML 标签名称和属性 〈 Ch5_3.py 〉

可以直接更改 Tag 对象的标签名称和属性，也可以使用 del 来删除标签的属性，具体如下：

```
from bs4 import BeautifulSoup
soup = BeautifulSoup("<b class='score'>Joe</b>", "lxml")
tag = soup.b
tag.name = "p"
tag["class"] = "question"
tag["id"] = "name"
print(tag)
del tag["class"]
print(tag)
```

上述代码使用 HTML 标签字符串创建 BeautifulSoup 对象，在获取 <b> 标签后，依序更改标签名称、class 属性值和新增 id 属性，最后删除 class 属性，从执行结果中可以看到 HTML 标签已经更改，具体如下：

执行结果

```
<p class="question" id="name">Joe</p>
<p id="name">Joe</p>
```

❂ 修改 HTML 标签的文字内容 〈 Ch5_3a.py 〉

使用 Tag 对象的 string 属性来更改标签的文字内容，代码如下：

```
from bs4 import BeautifulSoup
soup = BeautifulSoup("<b class='score'>Joe</b>", "lxml")
tag = soup.b
tag.string = "Mary"
print(tag)
```

5

上述代码在获取 <b> 标签后，更改 string 属性值，从执行结果中可以看到 HTML 标签内容已经更改，具体如下：

```
<b class="score">Mary</b>
```

✪ 新增 HTML 标签和文字内容   ◀ Ch5_3b.py ▶

利用 NavigableString 对象可以新增文字内容，用 new_tag() 函数新增标签，代码如下：

```
soup = BeautifulSoup("<b></b>", "lxml")
tag = soup.b
tag.append("Joe")
print(tag)
new_str = NavigableString("Chen")
tag.append(new_str)
print(tag)
new_tag = soup.new_tag("a", href="http://www.example.com")
tag.append(new_tag)
print(tag)
```

上述代码创建空的 <b> 标签后，调用 append() 函数新增标签内容，然后创建 NavigableString 对象来新增文字内容，最后使用 new_tag() 函数新增标签，第一个参数是标签名称，之后是属性值，从执行结果中可以看到 HTML 标签新增文字内容和 <a> 标签，具体如下：

```
<b>Joe</b>
<b>Joe Chen</b>
<b>Joe Chen<a href="http://www.example.com"></a></b>
```

✪ 插入 HTML 标签和清除标签内容   ◀ Ch5_3c.py ▶

除了 NavigableString 对象，也可以使用 new_string() 函数创建文字内容，insert_before() 函数是插入在前；insert_after() 函数是插入在后，clear() 函数为清除标签内容，代码如下：

```
from bs4 import BeautifulSoup
soup = BeautifulSoup("<p><b>One</b></p>", "lxml")
tag = soup.b
new_tag = soup.new_tag("i")
new_tag.string = "Two"
tag.insert_before(new_tag)
print(soup.p)
new_string = soup.new_string("Three")
tag.insert_after(new_string)
print(soup.p)
tag.clear()
print(soup.p)
```

上述代码获取 <b> 标签后，创建 <i>Two</i> 标签，然后调用 insert_before() 函数插入在 <b> 标签之前，接着使用 new_string() 函数创建文字内容，调用 insert_after() 函数插入在 <b> 标签之后，最后调用 clear() 函数删除 <b> 标签的内容，其执行结果如下：

执行结果

```
<p><i>Two</i><b>One</b></p>
<p><i>Two</i><b>One</b>Three</p>
<p><i>Two</i><b></b>Three</p>
```

上述执行结果中，首先插入 <i> 标签至 <b> 标签之前，接着插入文字内容"Three"至 <b> 标签之后，最后删除 <b> 标签的文字内容。

✪ 取代 HTML 标签　　　　　　　　　　　　　　　　　　◀ Ch5_3d.py ▶

使用 replace_with() 函数取代现存 HTML 标签的代码如下：

```
from bs4 import BeautifulSoup
soup = BeautifulSoup("<p><b>One</b></p>", "lxml")
tag = soup.b
new_tag = soup.new_tag("i")
new_tag.string = "Two"
tag.replace_with(new_tag)
print(soup.p)
```

上述代码获取 <b> 标签后，创建 <i>Two</i> 标签，调用 replace_with() 函数将 <b> 标签取代成 <i> 标签，其执行结果如下：

执行结果

```
<p><i>Two</i></p>
```

5-4 将获取的数据存储成 CSV 和 JSON 文件

从 HTML 网页爬取出所需数据后，可以将整理好的数据存储成文件，常用文件格式有 CSV 和 JSON 文件。

5-4-1 存储成 CSV 文件

CSV（Comma-Separated Values）文件的内容是使用纯文字表示的表格数据，这是一个文字文件，其中的每一行是表格的一行，每一列使用逗号（,）来分隔。例如，现在有一个表格数据，将表格转换成 CSV 数据，见表 5-1。

表5-1   原始表格数据

Data1	Data2	Data3
10	33	45
5	25	56

将上述表格数据转换成 CSV 格式后的数据为：

```
Data1,Data2,Data3
10,33,45
5,25,56
```

上述 CSV 数据的每一行最后有换行字符 \n，每一列是使用逗号分隔，可以直接使用 Excel 打开 CSV 文件。

✪ 读取 CSV 文件 ◢ Ch5_4_1.py ◤

Python 程序访问 CSV 文件使用的是 csv 模块。例如，读取 Example.csv 文件的内容（即前述表格数据），代码如下：

```python
import csv

csvfile = "Example.csv"
with open(csvfile, 'r') as fp:
    reader = csv.reader(fp)
    for row in reader:
        print(','.join(row))
```

上述代码导入 csv 模块后，调用 open() 函数打开文件，然后使用 csv.reader() 函数读取文件内容，for-in 循环读取每一行数据，调用 join() 函数创建逗号分隔的字符串，其执行结果如下：

```
Data1,Data2,Data3
10,33,45
5,25,56
```

☼ 将数据写入 CSV 文件 ◀Ch5_4_1a.py▶

首先将网络数据创建成 CSV 数据的列表，然后将列表写入 CSV 文件。例如，将 CSV 列表写入 Example2.csv 文件的代码为：

```
import csv

csvfile = "Example2.csv"
list1 = [[10,33,45], [5, 25, 56]]
with open(csvfile, 'w+', newline='') as fp:
    writer = csv.writer(fp)
    writer.writerow(["Data1","Data2","Data3"])
    for row in list1:
        writer.writerow(row)
```

上述代码调用 open() 函数打开文件，参数 newline=' ' 用于删除每一行多余的换行符，然后使用 csv.writer() 函数写入文件，writerow() 函数用于写入一行 CSV 数据，其参数是列表，for-in 循环可以将列表 list1 的每一个元素写入文件，从其执行结果可以看到 Excel 打开的文件内容，如图 5-3 所示。

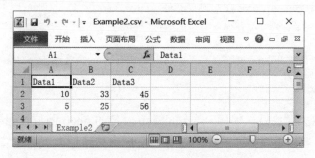

图5-3　将数据写入CSV文件

☼ 从 W3Shool 网站获取表格数据写入 CSV 文件 ◀Ch5_4_1b.py▶

在了解了 CSV 文件的读 / 写后，可以将网页的 HTML 表格数据存入 CSV 文件。例如，获取 W3School 网站的 Audio Format 说明表格，请进入以下网页，如图 5-4 所示。

https://www.w3school.com.cn/html/html_media.asp

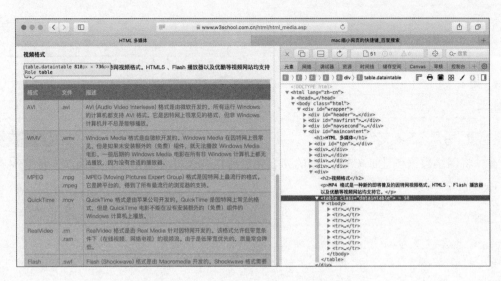

图5-4　W3School Audio Format说明表格

　　图 5-4 所示是使用 Chrome 开发者工具找出 <table> 表格标签（请从表格的右边框线来选取），可以看到 class 属性值是 "dataintable"，接着可以创建 Python 程序，搜索 HTML 网页来取出表格数据并存入 CSV 文件，代码如下：

```
import requests
from bs4 import BeautifulSoup
import csv

url = "https://www.w3school.com.cn/html/html_media.asp"
csvfile = "VideoFormat.csv"
r = requests.get(url)
soup = BeautifulSoup(r.text, "lxml")
tag_table = soup.find(class_="dataintable")    # 找到<table>
rows = tag_table.findAll("tr")                 # 找出所有<tr>
```

　　上述代码导入相关模块后，使用 BeautifulSoup 对象的 find() 函数找到第一个 <table> 标签，然后使用 findAll() 函数找出表格的所有 <tr> 标签。接着打开 CSV 文件准备写入爬取出的数据，代码如下：

```
with open(csvfile, 'w+', newline='', encoding="utf-8") as fp:
    writer = csv.writer(fp)
    for row in rows:
        rowList = []
        for cell in row.findAll(["td", "th"]):
            rowList.append(cell.get_text().replace("\n", "").replace("\r", ""))
        writer.writerow(rowList)
```

5

上述 open() 函数指定编码是 utf-8，row 列表变量是所有 <tr> 标签的表格行，第一层 for-in 循环取出每一行，第二层 for-in 循环取出每一个存储格。

在内层 for-in 循环的 findAll() 函数中可以找出此行的所有 <td> 和 <th> 标签，首先使用 append() 函数将 get_text() 函数获取的标签内容新增至列表，然后使用 replace() 函数删除“\n”和“\r”字符，最后调用 writerow() 函数写入每一行数据至 CSV 文件：VideoFormat.csv。

Python 程序的执行结果会创建 VideoFormat.csv 文件，利用 Excel 软件打开，其内容如图 5-5 所示。

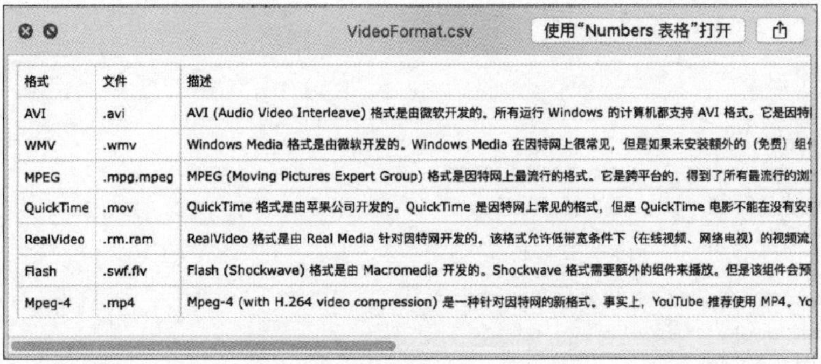

格式	文件	描述
AVI	.avi	AVI (Audio Video Interleave) 格式是由微软开发的。所有运行 Windows 的计算机都支持 AVI 格式。它是因特
WMV	.wmv	Windows Media 格式是由微软开发的。Windows Media 在因特网上很常见，但是如果未安装额外的（免费）组
MPEG	.mpg.mpeg	MPEG (Moving Pictures Expert Group) 格式是因特网上最流行的格式。它是跨平台的，得到了所有最流行的浏
QuickTime	.mov	QuickTime 格式是由苹果公司开发的。QuickTime 是因特网上常见的格式，但是 QuickTime 电影不能在没有安
RealVideo	.rm.ram	RealVideo 格式是由 Real Media 针对因特网开发的。该格式允许低带宽条件下（在线视频、网络电视）的视频流
Flash	.swf.flv	Flash (Shockwave) 格式是由 Macromedia 开发的。Shockwave 格式需要额外的组件来播放。但是该组件会预
Mpeg-4	.mp4	Mpeg-4 (with H.264 video compression) 是一种针对因特网的新格式。事实上，YouTube 推荐使用 MP4。Yo

图5-5　VideoFormat.csv文件

5-4-2　存储成 JSON 文件

Python 的 JSON 处理使用的是 json 模块，只需配合文件处理即可将 JSON 数据写入文件，并读取 JSON 文件内容。

✪ JSON 和 Python 字典的转换　Ch5_4_2.py

json 模块的 dumps() 函数可以将 JSON 字典转换成 JSON 字符串，loads() 函数从 JSON 字符串转换成 JSON 字典，代码如下：

```
import json

data = {
   "name": "Joe Chen",
   "score": 95,
   "tel": "0933123456"
}

json_str = json.dumps(data)
print(json_str)
data2 = json.loads(json_str)
print(data2)
```

上述代码首先调用 dumps() 函数，将字典转换成 JSON 数据内容的字符串，然后调用 loads() 函数，再将字符串转换成字典，其执行结果如下：

```
{"name": "Joe Chen", "score": 95, "tel": "0933123456"}
{'name': 'Joe Chen', 'score': 95, 'tel': '0933123456'}
```

✪ 将 JSON 数据写入文件 ◄Ch5_4_2a.py►

使用 json 模块的 dump() 函数将 Python 字典写入 JSON 文件的代码如下：

```
import json

data = {
    "name": "Joe Chen",
    "score": 95,
    "tel": "0933123456"
}

jsonfile = "Example.json"
with open(jsonfile, 'w') as fp:
    json.dump(data, fp)
```

上述代码创建字典 data 后，使用 open() 函数打开写入文件，然后调用 dump() 函数将第一个参数的 data 字典写入第二个参数的文件，可以在 Python 程序的目录中看到创建的 Example. json 文件。

✪ 读取 JSON 文件 ◄Ch5_4_2b.py►

使用 json 模块的 load() 函数将 JSON 文件内容读取成 Python 字典的代码如下：

```
import json

jsonfile = "Example.json"
with open(jsonfile, 'r') as fp:
    data = json.load(fp)
json_str = json.dumps(data)
print(json_str)
```

上述代码打开 JSON 文件 Example.json 后，调用 load() 函数读取 JSON 文件转换成字典，接着转换成 JSON 字符串后显示 JSON 内容，其执行结果如下：

```
{"name": "Joe Chen", "score": 95, "tel": "0933123456"}
```

✪ 将天气查询的 JSON 数据写入文件 ◄Ch5_4_2c.py►

"天气查询"的 Web 服务可以通过输入地区代码来查询当地的天气信息，如图 5-6 所示。

```
https://wis.qq.com/weather/common?source=xw&weather_type=forecast_24h&province=四川&city=成都
```

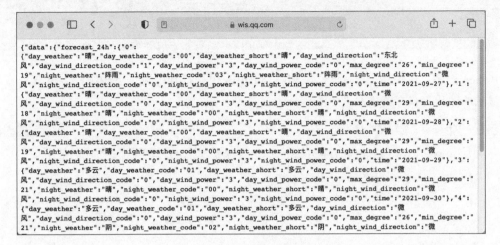

{"data":{"forecast_24h":{"0":
{"day_weather":"晴","day_weather_code":"00","day_weather_short":"晴","day_wind_direction":"东北
风","day_wind_direction_code":"1","day_wind_power":"3","day_wind_power_code":"0","max_degree":"26","min_degree":"
19","night_weather":"阵雨","night_weather_code":"03","night_weather_short":"阵雨","night_wind_direction":"微
风","night_wind_direction_code":"0","night_wind_power":"3","night_wind_power_code":"0","time":"2021-09-27"},"1":
{"day_weather":"晴","day_weather_code":"00","day_weather_short":"晴","day_wind_direction":"微
风","day_wind_direction_code":"0","day_wind_power":"3","day_wind_power_code":"0","max_degree":"29","min_degree":"
18","night_weather":"晴","night_weather_code":"00","night_weather_short":"晴","night_wind_direction":"微
风","night_wind_direction_code":"0","night_wind_power":"3","night_wind_power_code":"0","time":"2021-09-28"},"2":
{"day_weather":"晴","day_weather_code":"00","day_weather_short":"晴","day_wind_direction":"微
风","day_wind_direction_code":"0","day_wind_power":"3","day_wind_power_code":"0","max_degree":"29","min_degree":"
19","night_weather":"晴","night_weather_code":"00","night_weather_short":"晴","night_wind_direction":"微
风","night_wind_direction_code":"0","night_wind_power":"3","night_wind_power_code":"0","time":"2021-09-29"},"3":
{"day_weather":"多云","day_weather_code":"01","day_weather_short":"多云","day_wind_direction":"微
风","day_wind_direction_code":"0","day_wind_power":"3","day_wind_power_code":"0","max_degree":"29","min_degree":"
21","night_weather":"晴","night_weather_code":"00","night_weather_short":"晴","night_wind_direction":"微
风","night_wind_direction_code":"0","night_wind_power":"3","night_wind_power_code":"0","time":"2021-09-30"},"4":
{"day_weather":"多云","day_weather_code":"01","day_weather_short":"多云","day_wind_direction":"微
风","day_wind_direction_code":"0","day_wind_power":"3","day_wind_power_code":"0","max_degree":"26","min_degree":"
21","night_weather":"阴","night_weather_code":"02","night_weather_short":"阴","night_wind_direction":"微

图5-6　查询天气信息

　　上述 URL 参数四川和成都是地区的关键词，代表四川省成都市，代码如下：

```python
import json
import requests

url = "https://wis.qq.com/weather/common?source=xw&weather_type=forecast_24h&province=四川&city=成都"
jsonfile = "Weather.json"
r = requests.get(url)
r.encoding = "utf-8"

with open(jsonfile, 'w') as fp:
    json.dump(r.json(), fp, ensure_ascii=False)
```

　　上述代码使用 requests.get() 函数发送 HTTP 请求后，调用 r.json() 取出响应的字典数据，然后打开写入文件，调用 json.dump() 函数写入 JSON 文件，可以在 Python 程序的目录中看到创建的 Weather.json 文件。

5

5-5 从网络下载图片

Python 程序可以使用 requests 模块和内置 urllib 模块打开串流来下载图片，也就是将 Web 网站显示的图片下载存储成本机的图片。

✪ 使用 requests 模块下载图片 ◀ Ch5_5.py ▶

从网址 https://www.baidu.com/img/bd-log01.png 下载 PNG 格式的图片的代码如下：

```python
import requests

url = "https://www.baidu.com/img/bd-log01.png"
path = "log01.png"
response = requests.get(url, stream=True)
if response.status_code == 200:
    with open(path, 'wb') as fp:
        for chunk in response:
            fp.write(chunk)
    print("图片已经下载")
else:
    print("错误！HTTP请求失败...")
```

上述代码使用 requests 送出 HTTP 请求，第一个参数是图片的 URL 网址，第二个参数 stream=True 表示响应的是串流，if-else 条件判断请求是否成功，成功就打开二进制的写入文件，文件处理的 with 程序区块的代码如下：

```python
with open(path, 'wb') as fp:
    for chunk in response:
        fp.write(chunk)
```

上述 for-in 循环读取 response 响应串流和调用 write() 函数写入文件，其执行结果表示成功在 Python 程序所在目录中下载名为 log01.png 的图片，具体如下：

执行结果

图片已经下载

✪ 使用 urllib 模块下载图片 ◀ Ch5_5a.py ▶

Python 的 urllib 模块也可以发送 HTTP 请求和下载图片（本书是使用 requests 包），为了增加图片的下载效率，Python 使用缓冲区方式进行图片下载，首先导入 urllib.request 模块，调用 urlopen() 函数发送 HTTP 请求，参数是图片的 URL 网址，具体如下：

```
import urllib.request

url = "https://www.baidu.com/img/bd-log01.png"
response = urllib.request.urlopen(url)
fp = open("logo.png", "wb")
size = 0
while True:
    info = response.read(10000)
    if len(info) < 1:
        break
    size = size + len(info)
    fp.write(info)

print(size, "个字符下载...")
fp.close()
response.close()
```

上述 while 循环每次调用响应的 response.read() 函数下载 10000 个字符，并写入二进制文件，可以计算出共下载了多少个字符，如果数据长度小于 1，就跳出 while 循环结束图片下载，其执行结果可以显示下载了多少个字符，具体如下：

执行结果

```
7877 个字符下载...
```

上述信息表示成功在 Python 程序所在目录中下载名为 logo.png 的图片，图片尺寸是 7877 个字符。

☆ 下载百度网站的 Logo 图片　　　　　　　　　　　　　　◀ Ch5_5b.py ▶

准备整合正则表达式和图片下载时，可以直接从网络下载百度网站的 Logo 图片，其网址为 https://www.baidu.com/。

首先，使用 Chrome 开发者工具找到 Logo 图片 `<img>` 标签的 id 属性值 "s_lg_img"，Python 程序：Ch5_5c.py 使用 BeautifulSoup 对象的 find() 函数获取 `<img>` 标签，代码如下：

```
<img id="s_lg_img" class="s_lg_img_gold_show" src="//www.baidu.com/img/PCtm_d9c8750bed0b3c7d089fa7d
55720d6cf.png" width="270" height="129" onerror="this.src='https://dss0.bdstatic.com/5aV1bjqh_
Q23odCf/static/superman/img/logo/bd_logo1-66368c33f8.png';this.onerror=null;" usemap="#mp">
```

上述标签的图片路径可以使用正则表达式获取，即

```
" www(.+?)+\.(?:jpg|gif|png)"
```

上述正则表达式的模板字符串是从字符串中获取图片的完整路径，Python 程序分成两大部分，首先发送 HTTP 请求，解析 HTML 网页来找到 id 属性值 s_lg_img 的 `<div>` 标签，代码如下：

```
import re
import requests
from bs4 import BeautifulSoup

url = "https://www.baidu.com/"
path = "logo.png"
r = requests.get(url)
r.encoding = "utf-8"
soup = BeautifulSoup(r.text, "lxml")
tag_a = soup.find(id="s_lg_img")
```

上述代码导入相关模块后，使用 requests 发送 HTTP 请求，并使用 BeautifulSoup 对象解析响应文件，即可使用 find() 函数获取 <div> 标签字符串，然后使用正则表达式获取 Logo 图片的图片路径，代码如下：

```
match = re.search(r"www(.+?)+\.(?:jpg|gif|png)", str(tag_a))
url = 'http://'+ str(match.group())
response = requests.get(url, stream=True)
if response.status_code == 200:
    with open(path, 'wb') as fp:
        for chunk in response:
            fp.write(chunk)
    print(" 图档 logo.png 已经下载 ")
else:
    print(" 错误！HTTP 请求失败 ...")
```

上述代码使用 search() 函数比对路径字符串，在加上百度网址后，即可使用源自 Ch5_5.py 的代码来下载图片，其执行结果如下：

执行结果

图片logo.png已经下载

上述执行结果的第一行是正则表达式取出的图片路径，然后显示 logo.png 图片已经下载，如图 5-7 所示。

5

图5-7　已下载的logo.png

[1] 请使用图例说明 Python 对象树。为什么 Example.html 创建的对象树和 5-1 节的图例不同。

[2] 请问 Python 如何使用 BeautifulSoup 遍历 HTML 网页。

[3] 请简单说明为什么要用 BeautifulSoup 来修改 HTML 网页。

[4] 请问 BeautifulSoup 可以使用哪些属性获取所有子标签。各属性之间的差异如何。

[5] 请举例说明什么是 CSV 文件。Python 如何存储数据成为 CSV 文件。

[6] 请简单说明 Python 如何将爬取数据存储成 JSON 文件。

[7] 请创建 Python 程序，打开配套文件 Ch05\index.html，首先找出 class 属性值"nav-item"的第一个 <li> 标签，然后使用向上遍历找出上一层的 <ul> 标签，即可使用向下遍历，显示所有的列表项目，即 <li> 标签的内容。

[8] 请自行在 Web 网站找一张有趣的图片，然后创建 Python 程序从网络下载这张图片文件。

6

CHAPTER

使用 XPath 表达式与 lxml 包创建爬虫程序

6-1　XPath 与 lxml 包的基础

6-2　使用 Requests 和 lxml 包

6-3　XPath 数据模型

6-4　XPath 基本语法

6-5　XPath 运算符与函数

6-6　XPath Helper 工具

6-1 XPath 与 lxml 包的基础

XPath 表达式是一种 XML 技术的查询语言，可以在 XML 文件中找出所需的节点，也适用于 HTML 网页，所以，可以使用 XPath 表达式定位 HTML 网页，找出指定的 HTML 标签与属性。

6-1-1 认识 XPath

XPath 语言（XML Path Language）于 1999 年 11 月 16 日成为 W3C 标准规范，使用 XPath 位置路径（Location Path）：称为 Path 表达式（Path Expressions）来找出所需的节点。

✪ XPath 表达式简介

XPath 是一种表达式语言（Expression Language），可以在 XML 文件遍历和标示节点位置，可以使用 XPath 表达式描述 XML 元素或属性的位置，如同 Windows 操作系统要指定文件夹的文件路径，即：

```
C:\BigData\Ch06\index.html
```

上述路径指出文件 index.html 的位置，同样，XPath 可以指出 XML 元素或属性在 XML 文件的位置，XPath 数据模型（Data Model，参见 6-3 节）是将 XML 文件转换成拥有 7 种节点的树状结构，XPath 表达式就是指出 XML 元素在 XML 树状结构中的节点位置。

基本上，因为 HTML 就是一种特殊版本的 XML，所以 XPath 表达式一样适用于 HTML 网页，可以帮助定位 HTML 网页数据。

✪ 为什么使用 XPath 表达式来定位数据

在讨论为什么使用 XPath 表达式而不是使用 CSS 选择器定位数据前，需要先了解 CSS 选择器在使用上的限制，因为使用 CSS 选择器的目的是选出 HTML 标签来套用 CSS 样式，其基本单位是 HTML 标签，并无法依据 HTML 标签内容来进行搜索（在第 3 章是使用正则表达式搜索标签内容），虽然 CSS Level 4 选择器支持标签内容搜索，但主要浏览器都尚未支持 CSS Level 4。

请注意！因为 CSS 选择器无法直接搜索内容，使用 CSS 选择器有时无法获取拥有数据的目标 HTML 标签，只能缩小范围爬取出包含数据的 HTML 标签集合后，再使用 BeautifulSoup 包的遍历功能来找出数据。XPath 表达式可以实现 CSS 选择器实现不了的功能，具体如下：

❖ 选择 HTML 标签集的第一个标签，CSS 的 :nth–child 和 :nth-of-type 只能获取相对父标签的第一个子标签。

❖ 直接依据 HTML 标签内容来搜索网页内容。

❖ 直接返回符合 HTML 元素的内容和属性值（CSS 选择器需要使用 BeautifulSoup 包的 Tag 对象）。

6

说 明

目前的 BeautifulSoup 并不支持 XPath 表达式，在本书第 7 章和第 8 章的 Selenium 和 Scrapy 等进阶网络爬虫函数库都支持使用 XPath 表达式来定位网页数据。

各种 CSS 选择器对应相同功能的 XPath 表达式，见表 6-1。

表6-1　CSS选择器对应的XPath表达式

选取描述说　明	CSS 选择器	XPath 表达式
选取所有超链接标签	a	//a
选取 class 属性值 home 的 <div> 标签	div.home	//div[@class='home']
选取 id 属性值 test 的 <span> 标签	span#test	//span[@id='test']
选取所有拥有 class 属性值 test 的 <div> 标签	div[class*='test']	//div[contains(@class, 'test')]
选取所有 <div> 标签拥有 <p> 或 <a> 子标签	div p, div a	//div[p | a]

6-1-2　lxml 包

Python 语言的 lxml 包是一套功能强大、用来处理 XML 和 HTML 的函数库，可以将 XML 文件和 HTML 网页转换成元素树（Element Tree），然后使用 XPath 表达式和 CSS 选择器来找出符合条件的元素。

基本上，lxml 包的底层是连接 C 语言的 libxml2 和 libxslt 函数库，提供固有的 Python API 来快速解析和处理 XML 文件，这是一套兼容著名的 ElementTree API 的 XML/HTML 解析器，可以轻松遍历 XML/HTML 元素，爬取内容和属性值，处理没有良好格式的 HTML 网页，将之转换成良好格式的 HTML 网页，如没有开始或结束标签的 HTML 元素。

6-2 使用 Requests 和 lxml 包

第 3 ~ 5 章为使用 Requests 和 BeautifulSoup 包进行静态 HTML 网页的数据爬取，Beautiful-Soup 使用的解析器就是 lxml。换言之，也可以直接使用 Requests 和 lxml 包来创建 Python 爬虫程序，首先需要导入 requests 包和 lxml 包的 HTML 解析器，代码如下：

```
Import requests
from lxml import html
```

❂ 下载与解析 HTML 网页　　　　　　　　　　　　　　　◀ Ch6_2.py ▶

使用 4-3 节的示例，从旗标科技网站找出《Python 数据科学与人工智能应用实战》一书对应的繁体版的封面图片和书名，其网址如下：

http://www.flag.com.tw/books/school_code_n_algo

Python 程序在导入上述包后，即可发送 HTTP 请求并解析响应的 HTML 网页，代码如下：

```
r = requests.get("http://www.flag.com.tw/books/school_code_n_algo")
tree = html.fromstring(r.text)
print(tree)
```

上述代码发送 HTTP 请求后，调用 html.fromstring() 函数来解析响应的内容，从执行结果中可以看到解析成 HTML 为根元素的节点树，即：

> **执行结果**
> ```
> <Element html at 0x17c43177c28>
> ```

下面调用 getchildren() 函数获取 html 元素的子元素，如果是调用 getiterator() 函数，可以返回所有子孙元素，代码如下：

```
for ele in tree.getchildren():
    print(ele)
```

上述代码返回 html 元素的子元素，即 head 和 body 元素，其执行结果如下：

> **执行结果**
> ```
> <Element head at 0x17c43a3ac28>
> <Element body at 0x17c43a3ac78>
> ```

❂ 使用 lxml 包定位网页元素　　　　　　　　　　　　　　◀ Ch6_2a.py ▶

lxml 包可以使用 XPath 表达式和 CSS 选择器来定位网页元素，XPath 表达式使用 xpath() 函数；CSS 选择器使用 cssselect() 函数。

6

首先查看图书目录的 HTML 标签，这是 section 元素下的 table 表格，如图 6-1 所示。

图6-1　查看图书目录的HTML标签

使用 Chrome 开发者工具获取图书封面 <img> 标签的 XPath 表达式如下：

```
/html/body/section[2]/table/tbody/tr[2]/td[1]/a/img
```

位于下方书名的 <p> 标签，其 XPath 表达式如下：

```
/html/body/section[2]/table/tbody/tr[2]/td[1]/a/p
```

Python 程序在导入相关包后，即可发送 HTTP 请求并解析响应的 HTML 网页，代码如下：

```
r = requests.get("http://www.flag.com.tw/books/school_code_n_algo")
tree = html.fromstring(r.text)

tag_img = tree.xpath("/html/body/section[2]/table/tr[2]/td[1]/a/img")[0]
print(tag_img)
print(tag_img.tag)
print(tag_img.attrib["src"])
```

上述代码调用 xpath() 函数定位 <img> 标签。请注意！经笔者测试 lxml 在解析 table 元素时，并没有 tbody 子元素，所以 XPath 表达式删除 tbody，xpath() 函数返回的是符合条件的元素列表，[0] 可以获取第一个标签，tag 属性是标签名称；attrib 属性是标签属性列表的字典，其执行结果如下：

执行结果

```
<Element img at 0x17c43a3acc8>
img
http://www.flag.com.tw/assets/img/bookpic/FT745.jpg
```

然后是位于图书封面下方名的 <p> 标签，XPath 表达式同样删除 tbody，代码如下：

```
tag_p = tree.xpath("/html/body/section[2]/table/tr[2]/td[1]/a/p")[0]
print(tag_p)
print(tag_p.tag)
print(tag_p.text_content())
```

上述代码可以返回第一个 <p> 标签，然后调用 text_content() 函数获取 <p> 标签的内容，其执行结果如下：

执行结果

```
<Element p at 0x2b9a1733ea8>
p
Python 資料科學與人工智慧應用實務
```

> 请注意！由于网站内容会随时变动，所以在实际执行 Python 程序时可能会爬取到不同的图书数据。

在 lxml 包使用 CSS 选择器需要先安装 cssselect 包，执行"开始" → Anaconda3(64-bit) → Anaconda Prompt 命令，打开 Anaconda Prompt 窗口后，输入以下指令即可。

```
pip install cssselect //按 Enter 键
```

Python 程序 Ch6_2b.py 和 Ch6_2a.py 的功能完全相同，只是改用 CSS 选择器定位网页元素（请注意！ CSS 选择器同样需要删除 tbody）。

✪ 使用 lxml 包遍历网页元素   ◀ Ch6_2c.py ▶

除了 xpath() 和 cssselect() 函数，lxml 包支持多种遍历函数，可以遍历父元素、前一个元素和下一个元素，代码如下：

```
tag_img = tree.xpath("/html/body/section[2]/table/tr[2]/td[1]/a/img")[0]
print(tag_img.tag)
print(tag_img.getparent().tag)
print(tag_img.getnext().tag)
print("------------------")
tag_p = tree.xpath("/html/body/section[2]/table/tr[2]/td[1]/a/p")[0]
print(tag_p.tag)
print(tag_p.getprevious().tag)
```

上述代码的 getparent() 函数是遍历父元素；getnext() 函数是遍历下一个元素，getprevious() 函数是遍历前一个元素，其执行结果如下：

```
img
a
p
------------------
p
img
```

　　上述执行结果 img 元素的父元素是 a，下一个元素是 p，p 元素的前一个元素是 img，如果需要获取兄弟元素，请在父元素 a 调用 getchildren() 函数（Python 程序：Ch6_2d.py），即

```
for ele in tag_img.getparent().getchildren():
    print(ele.tag)
```

6-3 XPath 数据模型

XPath 数据模型（Data Model）是将 XML/HTML 视为一个有逻辑的树状结构，将 XML/HTML 视为各种不同节点的集合。

6-3-1 XPath 数据模型概述

XPath 数据模型是由节点（Node）、单元值（Atomic Value）和项目（Item）组成的类别结构。XPath 数据模型的类别图如图 6-2 所示。

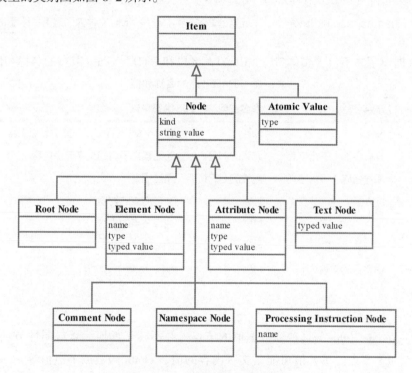

图6-2 XPath数据模型的类别图

上述图例的节点（Node）和单元值（Atomic Value）继承自项目（Item），XML/HTML 的 Root、Element、Attribute、Text、Comment、Namespace 和 Processing Instruction 节点继承自 Node。

✪ 节点

XPath 数据模型的节点（Node）将 XML/HTML 分成 7 种类型，各节点拥有节点名称（Node Name）和字符串值（String Value）。XPath 数据模型的 7 种节点说明见表 6-2。

表6-2 XPath数据模型的7种节点

节点种类	说　明
根节点（Root Node）	根节点就是文件本身，其子节点有注释、PI 节点和文件的根元素
元素节点（Element Node）	元素节点即 XML/HTML 元素，其子节点有子元素、文字节点、注释节点和 PI 节点。元素节点还可以包含命名空间和属性，不过这些并不是元素节点的子节点
属性节点（Attribute Node）	元素的属性
文字节点（Text Node）	在标签、注释和 PI 符号之间没有可解析的文字内容
注释节点（Comment Node）	注释文字
PI 节点（Processing Instruction Node）	处理指令（Processing Instruction）
命名空间节点（Namespace Node）	元素的命名空间，这是 XML 文件为了避免名称重复的范围机制

XPath 数据模型并不包含实体参考、CDATA 区段和 DTD。XPath 节点的名称和值见表 6-3。

表6-3 XPath节点的名称和值

节点种类	节点名称	命名空间	字符串值
根节点	N/A	N/A	整个 XML/HTML 的文字节点内容
元素节点	元素名称，不含字首	元素的 URI	此元素之子树的文字节点内容
属性节点	属性名称，不含字首	属性的 URI	属性值
文字节点	N/A	N/A	文字节点的内容
注释节点	N/A	N/A	注释节点的内容
PI 节点	PI 目标名称	N/A	PI 数据的内容
命名空间节点	命名空间字首	N/A	URI

✪ 单元值

单元值（Atomic Value）是独立数据值的节点，并不属于任何元素或属性节点，而且单元值没有父节点和子节点。单元值可能是文字内容的值、XPath 函数或节点值等。一些单元值的示例如下：

```
Python程序设计
650
"P001"
```

上述单元值拥有数据类型，即 XML Schema 内置数据类型，如 xs:string 或 xs:integer 等。

✪ 项目

项目（Item）就是单元值或节点。

6-3-2 XPath 数据模型示例

XPath 数据模型是一种树状结构的节点架构，本节使用 XML 文件示例来说明 XPath 数据模型。

✪ XML 文件

在 XML 文件中定义 3 本计算机书的图书数据，内容如下：

内容

```
01: <?xml version="1.0" encoding="utf-8"?>
02: <!-- 文件示例: Ch6 _ 3 _ 2.xml -->
03: <library>
04:    <book code="P001">
05:       <title>C语言程序设计示例教本</title>
06:       <author>陈允杰</author>
07:       <price>65</price>
08:       <year>2016</year>
09:    </book>
10:    <book code="P002">
11:       <title>Python程序设计示例教本</title>
12:       <author>陈允杰</author>
13:       <price>65</price>
14:       <year>2017</year>
15:    </book>
16:    <book code="P003">
17:       <title>PHP网页设计示例教本</title>
18:       <author>陈会安</author>
19:       <price>60</price>
20:       <year>2018</year>
21:    </book>
22: </library>
```

上述 XML 文件对于 XPath 数据模型来说，就是由各节点组合成的树状结构，如图 6-3 所示。

上述树状结构的根节点是 root，其下有 3 个子节点：PI 节点、注释和根元素 library。library 元素节点拥有 3 个 book 子节点，每一个 book 节点拥有 4 个子节点和一个属性节点 code（图中使用 @code 来区分元素节点），最后是 text 文字节点。

第 6 章 使用 XPath 表达式与 lxml 包创建爬虫程序

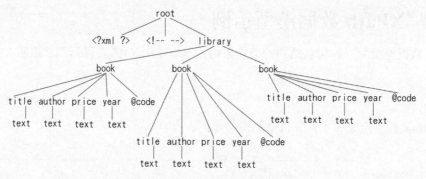

图6-3 示例XML文件XPath数据模型

✪ 节点种类

在 XPath 数据模型树状结构的节点种类见表 6–4。

表6–4 示例节点种类

节点种类	说　明
根节点	整个 XML 文件，即 root 节点
元素节点	元素节点有 library、book、title、author、price 和 year 节点
属性节点	book 元素拥有属性节点 code
文字节点	元素节点如果不是空元素，就是拥有文字节点，如所有 text 节点
PI 节点	XML 文件声明是一个 PI 节点，如 <?xml?>
注释节点	root 节点拥有一个注释子节点，即 <!-- -->
命名空间节点	XML 文件并没有命名空间节点

✪ 节点关系

XPath 数据模型的树状结构可以清楚地描述节点之间的前后关系，各节点拥有的关系说明如下所示。

❖ 父关系（Parent）：元素和属性节点拥有父节点，如 author 节点的父节点是 book。

❖ 子关系（Children）：元素节点可以拥有零个、一个或多个子节点，如 library 节点拥有三个 book 子节点。

❖ 兄弟关系（Siblings）：节点拥有相同的父节点，称为兄弟节点，如 title、author、price 和 year 拥有相同的父节点 book，所以它们是兄弟节点。

❖ 祖先关系（Ancestors）：一个节点的父节点和其父节点的父节点称为祖先节点，如 title 节点的祖先节点有 book 和 library 节点。

❖ 子孙关系（Descendants）：一个节点的子节点和其子节点的子节点称为子孙节点，如 library 节点的子孙节点有 book，book 的子节点有 title、author、price 和 year。

6-4 XPath 基本语法

XPath 用来描述节点相对其他节点的位置，也就是选择哪些符合条件的节点，称为位置路径（Location Path）。

6-4-1 认识 XPath 基本语法

XPath 位置路径是在 XML/HTML 选择一到多个节点位置，可以描述上下文节点之间的关系。

✪ 位置路径的语法

XPath 位置路径是使用"/"符号分隔的一系列位置步骤（Location Steps），其基本语法如下：

```
/位置步骤1/位置步骤2/...
位置步骤1/位置步骤2/...
```

上述位置路径如果是以"/"开始，就是 XML/HTML 的根节点，称为绝对位置路径（Absolute Location Path）。整个位置路径在经过数个位置步骤的运算后，可以在 XML/HTML 文件选出符合条件的节点。

在 XPath 位置路径的每一个位置步骤就是一个过滤节点的过程，即上下文节点之间的关系，以便定位指定元素的位置。

✪ 位置步骤的语法

位置步骤由轴、节点测试和谓词所组成，基本语法如下：

```
轴::节点测试[谓词]
```

上述语法从使用轴（Axis）开始，然后使用"::"符号连接节点测试（Node Test），也就是在此轴符合的节点有哪些节点，在方括号中是谓词（Predicates），这是进一步的过滤条件。

✪ XPath 位置路径的运算过程

XPath 位置路径的运算过程就是依序执行每一个位置步骤，每一个步骤过滤出与目前节点相关（上下文节点相关）的节点集合，这些节点集合经过每一个位置步骤的过滤，直到完成整个运算来找出所需的节点数据。

例如，查询 XML 文件 Ch6_3_2.xml 的 XPath 位置路径为：

```
/child::library/child::book[2]/child::author
```

上述位置路径是从"/"XML 文件的根节点开始执行每一个位置步骤的运算，其说明如下。

❊ 位置步骤 child:library：轴是 child 子节点，节点测试是 library，没有谓词，此步骤选取

XML 文件 root 节点下的 library 根元素节点。

* 位置步骤 child::book[2]：轴是 child 子节点，节点测试是 book，谓词是 [2]，此步骤是从 library 根元素节点开始，获取 book 子节点，使用谓词进一步过滤出第二个 book 子元素节点（索引从 1 开始）。

* 位置步骤 child::author：轴是 child 子节点，节点测试是 author，没有谓词，此步骤是从第二个 book 子元素节点开始，获取 author 子元素节点，如图 6-4 所示。

图6-4　查询XPath位置路径

上述完整 XPath 位置路径可以获取 library 根元素节点第二个子元素节点 book 的子元素节点 author，其值是作者：陈允杰。

6-4-2　轴

位置步骤的轴（Axis）用来定义目前位置和下一个位置之间的关系，简单地说，轴可以指出节点的搜索方向，以便在 XML/HTML 文件找寻所需的节点。

如果在位置步骤没有指定轴，其默认值是 child 子节点。位置步骤共有 13 种轴，其说明见表 6-5。

表6-5　位置步骤的13种轴

轴	说　明
self	节点本身，即自己
child	目前节点位置的子节点
parent	目前节点位置的父节点
descendant	目前节点位置的所有下一层子孙节点
descendant-or-self	目前节点位置的节点本身和所有下一层子孙节点
ancestor	目前节点位置的所有上一层的祖先节点
ancestor-or-self	目前节点位置的节点本身和所有上一层祖先节点
following	目前节点位置之后的所有节点，包含子节点和兄弟节点，但不包含孙节点
following-sibling	目前节点位置之后的所有兄弟节点，但不包含孙节点
preceding	目前节点位置之前的所有节点，包含父节点和兄弟节点，但不包含祖先节点
preceding-sibling	目前节点位置之前的所有兄弟节点，但不包含祖先节点

轴	说　明
attribute	目前节点的属性
namespace	目前节点的命名空间

✪ 在 HTML 网页使用列表标签　　　　　　　　◀Ch6_4_2.html▶

在 HTML 网页使用列表标签定义 5 本图书的书号和书价数据，其内容如下：

内容

```
01: <!DOCTYPE html>
02: <!-- 文件示例: Ch6 _ 4 _ 2.html -->
03: <html>
04: <head>
05: <meta charset="utf-8"/>
06: <title>XPath测试的HTML网页</title>
07: </head>
08: <body>
09: <div>
10:   <ul>
11:     <li id="P679">
12:       <span class="money">65</span>
13:     </li>
14:     <li id="P697">
15:       <span class="money">65</span>
16:     </li>
17:     <li id="P716">
18:       <span class="money">60</span>
19:     </li>
20:     <li id="S728">
21:       <span class="money">59</span>
22:     </li>
23:     <li id="P717">
24:       <span class="money">68</span>
25:     </li>
26:   </ul>
27: </div>
28: </body>
29: </html>
```

上述 HTML 网页使用 <ul> 和 <li> 标签显示 5 本图书的定价数据，可以用网络上的 XML 可视化工具来测试 XPath 表达式，如图 6-5 所示，其网址如下：

https://extendsclass.com/xpath-tester.html

图6-5　测试XPath表达式（1）

请复制 Ch6_4_2.html 的内容至上述 Your XML string 输入框中，然后在上方 Your XPath expression 对话框输入书号 P716 的 li 元素的 XPath，位置路径如下：

```
/child::html/child::body/child::div/child::ul/child::li[3]
```

Results 栏中会自动显示对应的 <li> 标签，表示获取此 HTML 标签。因为轴的默认值是 child，可以省略每一个步骤的 child::，即

```
/html/body/div/ul/li[3]
```

当然，也可以在 Chrome 开发者工具的 Console 标签输入 JavaScript 代码来测试 XPath 表达式，如图 6-6 所示，其位置路径如下：

```
$x("/html/body/div/ul/li[3]")
```

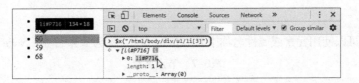

图6-6 测试XPath表达式（2）

上述位置路径可以选择 HTML 网页的第三个 li 元素节点。现在，可以使用 Ch6_4_2.html 来测试各种轴选取的元素节点，请注意！在表 6-6 的 XPath 位置路径只列出了最后一个位置步骤，如 self::*。完整的 XPath 位置路径为：

```
/child::html/child::body/child::div/child::ul/child::li[3]/self::*
或
/html/body/div/ul/li[3]/self::*
```

XPath 位置路径的各种轴选取的元素节点见表 6-6。

表6-6 XPath位置路径选取的元素节点

XPath位置路径	选取的元素节点
self::*	第三个 li 元素节点
child::*	下一层的 span 子元素节点
parent::*	上一层的 ul 父元素节点
descendant::*	span 元素节点
descendant-or-self::*	li 和 span 元素节点
ancestor::*	ul、div、body 和根节点 html
ancestor-or-self::*	li、ul、div、body 和根节点 html
following::*	第四个和第五个 li 元素节点和其 span 子元素节点
following-sibling::*	第四个和第五个 li 元素节点
preceding::*	第一个和第二个 li 元素节点和其 span 子元素节点
preceding-sibling::*	第一个和第二个 li 素节点
attribute::*	属性 id 节点值 P716

6-4-3 节点测试

节点测试（Node Test）是当位置步骤定义好轴的上下文节点关系后，指定选择哪些节点，如果有下一步的位置步骤，就是选出下一步所需的节点范围。节点测试包含节点名称、节点种类和万用字符。

✪ 节点名称

在节点测试可以使用元素或属性名称来获取指定节点，称为节点名称（Node Name），见表6-7。

表6-7　节点名称

节点测试	说　明
节点名称	指定元素或属性名称，如果有命名空间字首，也须一并加上。请注意！属性名称只能使用 attribute 轴

例如，在 XML 文件 Ch6_3_2.xml 选取所有 price 元素节点，可以从 / 根节点开始，通过每一步位置步骤的节点测试，使用节点名称来选取 XML 元素节点。例如，所有 book 子元素节点（省略 child 轴）的位置路径如下：

```
/library/book
library/book
```

上述位置路径分别是从根节点和根元素节点开始，使用默认 child 轴选取所有 book 子孙元素节点，见图 6-7。

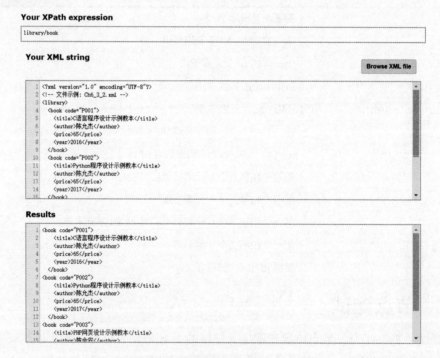

图6-7　选取所有book子孙元素节点

另外也可以使用 descendant-or-self 轴，其位置路径如下：

```
/descendant-or-self::price
```

上述位置路径可以获取根节点下所有 price 元素节点，在 XML 文件只要拥有 price 元素节点都符合位置路径条件。对于 XML 元素的属性，在找到指定元素节点后，可以使用 attribute 轴和属性名称来获取属性节点，即

```
/library/book/attribute::code
```

上述位置路径是从根节点开始，一层一层向下寻找子元素节点 book，最后找到所有 code 属性节点。

❂ 节点种类

XPath 节点测试可以使用节点种类（Node Kind）的相关函数来获取节点的内容，见表 6-8。

表6-8 节点种类

节点测试	说　明
text()	任何的文字节点
node()	任何节点

XML 文件如果需要选取 XPath 数据模型指定种类的节点内容时，可以使用表 6-8 中 XPath 相关函数来获取节点内容，其位置路径如下：

```
/descendant-or-self::text()
/descendant-or-self::node()
```

上述位置路径可以选取所有文字节点和所有节点。

❂ 万用字符

XPath 节点测试可以使用万用字符（Wildcard）"*"选取所有元素和属性节点，见表 6-9。

表6-9 万用字符

节点测试	说　明
*	万用字符，表示所有符合的元素和属性节点
字首 :*	拥有命名空间字首的万用字符，表示所有符合拥有字首的元素和属性节点，适用于 XML

以 Ch6_4_2.html 为例，万用字符的节点测试示例见表 6-10。

表6-10 XPath位置路径万用字符示例

XPath 位置路径示例	说　明
/html/body/div/ul/child::*	选取 ul 元素节点下所有 li 子元素节点
html/body/div/ul/child::*	选取 ul 元素节点下所有 li 子元素节点
/*/*/*/*/*/child::span	选取所有前面有 5 层的 span 元素节点
/descendant-or-self::*	选取所有元素节点，包含根元素节点
/descendant-or-self::span/attribute::*	选取所有 span 元素的属性节点

6-4-4 谓词

在位置步骤可以使用 0 到多个谓词（Predicates）来进一步过滤节点测试选取的节点，以便找出所需的节点数据或节点包含的特定值。

谓词是在中括号（[ ]）内定义的过滤条件，可以使用 XPath 运算符进行元素或属性值的比较，或使用 XPath 函数创建过滤条件。

✪ 使用比较运算符

谓词可以使用比较运算符创建过滤条件，详细 XPath 运算符说明请参阅 6-5-1 小节。以 Ch6_4_2.html 为例的 XPath 位置路径示例见表 6-11。

表6-11　谓词示例

XPath 位置路径示例	说　明
/descendant-or-self::li/span[attribute::class]	选择 li 元素拥有属性 class 的所有 span 子元素
/descendant-or-self::li[attribute::id='S728']	选择 li 元素拥有 id 属性值是 S728
/descendant-or-self::li[child::span > 60]	所有子元素 span 值大于 60 的 li 元素

✪ 使用索引位置

谓词可以使用数字指定子节点的索引位置，索引值从 1 开始。例如，在 Ch6_4_2.html 取出第三个 li 元素的 span 子元素，其位置路径如下：

```
/html/body/div/ul/li[3]/span
```

上述位置路径取出第三个 li 元素的 span 子元素，在倒数第二个位置步骤的谓词使用索引值 3，可以找出第三个 li 子节点。

以 Ch6_4_2.html 为例的 XPath 位置路径示例见表 6-12。

表6-12　使用数字指定索引位置

XPath 位置路径示例	说　明
/descendant-or-self::li[1]	选择第一个 li 元素
/descendant-or-self::li[3]	选择第三个 li 元素

✪ 使用 position() 和 last() 函数

XPath 可以使用 position() 函数返回目前节点的索引位置，last() 函数返回目前获取的节点数，即最后一个子节点的索引位置。以 Ch6_4_2.html 为例的 XPath 位置路径示例见表 6-13。

表6-13　使用position()和last()函数

XPath 位置路径示例	说　明
/descendant-or-self::li[position() <= 2]	使用 position() 函数获取索引位置小于等于 2 的 li 子节点
/descendant-or-self::li[last()]	使用 last() 函数选取最后一个 li 节点
/descendant-or-self::li[last()-1]	使用 last() 函数选取倒数第二个 li 节点

✪ 多重谓词

在 XPath 位置步骤可以同时使用多个谓词来创建过滤条件，其运算顺序是从左至右进行运算。下面是以 Ch6_4_2.html 为例的 XPath 位置路径示例，见表 6-14。

表6-14　多重谓词

XPath位置路径示例	说　明
/descendant-or-self::li[position() > 1] [span = 65]	选取索引位置大于 1 的 li 节点，而且其 span 子节点值为 65
/descendant-or-self::span[attribute::clas s='money'][3]	选择 span 节点拥有 class 属性值为 money，且为第三个 span 节点

6-4-5　XPath 表达式的缩写表示法

XPath 位置路径如果完整使用轴、节点测试和谓词来编写位置步骤，整个 XPath 位置路径将十分冗长，所以，XPath 提供缩写表示法来简化位置路径。本小节使用的 XML 文件示例是 Ch6_4_5.xml，其内容如下：

内容

```
01: <?xml version="1.0" encoding="utf-8"?>
02: <!-- 文件示例: Ch6 _ 4 _ 5.xml -->
03: <glossary>
04:   <item>
05:     <title lang="EN">eXtensible Markup Language</title>
06:     <definition>可扩充标记语言<title>XML</title>
07:     </definition>
08:     <num>1000</num>
09:   </item>
10:   <item>
11:     <title lang="TW">encoding</title>
12:     <definition>字码集</definition>
13:     <num>1020</num>
14:   </item>
15:   <item>
16:     <title lang="EN">Uniform Resource Identifier</title>
17:     <definition>统一资源标识符<title>URI</title>
18:     </definition>
19:     <num>2000</num>
20:   </item>
21: </glossary>
```

上述 XML 文件的根元素是 glossary，其下拥有 3 个 item 子元素的名词定义数据。

XPath 位置路径提供缩写表示法，可以使用运算符来代替位置步骤的轴，见表 6-15。

表6-15　缩写表示法

运算符	说　明	位置路径的轴
none	没有使用运算符，表示是其子节点，默认值	child::
//	递归下层路径运算符，指出所有在节点下层的符合节点，不只是子节点，可以是子节点下层的子节点	/descendant-or-self::
.	目前的节点	self::
..	父节点	parent::
@	元素的属性	attribute::

　　XPath 位置路径使用缩写表示法的示例见表 6–16。

表6–16　XPath位置路径的缩写表示法示例

XPath 位置路径示例	说　明
/glossary	选取根元素 glossary
glossary/item	选取所有 glossary 子元素 item
/glossary/item/*	选取 /glossary/item 下的所有元素
//item	选取所有 item 元素
/glossary/item//title	选取所有 item 元素之下的 title 子孙元素
//item/.	选取所有 item 元素
//item/..	选取 item 元素的父元素 glossary
/*/*/*/title	选取所有前面有 3 层的 title 元素
//*	选取所有的元素
/glossary/item[1]/title	选取第一个 item 元素的 title 子元素
/glossary/item[2]/title	选取第二个 item 元素的 title 子元素
/glossary/item[last()]/title	选取最后一个 item 元素的 title 子元素
/glossary/item/title[@lang]	选取 item 元素下拥有属性 lang 的所有 title 元素
/glossary/item/title[@*]	选取 item 元素下拥有任何属性的所有 title 元素
/glossary/item/title[@lang='TW']	选取 item 元素下拥有属性 lang 值为 TW 的所有 title 元素
/glossary/item[num > 1000]	选取 item 元素的 num 子元素大于 1000 的所有 item 元素
/glossary/item[num > 1500]/title	选取 item 元素的 num 子元素大于 1500 的所有 title 元素

6-4-6　组合的位置路径

　　XPath 位置路径如果不止一个，可以使用组合运算符"|"来组合多个位置路径，也称为管

道，其语法如下：

位置路径 1 | 位置路径 2 | ...

以 Ch6_4_5.xml 的 XPath 组合位置路径示例见表 6-17。

表6-17 组合位置路径

XPath 位置路径示例	说　明
//item/title | // item/num	选取所有 item 的 title 和 num 子元素
//title | //definition	选取所有 item 和 definition 元素

6

6-5　XPath 运算符与函数

XPath 位置路径可以使用运算符或 XPath 函数来选取所需的节点，XPath 运算符支持基本数学和比较运算。

6-5-1　XPath 运算符

XPath 表达式可以使用 XPath 运算符执行计算或比较来创建条件，XPath 运算符说明见表 6-18。

表6-18　XPath 运算符

运算符	说　明	示　例	返回值
+	加法	8 + 3	11
–	减法	8 – 3	5
*	乘法	5 * 4	20
div	除法	6 div 3	2
=	等于	price = 55	如果 price 元素值是 55，返回 true；否则返回 false
!=	不等于	price != 55	如果 price 元素值不是 55，返回 true；否则返回 false
<	小于	price < 55	如果 price 元素值小于 55，返回 true；否则返回 false
<=	小于等于	price <= 55	如果 price 元素值小于等于 55，返回 true；否则返回 false
>	大于	price > 55	如果 price 元素值大于 55，返回 true；否则返回 false
>=	大于等于	price >= 55	如果 price 元素值大于等于 55，返回 true；否则返回 false
or	或	price=55 or price=65	如果 price 元素值等于 55 或等于 65，返回 true；否则返回 false
and	且	price>55 and price<65	如果 price 元素值大于 55 且小于 65，返回 true，否则返回 false
mod	余数	9 mod 2	1

6-5-2　XPath 函数

XPath 位置路径可以使用 XPath 函数获取所需的节点，XPath 提供多种函数来执行节点测试、布尔值、字符串处理和数学运算。

✪ 节点测试相关函数

节点测试相关函数见表 6-19。

表6-19　节点测试相关函数

XPath 函数	说　明
position()	返回元素的位置索引，从 1 开始
last()	返回选取的节点数，也就是最后一个节点的索引位置
count(node-test)	返回参数选取的节点数量

XPath 位置路径关于节点测试函数的示例（以 Ch6_4_5.xml 为例）见表 6-20。

表6-20　节点测试函数示例

XPath 位置路径示例	说　明
//*[count(title)=1]	所有元素拥有一个 title 子元素
//*[count(*)>=2]	所有元素拥有两个及以上子元素
//item[position() mod 2 = 1]	所有奇数位置索引的 title 元素
/glossary/item[position()=2]	第二个 item 子元素，即 item[2]

✪ 布尔值、字符串处理和数学运算的相关函数

布尔值、字符串处理和数学运算的相关函数见表 6-21。

表6-21　布尔值、字符串处理和数学运算的相关函数

XPath 函数	说　明
boolean(object)	返回参数转换成的布尔值
not(boolean)	参数 true 返回 false，false 返回 true
true()	返回 true
false()	返回 false
string(object)	返回参数转换成的字符串值
concat(str1, str2, ...)	返回结合所有参数的字符串
contains(str1, str2)	如果 str1 包含 str2，返回 true；否则返回 false
starts-with(str1, str2)	如果 str1 是由 str2 开始，返回 true；否则返回 false
substring(str, n1, n2)	返回参数 str 字符串从 n1 到 n2 的子字符串，如果没有 n2，就是从 n1 到最后
string-length(str)	返回参数 str 的 Unicode 字符数
normalize-space(str)	删除参数 str 前后的空白字符
translate(str1, str2, str3)	在 str1 寻找 str2，将它取代为 str3
number(object)	返回参数转换成的数值
sum(node-set)	返回参数节点测试的节点值总和
floor(n)	返回小于等于参数 n 的最大整数
ceiling(n)	返回大于等于参数 n 的最小整数
round(n)	返回最接近参数 n 的整数

6

6-6 XPath Helper 工具

XPath Helper 是 Chrome 浏览器的扩充功能，可以轻松生成、编辑和测试 XPath 表达式来查询 HTML 网页。

● 安装 XPath Helper

要在 Chrome 浏览器安装 XPath Helper，由于部分地区无法进入 Chrome 在线应用程序商店，需要选取本地的 XPath Helper 文件添加到 Chrome 中，其步骤如下：

① 启动 Chrome 浏览器输入网址，即可进入 Chrome 扩展程序，即

chrome://extensions/

② 在配套资源的 Tools → XPath Helper 文件夹中，提供了笔者已经准备好的 XPath Helper.crx 文件。将其拖进 Chrome 浏览器，此时浏览器会弹出如图 6-8 所示的对话框。

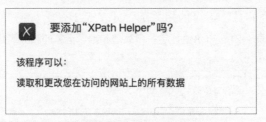

图6-8　安装XPath Helper

③ 单击"添加扩展程序"按钮，安装 XPath Helper，稍等一下，即可看到已经在工具栏中新增了扩展程序的图标，并显示如图 6-9 所示的提示框。

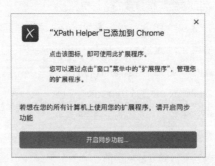

图6-9　成功安装XPath Helper

● 使用 XPath Helper

在成功新增 XPath Helper 扩展程序后，可以使用 XPath Helper 来获取 XPath 表达式。例如，在旗标科技网站找出《Python 数据科学与人工智能应用实战》一书对应的繁体版的封面图片和

书名文字的 XPath 表达式，此书是位于程序设计与算法分类，其网址如下：

http://www.flag.com.tw/books/school_code_n_algo

① 启动 Chrome 浏览器进入上述网址，然后单击右上方工具栏中的 XPath Helper 图标，可以在窗口上方看到 XPath Helper 工具栏，按住 Shift 键，然后移动光标来选取 HTML 元素。

② 先按住 Shift 键且移动光标至图书表格的外面，可以看到背景显示为黄色，在上方 XPath Helper 工具栏显示生成的 XPath 表达式，右边 RESULTS(1) 括号的数字 1，表示选取一个，如图 6-10 所示。

图6-10　选择HTML元素

③ 继续按住 Shift 键，并移动光标至《Python 数据科学与人工智能应用实战》对应繁体版图书的存储位置，可以看到背景显示为黄色，上方 XPath Helper 工具栏同步更改生成的 XPath 表达式，如图 6-11 所示。

图6-11　同步更改生成的XPath表达式（1）

④ 再继续按住 Shift 键，移动光标至《Python 数据科学与人工智能应用实战》对应繁体版图书的封面图片，可以看到目前的 XPath 表达式已经更改，如图 6-12 所示。

图6-12　同步更改生成的XPath表达式（2）

⑤　在成功选取此书的封面图片后，放开 Shift 键，在 XPath Helper 工具栏中复制选取此封面
　　图片的 XPath 表达式，即

```
/html/body[@class='homepage']/section[@class='allbooks']/table[@class='rwd-
table']/tbody/tr[4]/td[3]/a/img/@src
```

　　请注意！经笔者测试 lxml 解析 table 元素时，并没有 tbody 子元素，table 元素的子元素是
tr 元素，其表达式如下：

```
/html/body[@class='homepage']/section[@class='allbooks']/table[@class='rwd-
table']/tr[4]/td[3]/a/img/@src
```

⑥　在位于封面下方的书名上，再次按住 Shift 键，移动光标至《Python 数据科学与人工智能
　　应用实战》对应繁体版图书封面下方的书名文字，可以看到目前的 XPath 表达式马上同
　　步更改，如图 6-13 所示。

图6-13　书名XPath表达式

⑦ 在成功选取图书的书名后，放开 Shift 键，在 XPath Helper 工具栏中复制选取此封面图片的 XPath 表达式，即

```
/html/body[@class='homepage']/section[@class='allbooks']/table[@class='rwd-
table']/tbody/tr[4]/td[3]/a/p
```

✪ 编辑 XPath 表达式

在 XPath Helper 工具栏中可以直接编辑 XPath 表达式来测试 XPath 的查询结果。例如，修改 XPath 表达式查询所有 td 元素，可以看到选取了 91 个，如图 6-14 所示。

```
/html/body[@class='homepage']/section[@class='allbooks']//td
```

图6-14 编辑XPath表达式

1. 请举例说明什么是 XPath 语言，什么是 lxml 包。

2. 请简单说明如何使用 Requests 和 lxml 包来定位网页元素。

3. 请使用图例说明 XPath 数据模型。

4. 请说明 XPath 语言的基本语法。在位置步骤如果没有指定轴，其默认值是 _____。

5. 请问什么是谓词。在 XPath 节点测试可以使用 _____ 选取所有元素和属性节点。

6. 请写出两种不同的 XPath 位置路径，可以在 XML 文件 Ch6_3_2.xml 选取所有 price 元素节点。

7. 请使用 6-4-2 小节的 XML 可视化工具，在粘贴 Ch6_4_2.html 的 XML 文件后测试 6-4-2 ~ 6-4-4 小节各表格说明的 XPath 位置路径示例。

8. 请使用 6-4-2 小节的 XML 可视化工具，在粘贴 Ch6_4_5.xml 的 XML 文件后测试 6-4-5 小节的 XPath 位置路径示例。

7
CHAPTER

Selenium 表单互动
与动态网页爬取

7-1 认识动态网页与 Selenium

7-2 安装 Selenium

7-3 Selenium 的基本用法

7-4 定位网页数据与异常处理

7-5 与 HTML 表单进行互动

7-6 JavaScript 动态网页爬取

7-1 认识动态网页与 Selenium

动态网页（Dynamic Web Pages）是指 Web 网站会因用户互动、时间或各种参数而决定响应的网页内容。Selenium 可以帮助爬取动态网页内容。

7-1-1 动态网页的基础

动态网页（Dynamic Web Pages）就是指动态内容（Dynamic Content），也就是说，每一次浏览网页的内容可能都不同。例如，每日更新的股市信息、商品价格和当日新闻等，或因用户不同的互动，输入不同的关键字，而返回不同的查询结果。基本上，动态网页可以分为两种：客户端动态网页和服务器端动态网页。

✪ 客户端动态网页

客户端动态网页是在浏览器使用客户端脚本语言（Client-side Scripting），如 JavaScript，创建产生的动态网页内容。请注意！网页内容是在用户的计算机产生内容，并不是在 Web 服务器，其产生 HTML 网页内容的过程有两种，具体如下：

❊ 从 Web 服务器下载内含 JavaScript 代码的 HTML 网页后，浏览器执行 JavaScript 代码产生最后显示的网页内容，并与用户互动。

❊ 从 Web 服务器下载内含 JavaScript 代码的 HTML 网页后，JavaScript 程序会根据用户互动，使用 AJAX 技术从后台发送 HTTP 请求来获取产生网页内容的数据。

> **说　明**
>
> AJAX 是 Asynchronous JavaScript And XML 的缩写，即非同步 JavaScript 和 XML 技术。AJAX 可以让 Web 应用程序在浏览器创建出如同台式 Windows 应用程序般的使用界面，除了第一页网页，其他网页内容都是后台发送 HTTP 请求获取数据（大部分是 JSON 数据），并使用 JavaScript 代码来产生网页内容。

✪ 服务器端动态网页

在 Web 服务器使用服务器端脚本语言（Server-side Scripting），如 PHP、ASP.NET 和 JSP 等，在服务器执行服务器端脚本程序来产生响应至客户端的 HTML 网页内容，如登录表单、留言板、商品列表和购物车等。

7-1-2 认识 Selenium

对于网络爬虫来说，动态内容是指使用 JavaScript 代码产生的 HTML 网页内容，这些网页内容在浏览器查看原始代码时，看不到对应的 HTML 标签，所以无法使用 BeautifulSoup 或 lxml 来爬取数据。

✪ Selenium 自动浏览器

Selenium 是开源 Web 应用程序的软件测试框架，是一组跨平台的自动浏览器（Automates Browsers），其最初目的是帮助我们自动测试开发的 Web 应用程序。对于网络爬虫来说，Selenium 可以帮助我们爬取动态内容并与 HTML 表单或网页进行互动，其官方网址是：https://www.seleniumhq.org/。

基本上，Selenium 启动真实浏览器来进行网站操作自动化，不仅可以使用 CSS 选择器和 XPath 表达式定位网页数据来爬取即时的内容，包含 JavaScript 代码产生的 HTML 标签，而且也适用于 AJAX 技术的客户端动态网页数据的爬取。

不仅如此，Selenium 更可以直接与网页元素进行即时互动，让我们使用代码控制浏览器操作进行互动。例如，在登录表单输入用户名和密码来登录网站，也就是说，我们可以使用代码来控制 HTML 表单栏数据的输入、界面选择和发送表单等用户互动操作过程。

✪ Selenium 自动浏览器的元件

Selenium 自动浏览器并不是单一元件，而是由多种元件组成的完整自动测试包，其简单说明如下。

※ Selenium 集成开发环境（Selenium IDE）：它是 Firefox 附加元件和 Chrome 扩充功能，是一套创建 Selenium 测试的集成开发环境，可以录制、编辑和调试已经创建的 Selenium 测试。

※ Selenium 客户端 API（Selenium Client API）：Selenium 支持使用 Java、C#、Ruby、JavaScript 和 Python 语言来创建 Selenium 测试，使用 Selenium 客户端 API 的函数调用代码来与 Selenium 进行通信，即 Selenium WebDriver。

※ Selenium WebDriver：Selenium WebDriver 可以接收 Selenium 客户端 API 方法发送的命令来控制 Web 浏览器，支持 Firefox、Chrome、Internet Explorer、Safari 或 Microsoft Edge 浏览器。

以 Python 语言为例，创建 Python 程序，使用 Selenium 客户端 API 发送命令至 Selenium WebDriver，可以控制 Chrome 浏览器浏览网页内容来爬取所需的数据。

7-2 安装 Selenium

Selenium 的安装分为两部分，一是 Python 语言的 Selenium 客户端 API；二是针对指定浏览器的驱动程序，本书使用 Chrome 浏览器。

✪ 安装 Python 语言的 Selenium 客户端 API

Python 语言的 Selenium 客户端 API 称为 Python Bindings for Selenium，执行"开始"→ Anaconda3 (64-bits) → Anaconda Prompt 命令打开 Anaconda Prompt 命令提示符窗口后，输入指令来安装 Selenium 客户端 API，如图 7-1 所示。输入的指令如下：

```
(base) C:\Users\JOE>pip install selenium
```

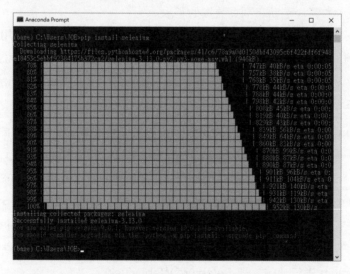

图7-1　安装Selenium客户端API

在成功安装 Python Bindings for Selenium 模块后，Python 程序可以导入 webdriver 模块，即

```
from selenium import webdriver
```

✪ 下载和安装指定浏览器的驱动程序

Selenium 可以通过驱动程序来控制真实的浏览器，需要根据使用的浏览器来下载和安装指定的驱动程序，见表 7-1。

表7-1　浏览器及对应的驱动程序

浏览器	驱动程序
Chrome	http://chromedriver.storage.googleapis.com/index.html
Edge	https://developer.microsoft.com/en-us/microsoft-edge/tools/webdriver/
Firefox	https://github.com/mozilla/geckodriver/releases
Safari	https://webkit.org/blog/6900/webdriver-support-in-safari-10/

以本书为例，下载 Chrome 浏览器的驱动程序，启动浏览器进入表 7-1 中的下载网址，如图 7-2 所示。

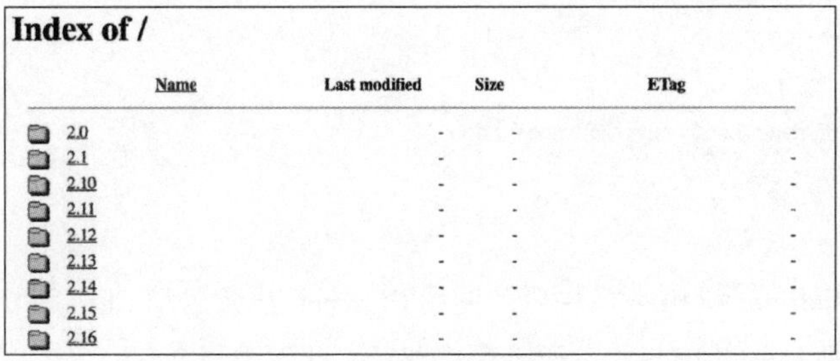

图7-2　Chrome浏览器驱动程序下载

请根据自己的 Chrome 版本选择 ChromeDriver 版本，单击对应的超链接后，可以看到下载文件列表，如图 7-3 所示。

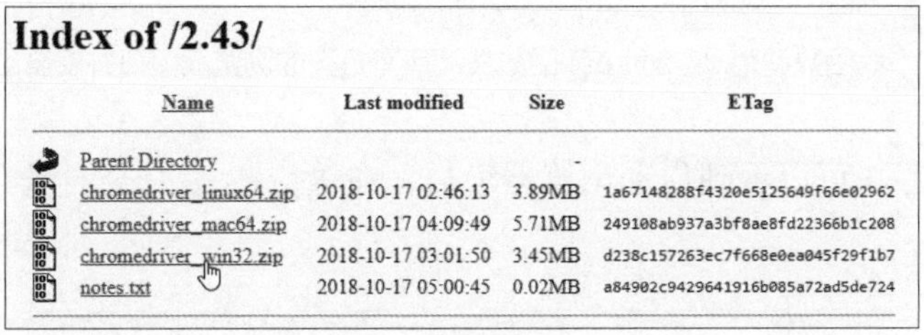

图7-3　下载文件列表

单击 chromedriver_win32.zip 下载 Windows 操作系统的驱动程序。成功下载 Chrom 浏览器的驱动程序文件后，请解压缩 ZIP 文件至配套文件中的"Ch07"文件夹下，即位于和本书 Python 程序相同的目录，可以在目录下看到 chromedriver.exe 驱动程序的执行文件。

7-3 Selenium 的基本用法

在 Anaconda 成功安装 Selenium 和浏览器驱动程序后，就可以使用 Selenium 启动 Chrome 浏览器来控制浏览器的网页浏览。

✪ 使用 Selenium 启动 Chrome 浏览器　　　　　　　　　　◀ Ch7_3.py ▶

在 Python 程序导入 webdriver 模块后，可以创建指定浏览器对象，代码如下：

```
from selenium import webdriver
import time

driver = webdriver.Chrome("./chromedriver")
time.sleep(5)
driver.quit()
```

上述代码导入 webdriver 和 time 模块后，调用 Chrome() 函数启动 Chrome 浏览器（Firefox 是调用 Firefox() 函数），参数是 chromedriver.exe 驱动程序路径，此例中与 Python 程序位于相同目录，然后调用 sleep() 函数暂停 5s 后，即可调用 close() 或 quit() 函数来关闭浏览器窗口，其说明见表 7-2。

表7-2　close()和quit()函数

函　数	说　明
webdriver.close()	关闭 WebDriver 目前打开的浏览器窗口
webdriver.quit()	此函数调用 dispose() 函数关闭所有打开的浏览器窗口并安全结束对话

执行 Python 程序，可以看到启动浏览器窗口，在等待 5s 后，会自动关闭窗口，如图 7-4 所示。

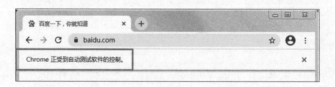

图7-4　自动控制Chrome浏览器

浏览器的上方显示"Chrome 正受到自动测试软件的控制"的信息，因为这是 Selenium 控制的浏览器窗口。

✪ 获取 HTML 网页的原始内容　　　　　　　　　　　　　　◀ Ch7_3a.py ▶

当 Selenium 启动浏览器后，可以浏览指定网址来载入网页，使用的是 get() 函数，代码如下：

```
from selenium import webdriver

driver = webdriver.Chrome("./chromedriver")
driver.implicitly_wait(10)
driver.get("http://example.com")
print(driver.title)
html = driver.page_source
print(html)
driver.quit()
```

上述代码调用 get() 函数获取 http://example.com 网站的首页，并且在之前调用 implicitly_
wait(10) 函数隐含等待 10s，以便等待浏览器成功载入 HTML 网页，参数 10s 是等待时间，当成
功载入就会马上结束等待，当然有可能等待更长时间，因为这会等到成功获取相关属性值为止。

浏览器在成功载入 HTML 网页创建 DOM 后，因为网页内容已经载入，所以使用 title 属性
获取 <title> 标签内容，由 page_source 属性可以获取 HTML 源码，其执行结果为先启动 Chrome
浏览器，载入并显示网页内容，如图 7-5 所示。

图7-5　载入并显示网页

然后在 Spyder 的 IPython console 中可以看到 page_source 属性值的 HTML 标签，第一行是
<title> 标签的内容，执行结果如下：

执行结果

```
Example Domain
<!DOCTYPE html><html xmlns="http://www.w3.org/1999/xhtml"><head>
    <title>Example Domain</title>
...
</head>

<body>
```

```
<div>
    <h1>Example Domain</h1>
    ...
</div>

</body></html>
```

☻ 解析存储成 HTML 网页文件 ◀ Ch7_3b.py ▶

因为 Selenium 获取的是浏览器即时产生的 HTML 标签码，Python 程序可以配合 BeautifulSoup 解析 HTML 标签码，并将它输出存储成 HTML 网页文件，以便进一步使用开发者工具来分析 HTML 标签，代码如下：

```
from selenium import webdriver
from bs4 import BeautifulSoup

driver = webdriver.Chrome("./chromedriver")
driver.implicitly_wait(10)
driver.get("http://example.com")
print(driver.title)
```

上述代码启动浏览器载入 http://example.com 的首页后，首先显示 <title> 标签，在下方创建 BeautifulSoup 对象，由参数 page_source 属性获取即时 HTML 标签字符串，代码如下：

```
soup = BeautifulSoup(driver.page_source, "lxml")
fp = open("index.html", "w", encoding="utf-8")
fp.write(soup.prettify())
print("写入文件index.html...")
fp.close()
driver.quit()
```

上述代码创建 BeautifulSoup 对象后，调用 open() 函数打开文件，write() 函数使用 prettify() 函数来格式化输出解析的 HTML 网页，可以存储成 index.html 文件，其执行结果如下：

执行结果
```
Example Domain
写入文件index.html...
```

在 Python 程序的同一目录下可以看到新增的 index.html 文件。

请注意！index.html 文件和网页实际 HTML 原始代码不一定相同，因为有些 HTML 标签可能是 JavaScript 代码产生的网页内容。

7

✪ 使用 Selenium 定位网页数据 〈 Ch7_3c.py 〉

Selenium 支持定位 HTML 网页数据的相关函数，可以调用 find_element_by_tag_name() 函数定位 <h1> 和 <p> 标签（更多定位函数的说明请参阅 7-4 节），代码如下：

```
h1 = driver.find_element_by_tag_name("h1")
print(h1.text)
p = driver.find_element_by_tag_name("p")
print(p.text)
driver.quit()
```

上述代码首先调用函数定位 <h1> 标签，再使用 text 属性获取标签内容（获取属性值的方法是调用 get_attribute() 函数），接着是 <p> 标签，执行结果如下：

执行结果

```
Example Domain
This domain is established to be used for illustrative examples in documents. You may
use this domain in examples without prior coordination or asking for permission.
```

请注意！ text 属性获取的是标签内容，如果需要获取 <h1> 标签的原始 HTML 标签（不含 <h1> 标签本身），请调用 get_attribute() 函数获取 "innerHTML" 属性值，标签内容如下：

```
html_h1 = h1.get_attribute("innerHTML")
```

如果 HTML 标签需要包含 <h1> 标签本身，请使用 "outerHTML" 属性，标签内容如下：

```
html_h1 = h1.get_attribute("outerHTML")
```

✪ 使用 BeautifulSoup 定位网页数据 〈 Ch7_3d.py 〉

除了使用 Selenium 的定位函数外，可以在使用 Selenium 获取 HTML 标签字符串后搭配 BeautifulSoup 来解析和爬取数据，代码如下：

```
soup = BeautifulSoup(driver.page_source, "lxml")
tag_h1 = soup.find("h1")
print(tag_h1.string)
tag_p = soup.find("p")
print(tag_p.string)
driver.quit()
```

上述代码创建 BeautifulSoup 对象解析 HTML 标签字符串后，调用 find() 函数分别找出 <h1> 和 <p> 标签，再利用 string 属性获取标签内容。其执行结果如下：

7

```
Example Domain
This domain is established to be used for illustrative examples in documents. You
may use this domain in examples without prior coordination or asking for
permission.
```

　　与 Python 程序 Ch7_3c.py 的执行结果相比较，可以发现 BeautifulSoup 解析的 <p> 标签内容会保留换行字符 \n，以及多余空白字符。

7-4 定位网页数据与异常处理

Selenium 支持多种网页数据定位函数，可以使用 id 属性、class 属性、标签名称、CSS 选择器和 XPath 表达式来定位网页数据。

7-4-1 认识 Selenium 网页数据定位函数

Selenium 除了搭配 BeautifulSoup 函数库来定位和搜索网页数据外，其本身也支持两组网页数据定位函数，具体如下。

❋ find_element_by_??() 函数：函数使用 find_element_by 开头，可以获取 HTML 网页中符合条件的第一个 HTML 元素，就算有多个元素符合条件，也只会取回第一个。

❋ find_elements_by_??() 函数：函数使用 find_elements_by 开头（请注意！是 elements），可以获取符合条件的 HTML 元素列表。

❂ Selenium 网页数据定位函数

下面以 find_element_by_??() 函数为例，说明 Selenium 的网页数据定位函数，见表 7-3。

表7-3　网页数据定位函数

网页数据定位函数	说　明
find_element_by_id()	使用 id 属性值定位网页数据
find_element_by_name()	使用 name 属性值定位网页数据
find_element_by_xpath()	使用 XPath 表达式定位网页数据
find_element_by_link_text()	使用超链接文字定位网页数据
find_element_by_partial_link_text()	使用部分超链接文字定位网页数据
find_element_by_tag_name()	使用标签名称定位网页数据
find_element_by_class_name()	使用 class 属性值定位网页数据
find_element_by_css_selector()	使用 CSS 选择器定位网页数据

❂ 本节使用的示例 HTML 网页文件

本节使用的示例 HTML 网页文件是 Ch7_4.html，网页文件如下：

```
<!DOCTYPE html>
<html>
  <head>
    <meta charset="utf-8"/>
    <title>定位函数测试的HTML网页文件</title>
  </head>
  <body>
    <h3 class="content">请输入名称和密码登录网站...</h3>
    <form id="loginForm">
     名称:
     <input type="text" name="username" id="loginName"/><br/>
     密码:
     <input type="text" name="password" id="loginPwd"/><br/>
     <input type="submit" name="continue" value="登录"/>
     <input type="button" name="continue" value="清除"/>
    </form>
    <p class="question">确认执行登录操作?</p>
    <a href="continue.html">Continue</a>
    <a href="cancel.html">取消</a>
  </body>
</html>
```

7-4-2　使用网页数据定位函数

　　为了方便测试 7-4-1 小节 Selenium 网页数据定位函数，本小节的 Python 程序是载入本机
HTML 文件来进行测试的，代码如下：

```
from selenium import webdriver
import os

driver = webdriver.Chrome("./chromedriver")
html_path = "file:///" +os.path.abspath("Ch7_4.html")
driver.implicitly_wait(10)
driver.get(html_path)
```

　　上述代码导入 webdriver 和 os 模块后，创建本机 Ch7_4.html 的 HTML 文件路径后，调用
get() 函数载入 HTML 文件内容，接着就可以测试执行 Selenium 网页数据定位函数。

◎ 使用 id 属性定位网页数据　　　　　　　　　　　　　　　　　　　　〈Ch7_4_2.py〉

　　可以调用 find_element_by_id() 函数，使用 id 属性值来定位网页数据，请注意！因为 HTML

网页的 id 属性值是唯一的，所以没有对应的 find_elements_by_id() 函数，代码如下：

```
form = driver.find_element_by_id("loginForm")
print(form.tag_name)
print(form.get_attribute("id"))
```

上述代码使用 id 属性值 "loginForm" 找到 HTML 元素后，使用 tag_name 属性获取标签名称，调用 get_attribute() 函数获取参数 id 属性值，执行结果如下：

执行结果
```
form
loginForm
```

✪ 使用 name 属性定位网页数据 ◀Ch7_4_2a.py▶

一般来说，HTML 表单字段都会有 name 属性值，所以可以使用 find_element_by_name() 函数以 name 属性值来定位网页数据，代码如下：

```
user = driver.find_element_by_name("username")
print(user.tag_name)
print(user.get_attribute("type"))
```

上述代码使用 name 属性值 "username" 找到 HTML 元素后，使用 tag_name 属性获取标签名称，调用 get_attribute() 函数获取参数 id 属性值，其执行结果如下：

执行结果
```
input
text
```

因为 name 属性值并非唯一值，所以支持 find_elements_by_name() 函数（请注意！是 elements）找出所有同名的 name 属性值，代码如下：

```
eles = driver.find_elements_by_name("continue")
for ele in eles:
    print(ele.get_attribute("type"))
```

上述代码使用 name 属性值 "continue" 找出同名的所有 HTML 元素后，使用 for-in 循环显示每一个 HTML 元素的 type 属性值，其执行结果如下：

执行结果
```
submit
button
```

✪ 使用 XPath 表达式定位网页数据 ◀Ch7_4_2b.py▶

Selenium 支持 XPath 表达式定位网页数据，使用的是 find_elements_by_xpath() 函数，首先，

定位 <form> 标签，代码如下：

```
form1 = driver.find_element_by_xpath("/html/body/form[1]")
print(form1.tag_name)
form2 = driver.find_element_by_xpath("//form[1]")
print(form2.tag_name)
form3 = driver.find_element_by_xpath("//form[@id='loginForm']")
print(form3.tag_name)
```

上述代码使用 XPath 表达式分别找出第一个 <form> 标签和 id 属性值 "loginForm" 的 <form> 标签后，使用 tag_name 属性获取标签名称。其执行结果如下：

执行结果
```
form
form
form
```

接着，找出密码字段的 <input> 标签，代码如下：

```
pwd1 = driver.find_element_by_xpath("//form/input[2][@name='password']")
print(pwd1.get_attribute("type"))
pwd2 = driver.find_element_by_xpath("//form[@id='loginForm']/input[2]")
print(pwd2.get_attribute("type"))
pwd3 = driver.find_element_by_xpath("//input[@name='password']")
print(pwd3.get_attribute("type"))
```

上述代码使用 XPath 表达式分别找出 <form> 标签的第二个 <input> 子标签和 name 属性值为 "password" 的 <input> 标签后，使用 get_attribute() 函数获取 type 属性值，其执行结果如下：

执行结果
```
text
text
text
```

最后，找出清除按钮的 <input> 标签，代码如下：

```
clear1 = driver.find_element_by_xpath("//input[@name='continue']
[@type='button']")
print(clear1.get_attribute("type"))
clear2 = driver.find_element_by_xpath("//form[@id='loginForm']/input[4]")
print(clear2.get_attribute("type"))
```

上述代码使用 XPath 表达式，通过 name 和 type 属性值找出 <input> 标签，并定位第 4 个 <input> 标签后，使用 get_attribute() 函数获取 type 属性值，其执行结果如下：

```
button
button
```

✪ 使用超链接文字定位网页数据 `Ch7_4_2c.py`

find_element_by_link_text() 函数和 find_element_by_partial_link_text() 函数可以使用超链接的文字内容或部分文字内容来定位网页数据，代码如下：

```
link1 = driver.find_element_by_link_text('Continue')
print(link1.text)
link2 = driver.find_element_by_partial_link_text('Conti')
print(link2.text)
link3 = driver.find_element_by_link_text('取消')
print(link3.text)
link4 = driver.find_element_by_partial_link_text('取')
print(link4.text)
```

上述代码分别使用英文和中文超链接的文字内容或部分文字内容来定位 <a> 标签，text 属性可以显示标签内容，其执行结果如下：

执行结果

```
Continue
Continue
取消
取消
```

✪ 使用标签名称定位网页数据 `Ch7_4_2d.py`

可以使用 find_element_by_tag_name() 函数以标签名称来定位网页数据，代码如下：

```
h3 = driver.find_element_by_tag_name("h3")
print(h3.text)
p = driver.find_element_by_tag_name("p")
print(p.text)
```

上述代码使用标签名称找出 <h3> 和 <p> 标签后，使用 text 属性获取标签内容，其执行结果如下：

执行结果

```
请输入名称和密码登录网站…
确认执行登录操作?
```

✪ 使用 class 属性定位网页数据 `Ch7_4_2e.py`

可以调用 find_element_by_class_name() 函数，使用 class 属性值来定位网页数据，代码如下：

```
content = driver.find_element_by_class_name("content")
print(content.text)
```

上述代码找出 class 属性值为 "content" 的 HTML 标签后，使用 text 属性获取标签内容，其执行结果如下：

执行结果

请输入名称和密码登录网站...

☯ 使用 CSS 选择器定位网页数据 ⟨Ch7_4_2f.py⟩

可以调用 find_element_by_css_selector() 函数使用 CSS 选择器来定位网页数据，代码如下：

```
content = driver.find_element_by_css_selector("h3.content")
print(content.text)
p = driver.find_element_by_css_selector("p")
print(p.text)
```

上述代码使用 CSS 选择器定位 <h3> 和 <p> 标签后，使用 text 属性获取标签内容，其执行结果如下：

执行结果

请输入名称和密码登录网站...
确认执行登录操作?

7-4-3 Selenium 异常对象

Selenium 常用的异常对象说明见表 7-4。

表7-4　Selenium异常对象

异常对象	说　明
ElementNotSelectableException	选取的是不允许被选取的元素
ElementNotVisibleException	元素存在，但是不可见
ErrorInResponseException	服务器端响应错误
NoSuchAttributeException	选取元素的指定属性并不存在
NoSuchElementException	选取的元素不存在
TimeoutException	超时

☯ 元素不存在的异常处理 ⟨Ch7_4_3.py⟩

当 Selenium 调用 find_element_by_??() 函数，定位到不存在的 HTML 元素时，就会抛出 NoSuchElementException 异常，代码如下：

```
from selenium import webdriver
from selenium.common.exceptions import NoSuchElementException
import os
```

上述代码导入 NoSuchElementException 后，载入 Ch7_4.html 的本机 HTML 网页文件，文件内容如下：

```
driver = webdriver.Chrome("./chromedriver")
html_path = "file:///" +os.path.abspath("Ch7_4.html")
driver.implicitly_wait(10)
driver.get(html_path)
try:
    content = driver.find_element_by_css_selector("h2.content")
    print(content.text)
except NoSuchElementException:
    print("选取的元素不存在...")
driver.quit()
```

上述 try-except 异常处理可以处理 NoSuchElementException 异常，因为 h2 元素不存在，所以抛出异常显示 except 区块的错误信息，执行结果如下：

执行结果

> 选取的元素不存在...

7-5　与 HTML 表单进行互动

Selenium 是 Web 应用程序的自动测试工具，可以创建 Python 程序，使用代码来模拟用户与 HTML 表单的互动过程。

7-5-1　与 Bing 搜索表单进行互动

Selenium 可以使用 send_keys() 函数发送键盘按键来模拟用户在浏览器的操作。例如，使用 Bing 搜索 xpath 关键字，其步骤如下：

1 启动 Chrome 浏览器进入 https://cn.bing.com，如图 7-6 所示。

图7-6　进行Bing首页

2 在搜索栏输入关键字 xpath 后，按下 Enter 键，马上可以看到 Bing 响应搜索结果的网址列表，如图 7-7 所示。

图7-7　搜索结果网址列表

☉ 定位 Bing 搜索栏和搜索结果项目

用户在浏览器执行 Bing 搜索的步骤，可以创建 Python 程序使用 Selenium 来模拟执行。首先，需要定位输入关键字栏的 HTML 元素，请使用第 6 章介绍过的 XPath Helper 找出输入栏的 xpath 节点，如图 7-8 所示。

图7-8　输入栏的xpath节点

上述 XPath Helper 找出 xpath 节点 //input[@ id='sb_form_q'] 后，使用开发者工具定位搜索结果的列表，如图 7-9 所示。

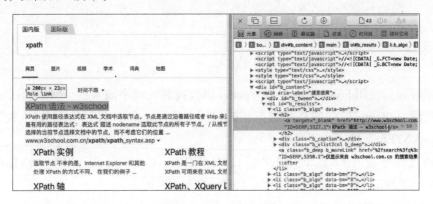

图7-9　定位搜索结果列表

选取超链接文字后，在开发者工具可以看到一个 <a> 标签，可以复制 XPath 表达式，代码如下：

```
//*[@id="b_results"]/li[1]/h2/a
```

上述表达式只定位第一个搜索结果，因为每一个搜索结果的项目是 <li> 标签，标签如下：

```
<li class="b_algo" data-bm="6">
<h2>
...
<a target="_blank" href="http://www.w3school.com.cn/xpath/xpath_syntax.asp"
h="ID=SERP,5127.1">
XPath 语法 - w3school
...
</a></h2></a></li>
```

通过上述 <li class="b_algo"> 标签，可以改写 XPath 表达式定位出所有搜索结果列表的项目，接着即可获取之下 <a> 标签的文本和 <a> 超链接的网址，即：

```
//li[@class='b_algo']
```

✪ 使用 Selenium 模拟执行 Bing 搜索（一）　　Ch7_5_1.py

现在，可以编写 Python 程序，使用 Selenium 模拟执行 Bing 搜索，即：

```
from selenium import webdriver
from selenium.webdriver.common.keys import Keys
```

上述代码除了导入 webdriver 外，还导入了 Keys，这是 send_keys() 函数常用的按键常量，然后载入 Bing 搜索网页，代码如下：

```
driver = webdriver.Chrome("./chromedriver")
driver.implicitly_wait(10)
url = "https://cn.bing.com"
driver.get(url)

keyword = driver.find_element_by_xpath("//input[@id='sb_form_q']")
keyword.send_keys("XPath")
keyword.send_keys(Keys.ENTER);
```

上述代码首先使用 find_element_by_xpath() 函数找到关键字输入栏，然后调用 send_keys() 函数发送关键字 "xpath"，如同使用键盘在搜索栏中输入 xpath，最后按下 Enter 键开始搜索，即发送 Keys.ENTER 常量。

常用的按键常量有 ENTER、SHIFT、LEFT_SHIFT、CONTROL、LEFT_CONTROL、ALT、LEFT_ALT、SPACE 等，完整的按键常量列表请参考下列网址。

https://seleniumhq.github.io/selenium/docs/api/java/org/openqa/selenium/Keys.html

接着，Bing 搜索在响应搜索结果后，可以使用 XPath 表达式取回所有搜索结果的项目名称和网址，代码如下：

```
items = driver.find_elements_by_xpath("//li[@class='b_algo']")

for item in items:
    a = item.find_element_by_tag_name("a")
    print(a.get_attribute("href"))
    print(a.text)

driver.quit()
```

上述代码调用 find_elements_by_xpath() 函数获取所有项目列表，然后使用 for-in 循环一一取出项目，再找出之下的 <a> 标签的文本和 <a> 标签的 href 属性值，即网址，其执行结果如下：

执行结果

```
http://www.w3school.com.cn/xpath/xpath _ syntax.asp
XPath 语法-w3school
https://baike.baidu.com/item/XPath/5574064
XPath _ 百度百科
https://www.runoob.com/xpath/xpath-tutorial.html
XPath 教程|菜鸟教程
https://zhuanlan.zhihu.com/p/26303926
Python爬虫(2):XPath语法-知乎
https://blog.csdn.net/u013332124/article/details/80621638
xPath 用法总结整理 _ 网络 _ u013332124的专栏-CSDN博客
https://jingyan.baidu.com/article/380abd0ad6a6a71d90192cfd.html
xpath定位方法-百度经验
https://chromecj.com/web-development/2018-01/892.html
XPath Helper-Chrome插件(谷歌浏览器插件)
https://cuiqingcai.com/2621.html
Python爬虫利器三之XPath语法与lxml库的用法|静觅
https://www.cnblogs.com/gaochsh/p/6757475.html
python中使用XPath-gaomatlab-博客园

Process finished with exit code 0
https://www.w3.org/TR/xpath/all/
XPath|MDN
https://developer.mozilla.org/en-US/docs/Web/XPath
Free Online XPath Tester/Evaluator-FreeFormatter.com
https://www.freeformatter.com/xpath-tester.html
```

✪ 使用 Selenium 模拟执行 Bing 搜索（二）　◀Ch7_5_1a.py▶

Python 程序 Ch7_5_1.py 是使用按键 Keys.ENTER 发送表单，因为关键字栏右侧有一个"搜索"按钮，可以使用 Selenium 模拟单击此按钮来发送表单，代码如下：

```
keyword = driver.find_element_by_xpath("//input[@id='sb_form_q']")
keyword.send_keys("xpath")
button = driver.find_element_by_xpath("//input[@id='sb_form_go']")
button.click()
```

上述代码找到关键字栏并输入 xpath 关键字后，调用 find_element_by_xpath() 函数选取下方的"发送"按钮，即可调用 click() 函数模拟单击此按钮，其执行结果和 Ch7_5_1.py 完全相同。

▌7-5-2　与 GitHub 网站登录表单进行互动

在 2-4-4 小节，使用 Requests 发送认证 HTTP 请求来使用 API 界面登录 GitHub 网站，本

7

小节编写 Python 程序用 Selenium 直接模拟登录 https://github.com/ 网站。

请注意！测试本小节 Python 程序前，请先注册 GitHub 获取用户名和密码。

✪ GitHub 网站的登录表单

GitHub 网站登录表单的网址为 https://github.com/login，如图 7–10 所示。

图7–10　GitHub登录表单

上述两个文本字段和按钮的 CSS 选择器见表 7–5。

表7–5　文本字段和按钮的CSS选择器

HTML元素	CSS选择器
Username 文本字段	#login_field
Password 文本字段	#password
Sign in 按钮	input.btn.btn–primary.btn–block

✪ 使用 Selenium 模拟登录 GitHub 网站　　　　◀Ch7_5_2.py▶

创建 Python 程序，使用 Selenium 模拟登录 GitHub 网站后，爬取网页上方菜单的 4 个选项：Pull requests、Issues、Marketplace 和 Explore，如图 7–11 所示。

图7–11　GitHub菜单

7

调用 get() 函数载入 GitHub 网站的登录表单后，即可开始登录程序，代码如下：

```
from selenium import webdriver

driver = webdriver.Chrome("./chromedriver")
driver.implicitly_wait(10)
url = "https://github.com/login"
driver.get(url)

username = "hueyan@ms2.hinet.net"
password = "********"
user = driver.find_element_by_css_selector("#login_field")
user.send_keys(username)
pwd = driver.find_element_by_css_selector("#password")
pwd.send_keys(password)
button=driver.find_element_by_css_selector("input.btn.btn-primary.btn-block")
button.click()
```

上述代码首先使用 CSS 选择器选择用户名字段，调用 send_keys() 函数发送用户名后，接着发送密码，最后获取 Sign in 按钮，调用 click() 函数登录网站。

在成功登录网站后，可以爬取网站数据，使用的是 XPath 表达式，代码如下：

```
items = driver.find_elements_by_xpath("//header/div/div[2]/div[1]/ul/li/a")

for item in items:
    print(item.text)
    print(item.get_attribute("href"))

driver.quit()
```

上述代码使用 XPath 表达式获取菜单项目的 a 元素后，使用 for-in 循环一一显示名称和网址，其执行结果如下：

执行结果

```
Pull requests
https://github.com/pulls
Issues
https://github.com/issues
Marketplace
https://github.com/marketplace
Explore
https://github.com/explore
```

7-5-3 Selenium 动作链

Selenium 动作链（Action Chain）可以创建一系列低阶的网页自动操作函数，如移动鼠标、单击鼠标左右键或快捷菜单等。换句话说，可以使用动作链来模拟选择网站的菜单选项。

✪ Selenium 动作链的相关函数

Selenium 动作链的相关函数说明见表 7-6。

表7-6　Selenium动作链的相关函数

函　数	说　明
click()	单击元素
click_and_hold()	在元素上按住鼠标左键
context_click()	在元素上按住鼠标右键
double_click()	双击元素
move_to_element()	移动鼠标光标至元素的中间
key_up()	放开键盘的某一按键
key_down()	按下键盘的某一按键
perform()	执行所有存储的动作
send_keys()	发送按键至目前的元素
release()	在元素上松开鼠标按键

✪ 使用动作链选择下拉菜单的选项　　　◀Ch7_5_3.py▶

在此要用 Python 程序使用 Selenium 动作链，选择 python.org 网站下拉菜单的选项，如图 7-12 所示。

图7-12　选择下拉菜单选项

将光标移到 About 后，选择第一个选项的 Applications，即可进入 https://www.python.org/about/apps/，如图 7-13 所示。

图7-13　About→Applications

上述 About 和 Applications 的 CSS 选择器见表 7-7。

表7-7　About和Applications的CSS选择器

HTML 元素	CSS 选择器
About	#about
Applications	#about>ul>li.tier-2.element-1

Python 代码在导入 ActionChains 后，可以整合相关函数创建动作链来选择下拉菜单的选项，代码如下：

```
from selenium import webdriver
from selenium.webdriver.common.action_chains import ActionChains
import time

driver = webdriver.Chrome("./chromedriver")
driver.implicitly_wait(10)
url = "https://www.python.org/"
driver.get(url)
```

上述代码导入相关模块后，载入 Python 官网的首页，即可定位菜单和项目的 HTML 元素，代码如下：

```
menu = driver.find_element_by_css_selector("#about")
item = driver.find_element_by_css_selector("#about>ul>li.tier-2.element-1")

actions = ActionChains(driver)
actions.move_to_element(menu)
actions.click(item)
actions.perform()
```

```
time.sleep(5)
driver.quit()
```

上述代码使用 CSS 选择器选取 About 选项和 Applications 选项后，创建 ActionChains 动作链 actions，依次执行 move_to_element()、click() 和 perform() 函数，由执行结果可以看到与之前相同的步骤，选择下拉菜单的选项进入 Applications 网页。

Python 程序 Ch7_5_3.py 一步一步地调用函数来创建 ActionChains 动作链，也可以直接在同一行依次串联调用这些函数（Python 程序：Ch7_5_3a.py），即：

```
ActionChains(driver).move_to_element(menu).click(item).perform()
```

7-6 JavaScript 动态网页爬取

Selenium 不仅可以与 HTML 表单进行互动，还可以从 JavaScript 产生的动态网页爬取出所需数据。简单地说，Selenium 可以获取浏览器即时产生的 HTML 网页内容，包含执行 JavaScript 程序后修改的 DOM。

7-6-1 爬取“Hahow 好学校”的课程信息

“Hahow 好学校”是中国台湾地区的一个跨领域线上课程平台，所有课程信息会公布在其网站上，网址为 https://hahow.in/courses，如图 7-14 所示。

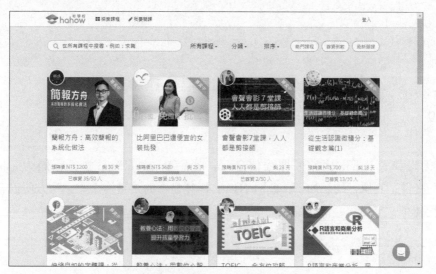

图7-14 Hahow好学校首页

上述网页的每一个方框是一门开课信息，查看网页的 HTML 源码，如图 7-15 所示。

```
1 <!DOCTYPE html><html lang="zh-TW"><head><meta charset="utf-8"><meta name="viewport" content="width=device-width,initial-
scale=1"><title>Hahow 好學校 | 最有趣的線上課程平台 | 自學那些學校沒教的事</title><link rel="shortcut icon"
href="https://hahow.in/favicon.ico"><link rel="apple-touch-icon" href="https://hahow.in/highres-icon.png"><link rel="apple-
touch-icon" href="https://hahow.in/apple-touch-icon.png"><link rel="mask-icon" href="https://hahow.in/website_icon.svg"
color="#eb5e00"><script type="text/javascript">!function(){var t=window.analytics=window.analytics||
[];if(!t.initialize)if(t.invoked)window.console&&console.error&&console.error("Segment snippet included
twice.");else{t.invoked=!0,t.methods=
["trackSubmit","trackClick","trackLink","trackForm","pageview","identify","reset","group","track","ready","alias","debug","page
","once","off","on"],t.factory=function(e){return function(){var n=Array.prototype.slice.call(arguments);return
n.unshift(e),t.push(n),t}};for(var e=0;e<t.methods.length;e++){var n=t.methods[e];t[n]=t.factory(n)}t.load=function(t){var
e=document.createElement("script");e.type="text/javascript",e.async=!0,e.src=
("https:"===document.location.protocol?"https://":"http://")+"cdn.segment.com/analytics.js/v1/"+t+"/analytics.min.js";var
n=document.getElementsByTagName("script")[0];n.parentNode.insertBefore(e,n)},t.SNIPPET_VERSION="4.0.0"}}()</script>
<script>!function(t,h,e,j,s,n){t.hj=t.hj||function(){(t.hj.q=t.hj.q||[]).push(arguments)},t._hjSettings=
{hjid:301739,hjsv:6},s=h.getElementsByTagName("head")[0],
(n=h.createElement("script")).async=1,n.src="https://static.hotjar.com/c/hotjar-"+t._hjSettings.hjid+".js?
sv="+t._hjSettings.hjsv,s.appendChild(n)}(window,document)</script><link href="https://hahow.in/static/css/main.f52dffe2.css"
rel="stylesheet"></head><body><div id="fb-root"></div><script>!function(e,t,n){var o,c=e.getElementsByTagName(t)
[0];e.getElementById(n)||
((o=e.createElement(t)).id=n,o.src="//connect.facebook.net/zh_TW/sdk.js#xfbml=1&version=v2.9&appId=1287520694621477",c.parentNo
de.insertBefore(o,c))}(document,"script","facebook-jssdk")</script><div id="root"></div><script
src="//fast.wistia.com/assets/external/E-v1.js" async></script><script type="text/javascript"
src="https://hahow.in/static/js/main.515805be.js"></script></body></html>
```

图7-15 Hahow好学校首页源码

上述 HTML 源码大部分是 JavaScript 代码，根本看不到课程信息的 HTML 标签，因为网页内容是使用 JavaScript 动态生成的。

✪ 存储 Hahow 课程信息的动态网页　　　　　　　　　　　◀ Ch7_6_1.py ▶

为了分析动态网页内容，可以使用 Selenium 获取 JavaScript 生成的网页内容，即存储成静态网页。请修改 Python 程序 Ch7_3b.py，改为存储 https://hahow.in/courses 课程数据的网页内容，代码如下：

```python
from selenium import webdriver
from bs4 import BeautifulSoup

driver = webdriver.Chrome("./chromedriver")
driver.implicitly_wait(10)
driver.get("https://hahow.in/courses")
print(driver.title)
soup = BeautifulSoup(driver.page_source, "lxml")
fp = open("hahow.html", "w", encoding="utf-8")
fp.write(soup.prettify())
print("写入文件hahow.html...")
fp.close()
driver.quit()
```

上述代码载入 Hahow 网站的课程信息后，使用 BeautifulSoup 解析存储为 hahow.html 的 HTML 网页文件，其执行结果如下（此时 HTML 标签显示的是繁体中文，为方便读者查看，在此将其以简体中文字显示，特此说明。）：

执行结果

> 探索课程-Hahow 好学校
> 写入文件hahow.html...

✪ 分析 Hahow 课程信息的静态网页内容

在成功将 Hahow 网站的课程信息存储成 hahow.html 网页文件后，得到一个静态网页，可以启动 Chrome 打开 HTML 网页文件，并使用开发者工具来分析网页内容（当 Chrome 打开本机网页文件时，无法使用 Selector Gadget 和 XPath Helper 工具）。请注意！由于 Hahow 网站会随时更新内容，所以看到的画面可能会与图中不同，如图 7-16 所示。

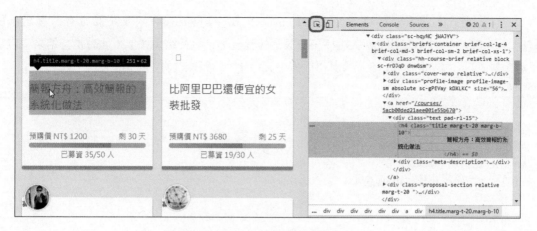

图7-16　Hahow课程信息静态网页内容

请单击 Elements 标签前方的箭头按钮，可以在左方网页选取 HTML 元素，此例为选择方框中的课程名称，其 HTML 标签如下：

```
<h4 class="title marg-t-20 marg-b-10">
    简报方舟：高效简报的系统化做法
</h4>
```

上述课程名称是 <h4> 标签，class 属性值有 title、marg-t-20 marg-b-10，在分析后可知每一门课程名称都是 <h4> 标签，选取所有课程名称的 CSS 选择器，即：

```
h4.title
```

❂ Selenium 的 JavaScript 动态网页爬取　　　　　　　　　　◀Ch7_6_1a.py▶

现在，可以创建 Python 程序爬取 JavaScript 动态产生的网页内容，即取出 https://hahow.in/courses 网页的所有课程名称，代码如下：

```python
from selenium import webdriver

driver = webdriver.Chrome("./chromedriver")
driver.implicitly_wait(10)
url = "https://hahow.in/courses"
driver.get(url)

items = driver.find_elements_by_css_selector("h4.title")

for item in items:
    print(item.text)

driver.quit()
```

上述代码载入课程网页后，调用 find_elements_by_css_selector() 函数获取所有课程名称的 HTML 元素 <h4>，然后使用 for-in 循环一一显示课程名称，执行结果如下（此时执行结果中应显示为繁体中文，为方便查看，在此将其以简体中文字显示，特此说明。）：

简报方舟:高效简报的系统化做法
比阿里巴巴还便宜的女装批发
会声会影7堂课,人人都是剪辑师
从生活认识微积分:基础观念篇(1)
伸缩自如的字体课:从基本功到创意风格
......
斜杠世代必学丨自拍自剪影片养成计划
After Effects 基础合成应用实例 I
印花乐——自制手感印花好礼
三小时教你怎么讲道德不输人
设计师接案学——业界求生必备守则
【精良日本制作】零基础电绘实例教学课程

7-6-2　使用 Selenium 爬取下一页数据

如果爬取的数据是有很多分页的表格数据，而且每一页分页都是 JavaScript 动态产生的网页内容，Selenium 可以模拟单击"下一页"按钮切换表格的分页，并抓取下一页表格数据。例如，NBA 官网以球员得分排序的统计数据是分页的 HTML 表格（此例中共 11 页），其网址为 http://stats.nba.com/players/traditional/?sort=PTS&dir=-1，如图 7-17 所示。

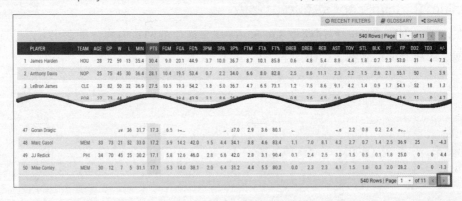

图7-17　NBA球员得分数据

单击上述分页 HTML 表格右下方箭头按钮，就会使用 JavaScript 代码切换至下一页的分页表格，请参考 7-6-1 小节使用 Chrome 开发者工具获取 HTML 表格的 CSS 选择器和">"按钮的 XPath 表达式。

☆ 使用 Selenium 爬取下一页数据

这个 Python 程序可以爬取所有 NBA 球员每场赛事平均的统计数据，程序是使用 Selenium
自动单击表格的 "下一页" 按钮，因为是分页的 HTML 表格，所以直接使用 Pandas 包的 read_
html() 函数来爬取 HTML 表格数据。首先导入相关模块和包，代码如下：

```
from selenium import webdriver
from bs4 import BeautifulSoup
import pandas as pd
import time

driver = webdriver.Chrome("./chromedriver")
driver.implicitly_wait(10)
driver.get("http://stats.nba.com/players/traditional/?sort=PTS&dir=-1")
```

上述代码导入 Pandas 包和 time 模块，然后载入 NBA 统计数据的网页，使用下面的 while 循
环爬取全部 11 页的 HTML 表格数据，代码如下：

```
pages_remaining = True
page_num = 1
while pages_remaining:
    soup = BeautifulSoup(driver.page_source, "lxml")
    table = soup.select_one("...div.nba-stat-table__overflow > table")
    df = pd.read_html(str(table))
    df[0].to_csv("ALL_players_stats" + str(page_num) + ".csv")
    print("存储页面:", page_num)
```

上述 pages_remaining 变量判断是否还有下一页。首先用 while 循环在使用 BeautifulSoup
解析 HTML 网页后使用 select_one() 函数获取表格标签；然后调用 Pandas 的 read_html() 函数，
返回值是所有表格数据的列表（有可能不止一个表格）；最后调用 df[0].to_csv() 函数将获取的
第一个表格数据写为 CSV 文件，文件名加上 page_num 变量的页码。

下面的 try-catch 异常处理，没有找到 HTML 元素的异常，在 try 程序区块处理 Selenium
模拟单击 "下一页" 按钮，使用 find_element_by_xpath() 函数获取按钮 a 元素后（没有找到 a
元素即产生异常），调用 click() 函数模拟单击按钮，在等待 5s 切换至下一页后，即可继续执行
while 循环爬取下一页 HTML 表格数据，代码如下：

```
try:
    next_link = driver.find_element_by_xpath('...div/div/a[2]')
    next_link.click()
    time.sleep(5)
    if page_num < 11:
        page_num = page_num + 1
    else:
        pages_remaining = False
except Exception:
```

```
pages_remaining = False
```

上述 except 程序区块是当异常发生，即按钮元素不存在（表示没有下一页）时对应的情况，因为 NBA 网站的"下一页"按钮不会消失，所以使用 if-else 条件判断是否已爬取 11 页。

在 Python 程序的同一目录，可以看到共新增了 11 个 CSV 文件，执行结果如下：

执行结果

存储页面: 1
存储页面: 2
⋮
存储页面: 10
存储页面: 11

Python网络爬虫与数据可视化应用实战

7

1　请简单说明什么是动态网页内容，动态网页内容可以分为哪两种。

2　请说明 Selenium 是什么，Selenium 自动浏览器的元件有哪些。

3　Python 程序利用 Selenium 爬取动态网页是使用 ＿＿＿＿＿＿ 发送命令至 ＿＿＿＿＿＿＿，可以控制 Chrome 浏览器浏览网页来爬取所需数据。

4　请参考 7-2 节的说明，在 Windows 系统安装 Selenium。

5　请问 Selenium 支持哪两组网页数据定位函数。

6　Selenium 可以使用 text 属性获取标签内容，如果需要获取原始 HTML 标签，需要使用 ＿＿＿＿＿＿＿ 函数，如果不包含标签本身，参数是 ＿＿＿＿＿＿，若要包含标签本身，参数是 ＿＿＿＿＿＿ 。

7　请简单说明什么是 Selenium 动作链（Action Chains）。

8　请参考 7-5-1 小节的步骤，创建 Python 程序，使用 Selenium 在网络商店网站输入 Apple 关键字来执行搜索，可以返回搜索结果的商品列表。

9　请参考 7-5-2 小节的示例，创建 Python 程序，使用 Selenium 输入用户名和密码来登录 Web 电子邮件系统。

10　请参考 7-6-2 小节的示例，寻找一个拥有分页的 Web 网站，然后创建 Python 程序，使用 Selenium 自动单击"下一页"按钮，爬取下一页网页数据。

8 CHAPTER

Scrapy 爬虫框架

8-1 Scrapy 爬虫框架的基础

8-2 使用 Scrapy Shell

8-3 创建 Scrapy 项目的爬虫程序

8-4 在项目使用 Item 和 Item Pipeline

8-5 输出 Scrapy 爬取的数据

8-1 Scrapy 爬虫框架的基础

Scrapy 是一套开源的框架（Framework），可以快速、简单地从 Web 网站爬取所需的数据，即创建 Python 爬虫程序。

8-1-1 认识 Scrapy

Scrapy 是一套开发大型网络爬虫的 Python 框架，提供多种工具从 Web 网站爬取数据，我们不仅可以爬取数据，还可以处理和存储成指定数据结构和格式。换句话说，Scrapy 不只是单纯爬取几页 HTML 网页，而是轻松爬取整个 Web 网站的数据。

Scrapy 是 Scrapinghub 公司（网址：https://scrapy.org）使用 Python 语言开发的一套完整的网络爬虫框架（Web Scraping Framework），其最初设计目的就是创建网络爬虫，Scrapy 支持 CSS 选择器和 XPath 表达式的数据爬取 API，可以定位和爬取 HTML 网页的指定数据。

> **说　明**
>
> 框架（Framework）是一组类别集合，可以提供特定类型软件的一组服务，支持可重复使用的详细设计和代码。简单地说，框架提供特定类型软件的功能，只需继承和使用框架的元件，就可以快速创建出特定类型的软件程序，如使用 Scrapy 爬虫框架快速创建 Python 爬虫程序。

基本上，Scrapy 提供创建 Python 网络爬虫所需的所有功能，可以使用 Scrapy 管理 HTTP 请求、Session 和输出管道（Output Pipelines），更可以使用 Scrapy 解析和爬取网页内容。有了 Scrapy，就能快速且完整地创建自己的 Python 爬虫程序，轻松爬取整个目标 Web 网站的内容。

8-1-2 安装 Scrapy

Scrapy 支持 Python 2.7 和 Python 3.4 以上版本，因为本书使用的是 Anaconda 包，建议使用 Conda-forge 频道（Conda-forge Channel）来安装最新版本的 Scrapy 包，本书安装的是 1.5 版。

执行"开始"→ Anaconda3 (64-bits) → Anaconda Prompt 命令打开 Anaconda Prompt 命令提示符窗口后，即可输入 conda 指令来安装 Scrapy，如图 8-1 所示。输入的安装指令如下：

```
(base) C:\Users\JOE>conda install -c conda-forge scrapy          //按 Enter 键
```

输入此指令来安装

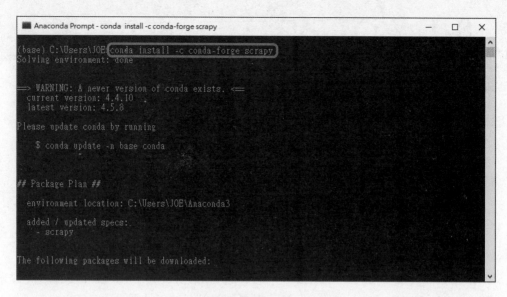

图8-1　安装Scrapy

当执行 conda 指令后，conda-forge 频道会开始检查目前环境，然后列出包计划（Package Plan）显示需要下载安装的包列表，如图 8-2 所示。

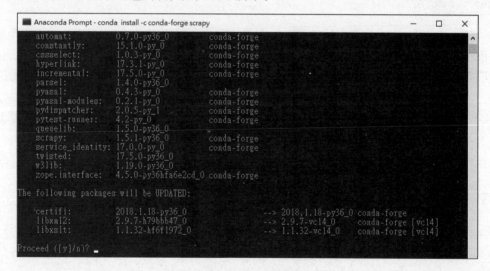

图8-2　需要下载安装的包列表

输入 Y 确认下载和安装相关包，稍等一下，可以看到各包一一完成下载和安装，当再次看到提示符且没有任何错误信息时，就表示已经成功安装了 Scrapy，如图 8-3 所示。

图8-3　成功安装Scrapy

8-2 使用 Scrapy Shell

Scrapy 提供与 Python 相同的 Shell 会话界面，可以在创建 Scrapy 爬虫程序前先测试相关 Python 爬虫代码，特别适用于测试 XPath 表达式和 CSS 选择器，以确认是否可以正确定位数据，而不用频繁修改 Scrapy 项目的 Python 代码。

✪ 启动 / 关闭 Scrapy Shell

执行"开始"→ Anaconda3 (64-bits) → Anaconda Prompt 命令打开 Anaconda Prompt 命令提示符窗口后，输入 scrapy shell 指令启动 Shell 会话界面，如图 8-4 所示。输入的指令如下：

```
(base) C:\Users\JOE>scrapy shell              //按 Enter 键
```

输入此指令

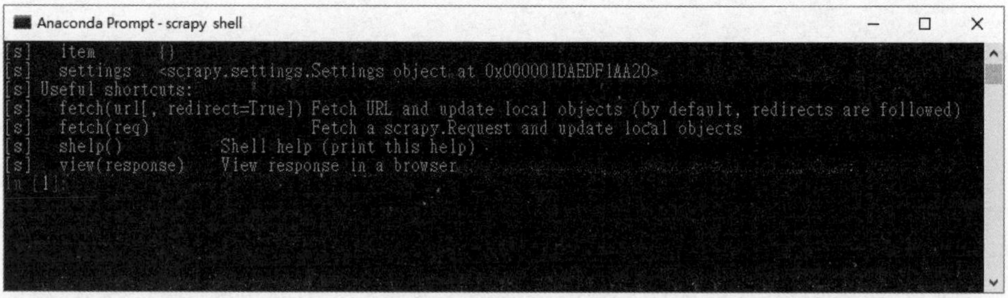

图8-4　启动Scrapy Shell

当成功启动 Scrapy Shell 会话界面后，可以看到提示符 In [1]:，表示成功进入会话界面，可以输入 Python 代码来测试执行。在 Scrapy Shell 提示符后输入 quit 指令，可以关闭 Scrapy Shell 交互界面，具体如下：

```
In [1]: quit
```

✪ 认识编程论坛 (BCCN)

下面示范从编程论坛（BCCN）抓取数据，所以在此先带领读者浏览 BCCN。BCCN 是我国著名的编程讨论空间，里面有多个版块的讨论区，如图 8-5 所示。例如，Python 的讨论区为 https://bbs.bccn.net/forum-246-1.html。

图8-5　BCCN Python讨论区

上述网页显示了发文的标题列表，下面我们以此网页为例，说明如何使用 Scrapy Shell 获取发文的相关信息，包括标题文字、发文的最后回帖时间和作者。

⊙ 下载 BCCN 的 Python 版块网页

在 Scrapy Shell 中输入以下指令：

```
In [?]: fetch("https://bbs.bccn.net/forum-246-1.html") //按 Enter 键
```

使用 fetch() 函数下载指定网址的网页，参数为网址，如图 8-6 所示。

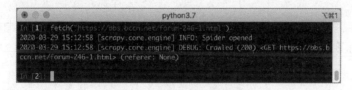

图8-6　下载指定网址的网页

上述信息显示 "DEBUG: Crawled (200)"，响应码 200 表示请求成功，可以返回 response 对象的响应数据，其内容就是下载的 HTML 网页内容。

⊙ 显示下载的网页内容

可以使用 view() 函数显示下载的 HTML 网页内容，参数是 response。

```
In [?]: view(response) //按 Enter 键
```

执行上述指令后，就会启动浏览器显示下载的 HTML 网页内容，这是与前述图例相同的网页内容，请注意！浏览器的网址是本机 HTML 网页文件。

```
file:///C:/Users/JOE/AppData/Local/Temp/tmplnv42914.html
```

如果想查看下载网页内容的 HTML 标签，可以使用 response.text 属性。

```
In [?]: print(response.text)          //按 Enter 键
```

✪ 使用 CSS 选择器定位和爬取网页数据

在实际解析 HTML 网页前，需要先分析 HTML 网页找出爬虫想要爬取的目标 HTML 标签，在 Chrome 浏览器按 F12 键打开开发者工具，如图 8-7 所示。

图8-7　文章列表

上述 HTML 网页是发文的文章列表，单击工具栏中 Elements 标签前的箭头图标，然后移至"Python 论坛"，可以获取版块名称的 CSS 选择器。

```
div.nav a:nth-child(3)
```

Scrapy 的 response 对象调用 css() 函数来使用 CSS 选择器定位网页元素，在 CSS 选择器后的 ::text 是 Pseudo 元素（Pseudo-elements），可以获取标签的文字内容，如果没有 ::text，返回的是完整 HTML 标签，代码如下：

```
In [?]: response.css("div.nav a:nth-child(3)::text").extract()          //按 Enter 键
In [?]: response.css("div.nav a:nth-child(3)::text").extract_first()     //按 Enter 键
```

上述指令分别使用 extract() 函数获取符合条件的列表，如果使用 extract_first() 函数就只会返回符合条件的第一个标签内容，其执行结果如图 8-8 所示。

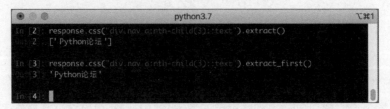

图8-8　使用CSS选择器定位网页元素

从上述执行结果中可以看到第一个是列表，第二个是 'Python 论坛' 字符串。获取 HTML 标签属性使用的是 Pseudo 元素 :: attr(href)，如图 8-9 所示。

```
In [?]: response.css("div.nav a:nth-child(3)::attr(href)").extract_first()        //按 Enter 键
```

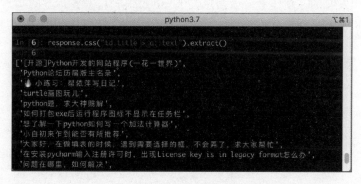

图8-9　<a> 标签的 href 属性值

上述执行结果显示 <a> 标签的 href 属性值。接着获取所有 BCCN 文章的标题文字，因为 BCCN 每一篇发文项目就是一个 <div class="div_l"> 标签，标题文字位于 <td class="title"> 子标签的 <a> 子标签，具体如下：

```
<div class="div_l">
 ...
    <td class="title">
...
        <a href="文章的URL网址">文章的标题文字</a>
    </td>
</div>
<div class="div_l">...</div>
<div class="div_l">...</div>
```

依据上述 HTML 标签结构，可以找出定位文章标题文字的 CSS 选择器，即：

```
td.title > a::text
```

在 Anaconda Prompt 命令提示符窗口输入下列指令：

```
In [?]: response.css("td.title > a::text").extract()        //按 Enter 键
```

获取所有发文的标题文字，如图 8-10 所示。

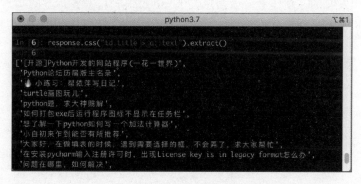

图8-10　标题文字

由于 BCCN 讨论区随时都有新的发帖，所以读者看到的画面可能会与图 8-10 不同。

☺ 使用 XPath 表达式定位和爬取网页数据

Scrapy 也支持用 XPath 表达式来定位和爬取网页数据，使用的是 response.xpath() 函数，继续在 Python 论坛版块取出发文的最后回帖时间和文章的作者。

首先获取发文的最后回帖时间，最后回帖时间位于 <span class="l_last_t"> 子标签的 <a> 子标签中。获取最后回帖时间的 XPath 表达式如下：

```
//span[@class='l_last_t']/a/text()
```

在 Anaconda Prompt 命令提示符窗口输入下列指令：

```
In [?]: response.xpath("//span[@class='l_last_t']/a/text()").extract()          //按 Enter 键
```

取出各文章的最后回帖时间列表，如图 8-11 所示。

图8-11　各文章的最后回帖时间列表

接着，要列出发文的文章作者，该信息位于 <td class="l_au"> 标签的 <a> 子标签中。获取文章作者的 XPath 表达式如下：

```
//td[@class='l_au']/a/text()
```

在 Anaconda Prompt 命令提示符窗口输入下列指令：

```
In [?]: response.xpath("//td[@class='l_au']/a/text()").extract()                //按 Enter 键
```

取出各文章的作者列表，如图 8-12 所示。

图8-12 文章作者列表

✪ 在 Scrapy 选择器使用正则表达式

Scrapy 选择器支持 CSS 选择器和 XPath 表达式，其扩充功能更支持正则表达式（Regular Expression），Scrapy 选择器可以调用 re() 函数来使用正则表达式的参数取出文字内容。

使用本机 Ch8_2.html 文件来测试在 Scrapy 选择器使用正则表达式，其 HTML 标签如下：

```html
<html>
  <head><title>示例网站</title></head>
  <body>
  <div id='images'>
   <a href='img1.html'>Name: 图片1<img src='img1_thumb.jpg'/></a>
   <a href='img2.html'>Name: 图片2<img src='img2_thumb.jpg'/></a>
   <a href='img3.html'>Name: 图片3<img src='img3_thumb.jpg'/></a>
   <a href='img4.html'>Name: 图片4<img src='img4_thumb.jpg'/></a>
   <a href='img5.html'>Name: 图片5<img src='img5_thumb.jpg'/></a>
  </div>
  </body>
</html>
```

在 Anaconda Prompt 命令提示符窗口，同样可以使用 fetch() 函数来载入本机 HTML 文件 Ch8_2.html，即：

```
In [?]: fetch("file:///C:/BigData/Ch08/Ch8_2.html")
```

请读者输入自己的计算机中配套文件的位置

接着，可以调用 response.xpath( ) 函数，使用 XPath 表达式取出所有 <a> 标签的超链接文字，如图 8-13 所示。XPath 表达式如下：

```
In [?]: response.xpath("//a[contains(@href,'img')]/text()").extract()
```

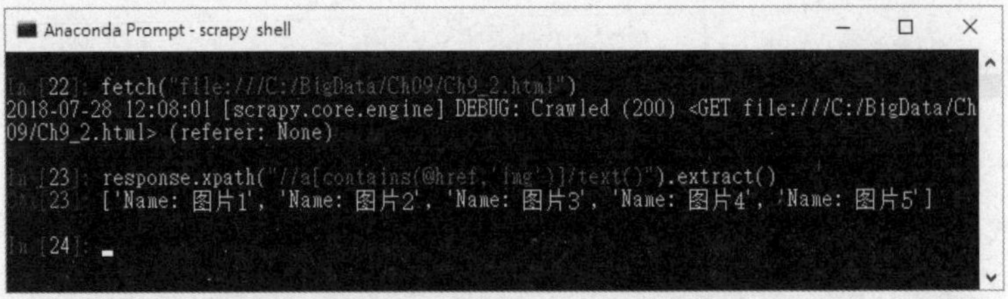

图8-13 使用XPath表达式取出超链接文字

然后，改用正则表达式取出超链接文字，只有 Name: 后的文字内容，如图 8-14 所示。正则表达式如下：

```
In [?]: response.xpath("//a[contains(@href,'img')]/text()").re("Name:\s*(.*)")
```

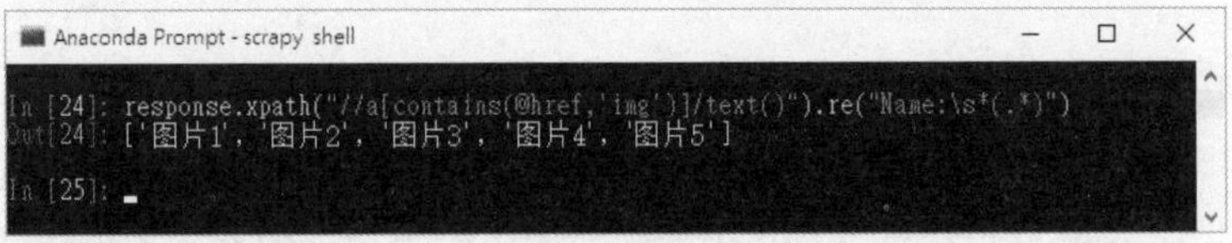

图8-14 使用正则表达式取出超链接文字

当然，response.css() 函数的 CSS 选择器也可以调用 re() 函数，如图 8-15 所示。其表达式如下：

```
In [?]: response.css("a::text").re("Name:\s*(.*)")
```

图8-15 调用re()函数

8-3 创建 Scrapy 项目的爬虫程序

在了解 Scrapy Shell 的使用和测试所需的数据爬取操作后，可以开始创建 Scrapy 项目，使用 Scrapy 创建 Python 爬虫程序。

8-3-1 创建 Scrapy 项目

本书第一个 Scrapy 项目是创建编程论坛 Python 版块的爬虫程序，即使用 8-2 节 Scrapy Shell 的测试结果，取出每一篇发文的标题文字、发文的最后回帖时间和作者数据。

基本上，Scrapy 相关操作是使用的是命令行指令，需要在 Anaconda Prompt 命令提示符窗口输入一些指令，其主要指令有 4 个，见表 8-1。

表8-1 命令行指令

命令行指令	说　明
scrapy shell	启动 Scrapy Shell 交互界面，已在 8-2 节说明
scrapy startproject	创建全新 Scrapy 项目
scrapy genspider	在 Scrapy 项目新增爬虫程序
scrapy crawl	执行 Scrapy 项目的爬虫程序

✪ 新增 Scrapy 项目

执行"开始"→ Anaconda3(64-bits) → Anaconda Prompt 命令打开 Anaconda Prompt 命令提示符窗口后，输入 cd 指令切换至欲新增项目的工作目录，笔者放在了 \BigData\Ch08 文件夹，请依自己的状况切换文件夹，若要切换到其他磁盘，请在 cd 之后输入 /d，切换到工作目录后再输入 scrapy startproject 指令新增 Scrapy 项目，即

```
(base) C:\Users\JOE>cd \BigData\Ch08                           //按 Enter 键
(base) C:\BigData\Ch08>scrapy startproject Ch8_3               //按 Enter 键
```

在之后的参数是项目名称 Ch8_3，如图 8-16 所示。

图8-16 新增Ch8_3项目

211

在成功新增 Ch8_3 项目后，就会在工作目录 \BigData\Ch08 中新建同名 Ch8_3 项目目录。Scrapy 项目的目录与文件结构如图 8-17 所示。

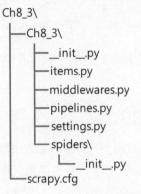

```
Ch8_3\
  └── Ch8_3\
        ├── __init__.py
        ├── items.py
        ├── middlewares.py
        ├── pipelines.py
        ├── settings.py
        └── spiders\
              └── __init__.py
  └── scrapy.cfg
```

图8-17　项目目录与文件结构

上述 Scrapy 项目使用 items.py 文件决定爬取网页的哪些数据项，settings.py 定义如何爬取数据，pipelines.py 用来处理爬取内容，其简单说明如下。

❖ items.py：此文件定义爬取数据的 Item 项目，即需要爬取的数据，详见 8-4-2 小节的说明。

❖ settings.py：Scrapy 项目设置文件，可设置项目的延迟时间和输出方式等。

❖ pipelines.py：定制化数据处理，可以自行编写代码来处理获取的 Item 项目数据，详见 8-4-3 小节的说明。

❖ spiders 目录：实际 Python 爬虫程序是位于此目录，当使用 scrapy crawl 指令执行爬虫程序时，就是在此目录搜索对应的 Python 程序。

✪ 新增 Python 爬虫程序　　　　　　　　　　　　　　　　　　◆Ch8_bccn.py◆

在成功新增 Ch8_3 项目后，需要在 spiders\ 目录新增 Python 爬虫程序，使用 cd 指令切换至项目目录 Ch8_3，然后输入 scrapy genspider 指令新增 Python 爬虫程序，指令如下：

```
(base) C:\BigData\Ch08>cd Ch8_3                                    //按 Enter 键
(base) C:\BigData\Ch08\Ch8_3>scrapy genspider bccn bbs.bccn.net   //按 Enter 键
```

上述指令的第一个参数 bccn 是爬虫名称，项目会在 spiders\ 目录新增同名 bccn.py 程序文件，最后是想要爬取的域名，其执行结果如图 8-18 所示。

图8-18　新增爬虫程序的执行结果

简单地说，使用 scrapy genspider 指令创建名为 bccn 的 Python 爬虫程序 bccn.py，目标是爬取 bbs.bccn.net 域名。接着，启动 Spyder 打开 Ch08\Ch8_3\Ch8_3\spiders\bccn.py 的 Python 程序文件，如图 8-19 所示。

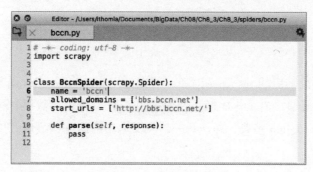

图8-19　打开bccn.py

上述 Scrapy 爬虫程序的基本结构是继承 scrapy.Spider 类，具体包括以下常用的类属性和方法。

❋ name 属性：爬虫程序的名称，在 Scrapy 称为蜘蛛（Spider）。

❋ allowed_domains 属性：定义允许爬取的域名列表，若没有定义，表示任何域名都可以爬取。

❋ start_urls 属性：开始爬取的网址列表。

❋ parse() 函数：此函数是实际爬取数据的 Python 代码。

❂ 编写爬虫程序爬取数据　　　　　　　　　　　◀ Ch8_bccn.py ▶

在新增 bccn.py 爬虫程序后，可以开始编写 parse() 函数来取出每一篇发文的标题文字、最后回帖时间和作者，具体如下：

```
import scrapy

class BccnSpider(scrapy.Spider):
    name = 'bccn'
    allowed_domains = ['bbs.bccn.net']
        start_urls = ['https://bbs.bccn.net/forum-246-1.html']

    def parse(self, response):
        ...
```

上述 BccnSpider 类的 name 属性值是 'bccn'，这是爬虫程序名称，然后需要使用此名称来执行爬虫程序，然后是 allowed_domains 属性的允许域名列表，以及 start_urls 属性的开始爬虫的网址，最后是 parse() 函数，即

```
def parse(self, response):
    titles =response.css("td.title > a::text").extract()
    votes = response.xpath("//span[@class='l_last_t']/a/text()").extract()
```

```
replytimes =response.xpath("//td[@class='l_au']/a/text()").extract()
for item in zip(titles, replytimes, authors):
    scraped_info = {
            "title" : item[0],
            "replytime" : item[1],
            "author": item[2]
    }
    yield scraped_info
```

上述函数的参数是响应的 response 对象，可以使用 css() 或 xpath() 函数取出标题文字、发文的最后回帖时间和作者，在 for-in 循环使用 zip() 函数先将取回数据打包成元组后，再一一取出数据创建成 scraped_info 字典，即从每一篇发文取出的数据，最后调用 yield 返回 scraped_info 字典，即：

```
yield scraped_info
```

yield 是 Python 关键字，类似于函数的 return 关键字，可以返回数据，只是返回的是生成器（Generator），如同 for-in 循环的 range() 函数。

> **说　明**
>
> 因为 Scrapy 爬虫程序的 parse() 函数会依次返回多个字典的爬取数据，此例中是网页多篇 scraped_info 字典的发文数据，所以 parse() 函数是使用 yield，而不是 return 关键字。

⊙ 执行爬虫程序

在完成爬虫程序 pttnba.py 的编写后，可以执行爬虫程序，将 Anaconda Prompt 切换至 Scrapy 项目目录 Ch8_3 后，输入 scrapy crawl 指令执行爬虫程序，即：

```
(base) C:\BigData\Ch08\Ch8_3>scrapy crawl bccn            //按 Enter 键
```
　　　　　　　　　　　　　　　输入此指令

当执行上述指令，可以显示爬取出的发文数据，如图 8-20 所示。

图8-20　执行爬虫程序

❂ 输出至 JSON 文件

在 scrapy crawl 指令中，可以使用 –o 选项指定输出格式的文件，如输出 JSON 格式文件的指令如下：

```
(base) C:\BigData\Ch08\Ch8_3>scrapy crawl bccn -o bccn.json          //按 Enter 键
```

上述指令的执行结果会在项目目录新增名为 bccn.json 的 JSON 文件，使用 PSPad（纯文字编辑软件）打开文件，可以看到的内容如下：

执行结果

```
[
  {"title": "[\u5f00\u6e90]Python\u5f00\u53d1\u7684\u7f51\u7ad9\u7a0b\u5e8f(\u4e00\u82b1\
  u4e00\u4e16\u754c)", "replytime": "6 \u5929\u524d 14:20", "author": "\u9759\u591c\
  u601d"},
  {"title": "Python\u8bba\u575b\u5386\u5c4a\u7248\u4e3b\u540d\u5f55", "replytime":
  "2013-01-03 21:25", "author": "\u9759\u591c\u601d"},
  ...
]
```

上述内容的乱码是中文编码问题，打开 settings.py 新增一行编码设置，如图 8-21 所示。其代码如下：

```
FEED_EXPORT_ENCODING = "utf-8"
```

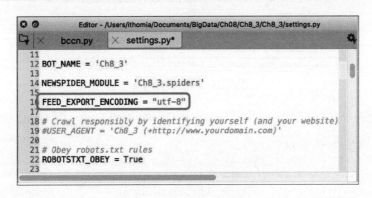

图8-21　设置中文编码

请先删除项目目录的 bccn.json 文件（不然，爬取数据会新增至文件最后），然后，再执行一次 scrapy crawl 指令，即可正确显示中文内容，如图 8-22 所示。

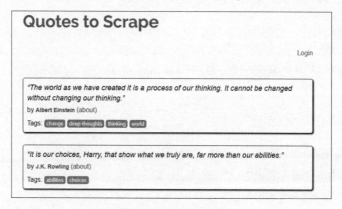

```
1  [
2  {"title": "[开源]Python开发的网站程序(一花一世界)", "replytime": "6 天前 14:20", "author": "静夜思
3  {"title": "Python论坛历届版主名录", "replytime": "2013-01-03 21:25", "author": "静夜思"},
4  {"title": "🌸 小练习: 帮依萍写日记", "replytime": "4 小时前", "author": "bethel"},
5  {"title": "turtle画画玩儿", "replytime": "4 小时前", "author": "甜老丝儿"},
6  {"title": "python题, 求大神麗解", "replytime": "4 小时前", "author": "小菜鸟0001"},
7  {"title": "如何打包exe后运行程序图标不显示在任务栏", "replytime": "9 小时前", "author": "古123"},
8  {"title": "想了解一下python如何写一个加法计算器", "replytime": "昨晚 22:12", "author": "vvvv123"},
9  {"title": "小白初来乍到能否有所推荐", "replytime": "昨晚 19:41", "author": "廖3451918914"},
10 {"title": "问题在悪星, 如何解决", "replytime": "前天 00:47", "author": "SENJORCOU"},
11 {"title": "新人学python应该如何下手", "replytime": "4 天前 12:53", "author": "Chinalyy"},
```

图8-22　正确显示中文内容

8-3-2　处理"下一页"的数据

在 Scrapy 项目 Ch8_3 中新增第二个爬虫程序,可以通过超链接爬取网站的多个网页,示例网站是官方文件使用的励志格言网站: http://quotes.toscrape.com,如图 8-23 所示。

图8-23　励志格言网站

图 8-23 中每一个方框中都是一句格言,要取出格言的内容和作者,其 HTML 标签如下:

```html
<div class="quote" itemscope="">...>
  <span class="text" itemprop="text">The person, be it...</span>
  <span>by <small class="author" itemprop="author">Jane Austen</small>
    <a href="/author/Jane-Austen">(about)</a>
  </span>
  <div class="tags">
    ...
  </div>
</div>
```

每一个方框是一个 <div> 标签,格言内容是第一个 <span> 子标签,作者位于第二个 <span> 的 <small> 子标签,可以使用 Scrapy Shell 找出格言和作者数据的 XPath 表达式和 CSS 选择器,具体如下:

```
fetch("http://quotes.toscrape.com")
response.css("div.quote span.text::text").extract()
response.xpath("//div[@class='quote']//small/text()").extract()
```

上述 Scrapy Shell 指令依次获取 response 对象、格言和作者数据。

☀ 创建 Python 爬虫程序 ◀Ch8_quotes.py▶

一方面，可以使用 scrapy genspider 指令在 Scrapy 项目中新增第二个爬虫程序；另一方面，也可以自行在 spiders\ 目录，新增 Python 爬虫程序 quotes.py。

首先导入 scrapy 包，代码如下：

```
import scrapy

class QuotesSpider(scrapy.Spider):
    name = 'quotes'
    allowed_domains = ['quotes.toscrape.com']
    start_urls = ['http://quotes.toscrape.com/']
```

上述 QuotesSpider 类继承 scrapy.Spider 类，然后指定 name、allowed_domains 和 start_urls 属性，下面是 parse() 函数，代码如下：

```
def parse(self, response):
    for quote in response.css("div.quote"):
        text = quote.css("span.text::text").extract_first()
        author = quote.xpath(".//small/text()").extract_first()
        scraped_quote = {
            "text" : text,
            "author": author
        }
        yield scraped_quote
```

parse() 函数使用 for-in 循环取出每一个方框的格言，这是调用 response.css() 使用 CSS 选择器选出所有方框的 div 元素，因为 Scrapy 的选择器返回的也是选择器对象，所以可以再次调用 css() 或 xpath() 函数来定位网页数据，代码如下：

```
text = quote.css("span.text::text").extract_first()
author = quote.xpath(".//small/text()").extract_first()
```

quote 是每一个 div 元素的格言，需要再次调用 css() 函数取回格言内容，作者是使用 XPath 表达式，最后创建 scraped_quote 字典后，使用 yield 返回此字典。

☀ 执行爬虫程序输出 JSON 文件

在 Anaconda Prompt 命令提示符窗口输入 scrapy crawl 指令，并加上 –o 选项指定输出 JSON 格式文件。其指令如下：

```
```

```
(base) C:\BigData\Ch08\Ch8_3>scrapy crawl quotes -o quotes.json        //按 Enter 键
```

输入此指令

上述指令的执行结果可以在项目目录创建 quotes.json 文件，其内容是取回首页的所有格言内容和作者数据，如图 8-24 所示。

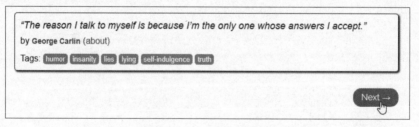

图8-24　格言内容和作者数据

✪ 处理"下一页"的超链接

目前只取回第一页的格言内容和作者，每一页的格言方框的最后有一个"Next →"按钮，如图 8-25 所示。

"The reason I talk to myself is because I'm the only one whose answers I accept."

by **George Carlin** (about)

Tags: humor insanity lies lying self-indulgence truth

Next →

图8-25　"下一页"按钮

按钮位于 <li> 列表项目的 <a> 子标签，具体如下：

```
<li class="next">
    <a href="/tag/humor/page/2/">Next <span...>→</span></a>
</li>
```

上述 <a> 超链接标签的 href 属性是下一页超链接的相对路径，Scrapy Shell 可以使用 XPath 表达式取出超链接的网址，具体如下：

```
response.xpath("//li[@class='next']/a/@href").extract()
```

接着，修改 quotes.py 的 parse() 函数，新增处理"下一页"超链接的代码，具体如下：

```
def parse(self, response):
```

8

```
for quote in response.css("div.quote"):
    text = quote.css("span.text::text").extract_first()
    author = quote.xpath(".//small/text()").extract_first()
    scraped_quote = {
        "text" : text,
        "author": author
    }
    yield scraped_quote

nextPg = response.xpath("//li[@class='next']/a/@href").extract_first()
if nextPg is not None:
    nextPg = response.urljoin(nextPg)
    yield scrapy.Request(nextPg, callback=self.parse)
```

上述代码使用 response.xpath() 函数获取 "下一页" 超链接 <a> 标签的 href 属性值，if 条件判断是否获取 href 属性值，如果是，就调用 response.urljoin() 函数将相对路径的网址转换成完整的绝对路径，最后使用 yield 返回 Request 对象的请求，具体如下：

```
yield scrapy.Request(nextPg, callback=self.parse)
```

上述代码是创建 Request 对象的 HTTP 请求，第一个参数是网址，在 callback 参数指定解析响应数据需调用的回拨函数（Callback Function），此例中是调用自己的 parse() 函数。

简单地说，这一行代码就是调用 parse() 函数继续解析 "下一页" HTTP 请求的响应数据，直到没有 "下一页" 超链接为止。

✪ 再次执行爬虫程序输出 JSON 文件

删除项目下的 quotes.json 文件，再次使用 scrapy crawl 指令加上 –o 选项输出 JSON 格式文件，具体如下：

```
(base) C:\BigData\Ch08\Ch8_3>scrapy crawl quotes -o quotes.json          //按 Enter 键
```

上述指令的执行结果中，因为是爬取整个网站，请稍等一下，等到再次看到提示符后，即可在项目目录创建 quotes.json 文件，其内容是从整个网站取回的格言内容和作者数据，而不是只有首页的格言内容和作者数据。

8-3-3 合并从多个页面爬取的数据

8-3-2 小节的第二个爬虫程序可以爬取网站的多页数据，使用的是 Request 对象，可以使用 response.follow() 函数创建更简洁的方式来处理 "下一页" 的超链接数据对象，并且合并从多个页面爬取的数据。

✪ 使用 response.follow() 函数

Scrapy 爬虫程序可以直接调用 response.follow() 函数来返回 Request 对象，Scrapy 项目 Ch8_3

的爬虫程序是 quotes2.py，具体如下：

```
nextPg = response.xpath("//li[@class='next']/a/@href").extract_first()
if nextPg is not None:
    yield response.follow(nextPg, callback=self.parse)
```

上述 response.follow() 函数的第一个参数因为支持相对路径，所以不用再调用 response.urljoin() 函数处理 URL 路径，函数的返回值就是 Request 对象。

请利用 scrapy crawl 指令执行 quotes2 爬虫，输出 JSON 文件 quotes2.json，即

```
(base) C:\BigData\Ch08\Ch8_3>scrapy crawl quotes2 -o quotes2.json          //按 Enter 键
```

✪ 合并作者页面的作者生日数据

现在，已经成功获取格言内容和作者数据，除了作者姓名外，还希望获取作者的生日数据，连接作者页面的 <a> 超链接标签，具体如下：

```
<span>by <small class="author" itemprop="author">Jane Austen</small>
    <a href="/author/Jane-Austen">(about)</a>
</span>
```

作者姓名 <small> 标签的下一个 <a> 标签是作者页面的超链接。选取作者页面超链接，以及在作者页面获取生日的 CSS 选择器，见表 8-2。

表8-2　作者页面超链接和作者生日的CSS选择器

CSS选择器	说　明
.author + a::attr(href)	在 <div class="quote"> 标签下选取作者超链接的 href 属性值
.author-born-date::text	在作者页面选取 <span> 标签的作者生日

Scrapy 项目 Ch8_3 的爬虫程序是 quotes3.py，其 parse() 和 parse_author() 函数如下：

```
def parse(self, response):
    for quote in response.css("div.quote"):
        text = quote.css("span.text::text").extract_first()
        author = quote.xpath(".//small/text()").extract_first()
        scraped_quote = {
            "text" : text,
            "author": author,
            "birthday": None
        }
        authorHref = quote.css(".author + a::attr(href)").extract_first()
        authorPg = response.urljoin(authorHref)
        yield scrapy.Request(authorPg,meta={"item": scraped_quote},
                        callback=self.parse_author)
```

在上述 scraped_quote 字典中新增 birthday 键值的字段，其值是 None，在获取作者超链接的 href 属性值和创建绝对路径的网址后，使用 authorPg 的网址创建 Request 对象（此时不可使用 response.follow() 函数），meta 参数传递格言数据的字典至函数 parse_author()。使用 response.follow() 函数处理"下一页"超链接的 HTTP 请求，具体如下：

```
nextPg = response.xpath("//li[@class='next']/a/@href").extract_first()
if nextPg is not None:
    yield response.follow(nextPg, callback=self.parse)

def parse_author(self, response):
    item = response.meta["item"]
    b = response.css(".author-born-date::text").extract_first().strip()
    item["birthday"] = b
    return item
```

上述 parse_author() 函数使用 response.meta() 函数获取传递的字典数据后，使用 response.css() 函数获取作者的生日数据，然后填入字典的 birthday 键值，即可返回完整格言数据的 item 字典。

✪ 执行爬虫程序

输入下列 scrapy crawl 指令执行 quotes3 爬虫：

```
(base) C:\BigData\Ch08\Ch8_3>scrapy crawl quotes3 -o quotes3.json          //按 Enter 键
```

上述执行结果可以创建 quote3.json 文件，可以看到每一个格言新增作者的生日，执行结果如下：

执行结果

```
{
    "text": "I have not failed. I've just found 10,000 ways that won't work.",
    "author": "Thomas A. Edison",
    "birthday": "February 11, 1847"
}
```

8-3-4　优化 Scrapy 爬虫程序设置

因为 Scrpay 项目默认支持同一域名最多同步 16 个文件下载且在下载之间没有任何延迟，这是非常快速的网页浏览，而且很容易就让 Web 服务器侦测到是网络爬虫，而不是正常浏览器的网页浏览，所以有可能被拒绝访问。

为了优化 Scrapy 爬虫程序，建议在 Scrapy 项目的 settings.py 设置文件指定同步下载的文件数和下载文件之间的延迟时间，代码如下：

```
CONCURRENT_REQUESTS_PER_DOMAIN = 1
DOWNLOAD_DELAY = 5
```

上述代码是新增至 settings.py 设置文件，可以设置同步下载文件数是一个，延迟时间是 5s。

8-4 在项目使用 Item 和 Item Pipeline

8-3 节的 Scrapy 项目是使用 Python 字典存储爬取数据，可以在项目中创建 Item 项目对象来存储爬取数据，并且使用 Item Pipeline 项目管道来处理数据。

8-4-1 认识 Item 和 Item Pipeline

Scrapy 的 Item 项目类别是项目的数据模型（Model），可以用来定义获取的数据，Item Pipeline 项目管道是数据处理机制，可以进一步处理数据，如更改数据格式、数据检查和删除多余字符或空白字符。

✪ Item 项目与 items.py 文件

Scrapy 项目中的 items.py 文件是项目的数据模型（Model），可以定义字段来存储爬取数据。新增 Scrapy 项目 Ch8_4_1 与 8-3-1 小节相同的 bccn.py 爬虫程序，默认 items.py 文件的内容，具体如下：

```python
import scrapy


class PythonItem(scrapy.Item):
    # define the fields for your item here like:
    # name = scrapy.Field()
    pass
```

上述 PythonItem 是继承 Item 的类别，可以使用 scrapy.Field() 函数来新增爬取字段。

✪ Item Pipeline 项目管道与 pipelines.py 文件

Item Pipeline 项目管道是处理爬取 Item 项目数据的机制，当管道收到爬取项目时，Item Pipeline 项目管道可以决定继续处理、舍弃或停止处理此项目。基本上，可以使用 Item Pipeline 项目管道来处理下列工作。

❋ 如果收到的项目重复，删除重复的项目数据。

❋ 清理、检查或处理项目数据。

❋ 将项目数据存入数据库。

在 pipelines.py 文件创建所需的项目处理，默认的文件内容如下：

```python
class BccnPipeline(object):
    def process_item(self, item, spider):
        return item
```

上述 process_item() 函数是处理项目数据的函数，而 Item Pipeline 项目管道就是调用此函数来处理数据，其他常用函数的说明见表 8-3。

表8-3　相关处理数据函数

函　　数	说　　明
open_spider(self, spider)	当启动爬虫程序时调用
close_spider(self, spider)	当结束爬虫程序时调用

8-4-2　在 Scrapy 项目定义 Item 项目

本节 Scrapy 项目 Ch8_4_2 已经创建与项目 Ch8_3 相同的 bccn.py 爬虫程序，准备修改 Python 程序，改用 Item 项目对象来存储访问的数据。

✪ Item 项目对象与 Python 字典

Scrapy 爬虫程序的爬取结果可以使用 Python 字典或 Item 项目对象存储，在本小节前的爬虫示例都是使用 Python 字典，对于 Scrapy 初学者来说，已经足以完成基本爬虫应用。但是，对于大型爬虫程序来说，建议使用 Scrapy 的 Item 项目对象存储爬取数据，以便使用 8-4-3 小节的 Item Pipeline 项目管道来清理、验证和处理数据。

✪ 启动 Python 程序　　　　　　　　　　　　　　　　　　　　◖Ch8_items.py◗

启动 Spyder 打开 Scrapy 项目 Ch8_4_2 的 items.py 程序文件，具体如下：

```
import scrapy

class PythonItem(scrapy.Item):
    # 定义Item的字段
    title = scrapy.Field()
    replytime = scrapy.Field()
    author = scrapy.Field()
```

上述代码声明 PythonItem 类，共同使用 scrapy.Field() 定义 title、replytime 和 author 3 个字段。

✪ 修改 Python 程序　　　　　　　　　　　　　　　　　　　　◖Ch8_bccn.py◗

在定义 PythonItem 类的字段后，可以修改 bccn.py 程序，改用 Item 项目对象存储访问的数据。首先导入 Ch8_4_2 项目 Ch8_4_2.items 模块的 PythonItem 类，具体如下：

```
import scrapy
from Ch8_4_2.items import PythonItem

class BccnSpider(scrapy.Spider):
    name = 'bccn'
```

```
allowed_domains = ['bbs.bccn.net']
start_urls = ['https://bbs.bccn.net/forum-246-1.html']

def parse(self, response):
    item = PythonItem()
    titles = response.css("td.title > a::text").extract()
    replytimes = response.xpath("//span[@class='l_last_t']/a/text()").extract()
    authors = response.xpath("//td[@class='l_au']/a/text()").extract()
    for title,replytime,author in zip(titles, replytimes, authors):
        item['title']=title
        item['replytime']=replytime
        item['author']=author
        yield item
```

上述代码使用 response.css() 函数和 response.xpath() 函数获取所需的 title、replytime 和 author 内容列表后，然后再使用 for-in 循环——获取 PythonItem 的对象字段并为其赋值，最后使用 yield 返回 item 项目对象。

✪ 执行爬虫程序

请利用 scrapy crawl 指令执行 bccn 爬虫，即可以输出 JSON 文件 bccn.json，具体如下：

```
(base) C:\BigData\Ch08\Ch8_4_2>scrapy crawl bccn -o bccn.json    //按 Enter 键
```

上述指令可以在 Scrapy 项目 Ch8_4_2 的项目目录下新增 bccn.json 文件，其执行结果与 8-3-1 小节的完全相同。

8-4-3 使用 Item Pipeline 项目管道清理数据

可以使用 Item Pipeline 项目管道来过滤、验证、转换和清理爬取的 Item 数据，如将最后回帖时间转换为统一的日期格式。

✪ 启动 Python 程序

Ch8_pipelines.py

启动 Spyder 打开 Scrapy 项目 Ch8_4_3 的 pipelines.py 程序文件如下：

```
from scrapy.exceptions import DropItem
import datetime

class BccnPipeline(object):
    def process_item(self, item, spider):
        if item["replytime"]:
            now = datetime.datetime.now()
            if '天前' in item["replytime"]:
                days = int(item["replytime"][0])
                date = now - datetime.timedelta(days=days)
            elif '前天' in item["replytime"]:
                date = now - datetime.timedelta(days=2)
```

```
            elif '昨天' in item["replytime"] or '昨晚' in item["replytime"]:
                date = now - datetime.timedelta(days=1)
            elif '小时前' in item["replytime"] or '分钟前' in item["replytime"]:
                date = now
            else:
                date = item["replytime"].split(' ')[0]
                date = datetime.datetime.strptime(date, '%Y-%m-%d')

                date = date.strftime("%Y-%m-%d")
        item["replytime"]=date
            return item
        else:
            raise DropItem("最后回帖时间缺失: %s" % item)
```

上述代码导入 Scrapy 的异常对象 DropItem 后，在 BccnPipeline 类创建 process_item() 函数，参数是 Item 对象和爬虫 Spider 对象，函数使用两层 if-else 条件来验证和处理最后回帖时间的 replytime 字段，具体如下：

※ **外层 if-else 条件**：检查是否有最后回帖时间的 replytime 字段，如果有，就进行内层 if/elif/else 条件的数据处理，返回 item 对象，否则使用 raise 产生 DropItem 异常。

※ **内层 if-elif-else 条件**：通过导入 datetime 模块后，检查字段值是否包含"天前""前天""昨天""昨晚""小时前""分钟前"等字段，如果有，就通过 datetime 内函数转换为计算后的日期，否则通过 split() 函数提取出已有的日期。

☼ 修改 Python 程序　　　　　　　　　　　　　　◀Ch8_settings.py▶

Scrapy 项目创建 Item Pipeline 项目管道的 BccnPipeline 类后，需要在 settings.py 文件启用 Item Pipeline 项目管道，使用的是 ITEM_PIPELINES 设置值，具体如下：

```
ITEM_PIPELINES = {
    'Ch8_4_3.pipelines.BccnPipeline': 300
}
```

上述 ITEM_PIPELINES 设置值是 Python 字典，键是 Item Pipeline 项目管道类的完整名称，值 300 是用来决定当启用多个 Item Pipeline 项目管道时的执行顺序，从低执行至高，其范围是 0 ~ 1000。

☼ 执行爬虫程序

利用 scrapy crawl 指令执行 bccn 爬虫，可以输出 JSON 文件 bccn.json，具体如下：

```
(base) C:\BigData\Ch08\Ch8_4_3>scrapy crawl bccn -o bccn.json    //按 Enter 键
```

上述指令可以在 Scrapy 项目 Ch8_4_3 的项目目录下新增 bccn.json 文件，将其执行结果与 8-4-2 小节的 bccn.json 比较后，可以看出最后回帖时间已经被转换为统一的日期格式。

225

8-5 输出 Scrapy 爬取的数据

在本节前是使用 scrapy crawl 指令以参数来输出爬取数据，实际上，可以直接在 settings. py 文件设置 Scrapy 项目的输出方式。

8-5-1 设置 Scrapy 项目的输出

Scrapy 项目可以修改项目的 settings.py 设置文件来指定输出的文件格式、文件名和编码方式。

✪ 指定 Scrapy 项目的输出方式 〈Ch8_settings.py〉

首先使用 Spyder 打开 Ch08\Ch8_5_1\Ch8_5_1\settings.py 的 Python 程序，如图 8-26 所示。

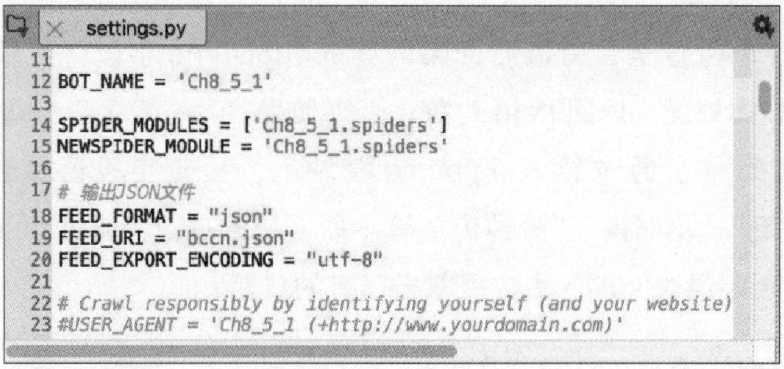

```
 ×  settings.py                                                    ⚙
11
12 BOT_NAME = 'Ch8_5_1'
13
14 SPIDER_MODULES = ['Ch8_5_1.spiders']
15 NEWSPIDER_MODULE = 'Ch8_5_1.spiders'
16
17 # 输出JSON文件
18 FEED_FORMAT = "json"
19 FEED_URI = "bccn.json"
20 FEED_EXPORT_ENCODING = "utf-8"
21
22 # Crawl responsibly by identifying yourself (and your website)
23 #USER_AGENT = 'Ch8_5_1 (+http://www.yourdomain.com)'
```

图8-26 打开settings.py

然后输入下列代码来指定 Scrapy 项目输出 JSON 格式的文件：

```
# 输出 JSON 数据
FEED_FORMAT = "json"
FEED_URI = "bccn.json"
FEED_EXPORT_ENCODING = "utf-8"
```

上述代码的 FEED_FORMAT 指定输出格式，在 FEED_URI 指定输出的文件名称。JSON 的副文件名是 .json；CSV 是 .csv；XML 是 .xml，最后使用 FEED_EXPORT_ENCODING 指定使用的编码为 utf-8。

✪ 输出爬取数据至 JSON 文件

设置 Scrapy 项目的输出格式是 JSON 文件和编码是 utf-8 后，执行爬虫程序 pttnba 就不需指定 -o 输出参数，具体如下：

```
(base) C:\BigData\Ch08\Ch8_5_1>scrapy crawl bccn          //按 Enter 键
```

上述指令的执行结果会在项目目录 Ch8_5_1 下新增名为 bccn.json 的 JSON 文件，当使用 PSPad

（纯文字编辑软件）打开 JSON 文件后，可以看到从 BCCN 爬取出的发文数据，如图 8-27 所示。

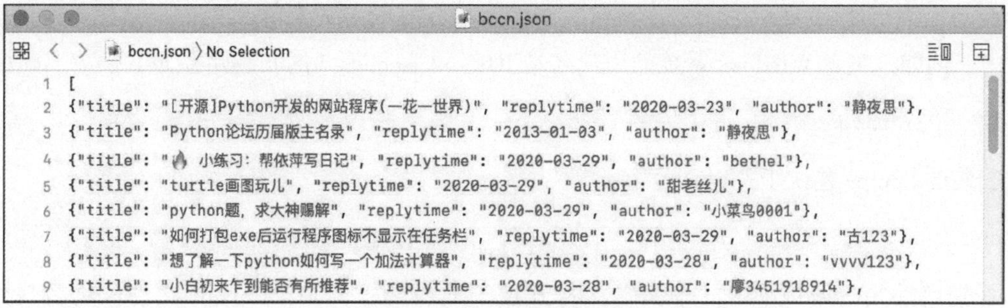

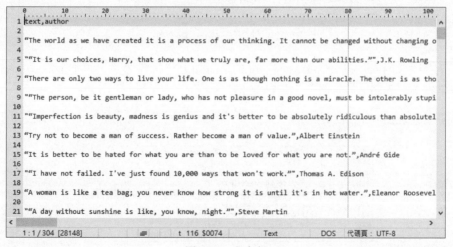

图8-27　爬取出的发文数据

8-5-2　Windows 操作系统输出 CSV 格式的问题

Scrapy 项目 Ch8_5_2 是复制 8-3-2 小节项目的 quotes.py 爬虫程序，已经编辑 settings.py 文件并指定输出格式为 CSV，文件名是 quotes.csv。

✪ Scrapy 项目输出 CSV 格式的问题

当执行 Scrapy 项目 Ch8_5_2 的 quotes 爬虫程序输出 CSV 文件后，使用编辑器打开 CSV 文件，会发现输出的每一行下方都多出一行额外的空白行，如图 8-28 所示。

图8-28　空白行

请注意！上述问题是 Windows 操作系统才有的问题，为了解决此问题，需要修改 Scrapy 安装包的 Python 程序 exporters.py。

⊛ **修改 Python 程序**　　　　　　　　　　　　　　　　　◀Ch8_exporters.py▶

因为本书是使用 Anaconda 安装 Scrapy 包，Anaconda 包是安装在 Windows 操作系统的用户目录中。例如，笔者 Windows 系统的用户名是 JOE，Anaconda 3 的安装路径如下：

```
C:\用户\JOE\Anaconda3
```

安装的 Scrapy 包位于其 pkgs 子目录下：

```
Anaconda3\pkgs\scrapy-1.5.1-py36_0\Lib\site-packages\scrapy
```

首先启动 Spyder 或 PSPad 等编辑器打开位于此目录下的 exporters.py 文件，然后找到第 217 行代码，如图 8-29 所示。

```
206  class CsvItemExporter(BaseItemExporter):
207
208      def __init__(self, file, include_headers_line=True, join_multivalued=',', **kwargs):
209          self._configure(kwargs, dont_fail=True)
210          if not self.encoding:
211              self.encoding = 'utf-8'
212          self.include_headers_line = include_headers_line
213          self.stream = io.TextIOWrapper(
214              file,
215              line_buffering=False,
216              write_through=True,
217              encoding=self.encoding
218          ) if six.PY3 else file
219          self.csv_writer = csv.writer(self.stream, **kwargs)
220          self._headers_not_written = True
221          self._join_multivalued = join_multivalued
222
```

图8-29　打开exporters.py文件

将第 217 行代码 encoding=self.encoding 的最后加上 "," 符号后，再加上 newline='' ，其中 "''" 是空字符串，如图 8-30 所示。其代码如下：

```
encoding=self.encoding, newline=''
```

```
213          self.stream = io.TextIOWrapper(
214              file,
215              line_buffering=False,
216              write_through=True,
217              encoding=self.encoding, newline=''
218          ) if six.PY3 else file
219          self.csv_writer = csv.writer(self.stream, **kwargs)
220          self._headers_not_written = True
221          self._join_multivalued = join_multivalued
```

图8-30　修改代码

保存 exporters.py 文件后，重新执行 Scrapy 项目 Ch8_5_2 的 quotes 爬虫程序（记得先删除原来的 quotes.csv 文件），即可看到多出的额外空白行已经删除。

Python网络爬虫与数据可视化应用实战

8

1 请简单说明 Scrapy 爬虫框架。

2 请问什么是 Scrapy Shell。简单说明 Scrapy 项目的目录结构。

3 请举例说明 Scrapy 爬虫程序如何处理"下一页"超链接。

4 请举例说明 Scrapy 爬虫程序如何合并从多个页面爬取的数据。

5 请简单说明 Item Pipeline 项目管道是什么。

6 请打开 Anaconda Prompt 命令提示符窗口，输入指令创建名为 majortests 的 Scrapy 项目。

7 请继续习题 6，使用 majortests.com 单字列表网站在 Scrapy 项目 majortests 新增爬虫程序 wordlists.py，其网址如下：

```
https://www.majortests.com/word-lists/
```

8 请继续习题 7，编写 Python 程序 wordlists.py 爬取 Intermediate word lists 共 10 页超链接的单字列表，包含单字和说明，如下所示。

word	meaning
Abhor	hate
Bigot	narrow-minded, prejudiced person
⋮	

9 请继续习题 8，在 Scrapy 项目定义 Item 项目 word 和 meaning。

10 请继续习题 9，设置 Scrapy 项目输出 JSON 文件。

9
CHAPTER

Python 爬虫程序
实战案例

9-1　Python 爬虫程序的常见问题

9-2　用 BeautifulSoup 爬取股价、电影、图书等信息

9-3　用 Selenium 爬取旅馆、编程论坛信息

9-4　用 Scrapy 爬取 Tutsplus 教学文件及 WallPaper 中的精美壁纸

9-1　Python 爬虫程序的常见问题

　　Python 爬虫程序是向 Web 服务器发送 HTTP 请求后，从返回的 HTML 网页爬取出内容。但是，目前很多网站都内置防爬机制，连接时可能会遇到一些问题，在实际练习爬虫之前先来看看常见的问题。

✪ 选择适合的 Python 网络爬虫函数库和定位技术

　　Python 网络爬虫函数库和网页定位方式有很多种。基本上，如果只需爬取 Web 网站的数页网页，可以使用 BeautifulSoup；如果需要爬取 JavaScript 产生的动态网页，或与表单进行互动，可以使用 Selenium；若准备爬取整个 Web 网站的大量数据，可以使用 Scrapy 框架。

　　关于网页定位技术部分，如果是定位特定 HTML 标签，可以使用 CSS 选择器或 XPath 表达式，也可以使用各函数库提供的相关方法，如果需要搜索网页中 HTML 标签的文字内容，即使用标签内容作为条件，建议使用 XPath 表达式，否则只能使用 CSS 选择器搭配正则表达式来进行搜索。

✪ 更改 HTTP 头部伪装成浏览器发送请求　　　　　Ch9_1.py

　　从 2-3-1 小节的 Ch2_3_1b.py 可以看出如果使用 Requests 对象发送 HTTP 请求，Web 网站可以知道是 Python 程序发送的请求，并不是浏览器。例如，Ch9_1.py 发送 HTTP 请求至豆瓣网，具体如下：

```
import requests

url = "https://www.douban.com/"

r = requests.get(url)
if r.status_code == requests.codes.ok:
    r.encoding = "utf-8"
    print(r.text)
else:
    print("HTTP请求错误..." + url)
```

　　上述代码使用 requests 发送 HTTP 请求，执行结果中会看到连接错误，即：

执行结果

```
HTTP请求错误...https://www.douban.com/
```

　　要避免上述状况，可以利用 2-4-2 小节介绍过的更改头部信息方式，假装从浏览器发送 HTTP 请求（Python 程序：Ch9_1a.py），具体如下：

```
import requests

url = "https://www.douban.com/"

headers = {'user-agent': 'Mozilla/5.0 (Windows NT 10.0; Win64; x64)'
           'AppleWebKit/537.36 (KHTML, like Gecko)'
           'Chrome/63.0.3239.132 Safari/537.36'}
r = requests.get(url, headers=headers)
if r.status_code == requests.codes.ok:
    r.encoding = "utf-8"
    print(r.text)
else:
    print("HTTP请求错误..." + url)
```

上述代码因为更改了 HTTP 请求的头部信息，所以，从执行结果可以看到成功取回 HTML 网页。

❂ 在多次 HTTP 请求之间加上延迟时间 ⟨ Ch9_1b.py ⟩

因为 Python 爬虫程序很可能需要在极短的时间内，针对同一网站密集地发送 HTTP 请求。例如，在 1s 内发送超过 10 次请求，为了避免被黑客攻击，网站大都有预防密集请求的保护机制。

所以，爬虫程序应该避免在短时间内密集发送 HTTP 请求，而是在每一次请求之间等待几秒钟，具体如下：

```
import time
import requests

URL = "http://www.majortests.com/word-lists/word-list-0{0}.html"

for i in range(1, 10):
    url = URL.format(i)
    r = requests.get(url)
    print(r.status_code)
    print("等待5秒钟...")
    time.sleep(5)
```

上述代码导入 time 模块，for 循环一共发送 9 次 HTTP 请求，在每一次请求之间调用 time. sleep() 函数暂停几秒钟，此例中参数是 5s，也就是每等 5s 才发送一次 HTTP 请求。

❂ 处理异常的 HTML 标签 ⟨ Ch9_1c.py ⟩

当分析 HTML 网页找到目标 HTML 标签后，编写 Python 爬虫程序时需要注意一些特殊情况并对其进行特别处理，否则在爬虫时可能在这些特殊情况下中断。例如，编程论坛 Python 版块的 HTML 标签，我们希望爬取发帖标题以及当前的结帖状态。发文的结帖标识是 <td class="title"> 下的 <font color='#888888'> 标签，如图 9-1 所示。

9

```
▼<td class="title">
    <img align="absmiddle" style="cursor:pointer" src="skin/img/plus.gif" id="followimg495988"
    onclick="f_loadtree('495988')">
      <a href="thread-495988-1-1.html" title="发帖时间: 2019-07-22 16:34 问题点数: 20 最后回复: cokita">
    [求助]如何给word表格中某个单元格插入图贴</a>
      <font color="#888888" title="已结贴">[结]</font> = $0
  </td>
```

图9-1　结帖标识

上述 <td class="title"> 标签是一篇发文，位于 <td class="title"> 下的 <a> 标签是发文的标题文字，<font color='#888888'> 是结帖标识。如果是结帖的发文，如图 9-2 所示。

```
▼<td class="title">
    <img align="absmiddle" src="skin/img/nofollow.gif">
      <a href="thread-500725-1-1.html" title="发帖时间: 2020-03-30 11:50 问题点数: 20 最后回复: cokita">
    如何用python在word表格的一个cell中插入图片? </a>
  </td>
```

图9-2　结帖的发文

上述 <td class="title"> 标签只有 <a> 标签发文的标题文字，没有 <font color='#888888'> 结帖标识。这就是发文 HTML 标签的特殊情况，当发生这种情况时，有以下处理方式：

方法一：**使用 if 条件判断 <td class="title"> 下是否有 <font> 标签，如果没有就跳过不处理，9-2-4 小节将使用这种方法。**

方法二：**使用 BeautifulSoup 对象创建替代 <font> 标签，如果没有，就使用替代标签，本节使用此方法。**

Python 程序 Ch9_1c.py 可以爬取编程论坛的 Python 版块的发文，首先创建 FONT 变量，使用 BeautifulSoup 对象创建 <font> 标签，具体如下：

```python
import requests
from bs4 import BeautifulSoup

url = "https://bbs.bccn.net/forum-246-1.html"
FONT = BeautifulSoup('<font>[未结]</font>', "lxml").font
```

上述代码创建 <font> 标签的 BeautifulSoup 对象，最后的 .font 是获取此标签对象，然后发送 HTTP 请求，具体如下：

```python
r = requests.get(url)
if r.status_code == requests.codes.ok:
    soup = BeautifulSoup(r.text, "lxml")
    tag_tds = soup.find_all("td", class_="title")
    for tag in tag_tds:
        tag_title = tag.find("a")
        if tag_title:
            tag_status = tag.find("font", color='#888888') or FONT
            print(tag_title.text, tag_status.text)
else:
    print("HTTP请求错误..." + url)
```

上述代码使用 find_all() 函数找出所有发文的 <td> 标签后，使用 for-in 循环取出每一篇发文的标题文字，即 <a> 标签，具体如下：

```
tag_title = tag.find("a")
if tag_title:
    tag_status = tag.find("font", color='#888888') or FONT
    print(tag_title.text, tag_status.text)
```

上述代码使用 find() 函数搜索 <a> 标签，在使用 if 语句确认发帖存在时，使用 find() 函数搜寻 <font color='#888888'> 结帖标识，如果没有找到，就指定成 FONT 变量的 <font> 标签对象，从执行结果可以看到显示"未结"（请注意！不是每次都有未结帖与结帖文章），这是爬取成功后获取的发帖标题以及当前的结帖状态。其执行结果如下：

执行结果

```
[开源]Python开发的网站程序(一花一世界) [结]
Python论坛历届版主名录 [未结]
1到1000内能被3(和)2整除的所有整数的累加和 [未结]
大家好,在做填表的时候,遇到需要选择的框,不会弄了,求大家帮忙 [未结]
如何用Python在Word表格的一个cell中插入图片? [未结]
[求助]如何给Word表格中某个单元格插入图片 [结]
小练习:帮依萍写日记 [未结]
turtle画图玩儿 [结]
Python题,求大神赐解 [未结]
如何打包exe后运行程序图标不显示在任务栏 [未结]
想了解一下Python如何写一个加法计算器 [未结]
小白初来乍到能否有所推荐 [未结]
在安装Pycharm输入注册许可时,出现License key is in legacy format怎么办 [未结]
问题在哪里,如何解决 [未结]
......
求助 Pygame  背景色怎么总是黑色 [未结]
菜鸟提问关于缺失值的问题 [结]
小白一新手低级问题 [未结]
Python 34位安装 [未结]
能不能用max _ row直接获取工作表中某一列的行数? [未结]
Ubuntu18.04下安装了Pycharm2019.3,在Pycharm里不能切换到搜狗中文输入法 [未结]
各位大佬帮我修改一下,这个游戏为什么运行不起来? [结]
请教各位小哥哥小姐姐,我八岁半了,我妈要给我报编程课,像我这么大的孩子学哪种类型的编程好呢? [结]
建信金科(深圳)春招(内推) [未结]
关于变量作用域,运行结果和教材不一样…… [结]
关于for 循环的疑问 [未结]
```

✪ 网站内容分级规定　　　　　　　　　　　　　　　◀ Ch9_1d.py ▶

因为很多网站内容都有分级规定，有些网站访问时有年龄限制，而有些网站在进入前要求用户登录。例如，编程论坛的搜索结果界面如图 9-3 所示。

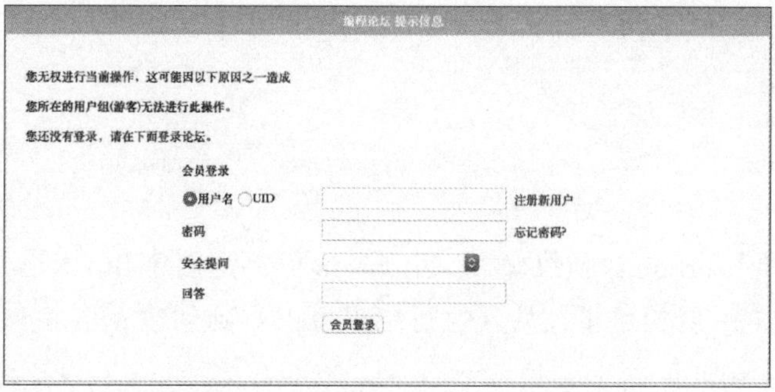

图9-3　编程论坛搜索结果界面

图 9-3 表明须进行会员登录才能进入网页。因为编程论坛是使用 Cookie 存储是否为会员，可以在 requests 请求指定 Cookie 来跳过网站分级规定的页面，具体如下：

```
import requests

url = "https://bbs.bccn.net/search.php?searchid=1&searchsubmit=yes"

headers = {'cookie': 'UM_distinctid...'}
r = requests.get(url, headers=headers)
if '无权' not in resp.text:
    print('成功请求至正确网页')
else:
    print('无权访问该结果，请检查Cookie')
```

上述 request.get() 函数通过 headers 参数指定 Cookie 来跳过网站内容的分级规定。Cookie 内容是在 Chrome 检查模式的 Network 标签页中，从对应的响应的 Cookie 复制所得，由于 Cookie 过长，这里部分用省略号代替。最后通过 in 函数查询响应中是否存在"无权"二字，判断请求是否被分级规定阻拦。

另一种越过网站内容分级规定的方式是使用 Selenium 模拟执行仿真登录操作。

❖ 创建爬虫目标的网址　　　　　　　　　　　◀ Ch9_1e.py ▶

如果爬虫目标的网址不止一个，而是有很多个网址，Python 爬虫程序需要先创建这些网址，Python 程序 Ch9_1b.py 使用字符串 format() 函数创建多个网址。

因为 Python 语言的 urllib.parse 模块是用于处理网址，我们可以使用此模块的 urljoin() 函数结合创建所需的网址，具体如下：

```
from urllib.parse import urljoin

URL = "https://bbs.bccn.net/"
catalog = ["python", "include", "asp"]

for item in catalog:
```

```
    url = urljoin(URL, "../tag.php?name={}".format(item))
    print(url)

for i in range(1, 5):
    url = urljoin(URL, "../tag.php?name=python&page={}".format(i))
    print(url)
```

上述代码首先导入 urljoin() 函数，第一个 for-in 循环是创建 BCCN 各版块的网址，使用列表和 ../ 路径来取代上一层的目录，从其执行结果可以看到创建 python、include 和 asp 版块的 URL 路径，其执行结果如下：

```
https://bbs.bccn.net/tag.php?name=python&page=1
https://bbs.bccn.net/tag.php?name=python&page=2
https://bbs.bccn.net/tag.php?name=python&page=3
https://bbs.bccn.net/tag.php?name=python&page=4
```

第二个 for 循环调用 urljoin() 函数，使用 for-in 循环与 format() 函数将页码与 page 拼接，可以创建出 page=1~page=4 的网址，其执行结果如下：

```
https://bbs.bccn.net/tag.php?name=python
https://bbs.bccn.net/tag.php?name=include
https://bbs.bccn.net/tag.php?name=asp
```

9-2 用 BeautifulSoup 爬取股价、电影、图书等信息

本节使用 Requests 和 BeautifulSoup 函数库实战演示一个 Python 爬虫程序的案例。

9-2-1 实战案例：爬取 Yahoo 股价信息

在 Yahoo 股价信息网页可以查询股票信息，其网址为 https://tw.stock.yahoo.com/q/q?s=3711，如图 9-4 所示。

图9-4　Yahoo股价信息网页

上述 URL 参数 s 是股票代码 3711（日月光投控），这是使用 HTML 表格显示的股票信息。我们准备创建 Ch9_2\yahoo_stock_crawler.py 程序爬取股票信息，执行结果可以创建 3 档股票信息的 CSV 文件：stocks.csv。

在 Python 程序中首先导入相关模块和包，并创建目标网址的变量，即

```
import time
import requests
import csv
from bs4 import BeautifulSoup

# 目标URL网址
URL = "https://tw.stock.yahoo.com/q/q?s="
```

✪ Python 爬虫主程序

if 条件判断 __name__ 是否是 __main__，这个 if 条件的程序块就是 Python 主程序，具体如下：

```
if __name__ == "__main__":
    urls = generate_urls(URL, ["3711", "2330", "2454"])
    # print(urls)
    stocks = web_scraping_bot(urls)
    for stock in stocks:
        print(stock)
    save_to_csv(stocks, "stocks.csv")
```

上述代码调用 generate_urls() 函数创建目标网址列表，第一个参数是目标 URL，第二个参数是股票代码列表，然后调用 web_scraping_bot() 函数以参数的 URL 列表来爬取数据，返回的是各只股票的信息，最后调用 save_to_csv() 函数存储成 CSV 文件。

✪ Python 函数：generate_urls() 函数

generate_urls() 函数使用参数的目标 URL 和股票代码列表来创建 URL 列表，具体如下：

```
def generate_urls(url, stocks):
    urls = []
    for stock in stocks:
        urls.append(url + stock)
    return urls
```

上述代码使用 for-in 循环创建返回的 URL 列表，也就是在目标网址的最后加上股票代码的 s 参数值。

✪ Python 函数：web_scraping_bot() 函数

web_scraping_bot() 函数用来爬取股票数据，因为是 URL 列表，所以使用 for-in 循环来一一爬取每一个 URL，首先使用 split() 函数获取股票代码 stock_id，具体如下（为了方便读者学习，本例中的汉字显示为简体中文，但实际操作时请输入对应的繁体中文字，因为该网站是繁体网站。）：

```
def web_scraping_bot(urls):
    stocks = [["代码","名称","状态","股价","昨收","张数","最高","最低"]]

    for url in urls:
        stock_id = url.split("=")[-1]
        print("抓取: " + stock_id + " 网络数据中...")
        r = get_resource(url)
        if r.status_code == requests.codes.ok:
            soup = parse_html(r.text)
```

```
        stock = get_stock(soup, stock_id)
        stocks.append(stock)
        print("等待5s...")                               ▼
        time.sleep(5)
    else:
        print("HTTP请求错误...")

return stocks
```

上述 for-in 循环调用 get_resouce() 函数发送 HTTP 请求，if-else 条件判断请求是否成功，如果成功，就调用 parse_html() 函数使用 BeautifulSoup 解析 HTML 网页，即可使用 get_stock() 函数获取这一只股票的信息，接着调用 append() 函数将参数股票信息列表新增至嵌套列表，等待 5s 后，执行循环的下一只股票信息爬取。

✪ Python 函数：get_resource() 函数

get_resource() 函数只是单纯使用 requests 对象，以自定义 HTTP 头部来发送 HTTP 请求，具体如下：

```
def get_resource(url):
    headers = {"user-agent": "Mozilla/5.0 (Windows NT 10.0; Win64; x64)"
               "AppleWebKit/537.36 (KHTML, like Gecko)"
               "Chrome/63.0.3239.132 Safari/537.36"}
    return requests.get(url, headers=headers)
```

✪ Python 函数：parse_html() 函数

parse_html() 函数返回 BeautifulSoup 解析的 HTML 网页，具体如下：

```
def parse_html(html_str):
    return BeautifulSoup(html_str, "lxml")
```

✪ Python 函数：get_stock() 函数

get_stock() 函数使用 find_all() 函数找出第一个表格的 HTML 标签后，使用 select() 函数以 CSS 选择器获取指定存储表格的股票数据，具体如下：

```
def get_stock(soup, stock_id):
    table = soup.findall(text="成交")[0].parent.parent.parent
    status = table.select("tr")[0].select("th")[2].text
    name =   table.select("tr")[1].select("td")[0].text
    price =  table.select("tr")[1].select("td")[2].text
    yclose = table.select("tr")[1].select("td")[7].text
    volume = table.select("tr")[1].select("td")[6].text
    high =   table.select("tr")[1].select("td")[9].text
    low  =   table.select("tr")[1].select("td")[10].text

    return [stock_id,name[4:-6],status,price,yclose,volume,high,low]
```

上述代码重复调用 select() 函数依次获取股票状态（status）、名称（name）、股价（price）、昨日收盘价（yclose）、成交张数（volume）、最高（high）和最低（low）股价，最后返回股票数据的列表。

☻ Python 函数：save_to_csv() 函数

save_to_csv() 函数是将 Python 嵌套列表输出成 CSV 文件，具体如下：

```python
def save_to_csv(items, file):
    with open(file, "w+", newline="", encoding="utf-8") as fp:
        writer = csv.writer(fp)
        for item in items:
            writer.writerow(item)
```

9-2-2 实战案例：爬取 Yahoo！本周电影新片信息

在 Yahoo！电影本周新片网页可查看本周上映的新片信息，其网址为 https://movies.yahoo.com.tw/movie_thisweek.html?page=1，如图 9-5 所示。

图9-5 Yahoo! 电影本周新片网页

上述 URL 参数 page 是页码（可能有多页），可以查询本周上映的新片信息，每一个方框是一部新片信息。将创建 Ch9_2\yahoo_movie_crawler.py 程序爬取本周新片信息，其执行结果可以创建 CSV 文件：movies.csv。

因为 Python 程序结构与 9-2-1 小节相似，笔者只准备说明主要函数。Python 程序的目标 URL 有一个 {0} 参数，具体如下：

```
URL = "https://movies.yahoo.com.tw/movie_thisweek.html?page={0}"
```

上述 URL 变量是在 generate_urls() 函数产生 1 ~ 5 分页的 URL 列表（最多 5 页，大多数情况下只有 2 页）中调用 web_scraping_bot() 函数爬取各分页的本周新片数据。

☯ Python 函数 : generate_urls() 函数

generate_urls() 函数使用参数的目标 URL、开始和结束页数来创建 URL 列表，具体如下 :

```python
def generate_urls(url, start_page, end_page):
    urls = []
    for page in range(start_page, end_page+1):
        urls.append(url.format(page))
    return urls
```

☯ Python 函数 : web_scraping_bot() 函数

首先，在 web_scraping_bot() 函数中，使用 for-in 循环来一一爬取参数的 URL 列表，每次爬取一个分页，具体如下（为了方便读者学习，本例中的汉字显示为简体中文，但实际操作时请输入对应的繁体中文字，因为该网站是繁体网站。）:

```python
def web_scraping_bot(urls):
    all_movies=[["中文片名","英文片名","期待度","海报图片","上映日"]]
    page = 1

    for url in urls:
        print("抓取: 第" + str(page) + "页 网络数据中...")
        page = page + 1
        r = get_resource(url)
        if r.status_code == requests.codes.ok:
            soup = parse_html(r.text)
            movies = get_movies(soup)
            all_movies = all_movies + movies
            print("等待5s...")
            if soup.find("li", class_="nexttxt disabled"):
                break    # 已经没有下一页
            time.sleep(5)
        else:
            print("HTTP请求错误...")

    return all_movies
```

上述代码使用变量 page 记录爬取的分页数，使用 get_movies() 函数获取此分页中本周新片信息的 Python 列表，然后将各分页的嵌套列表使用加法结合成一个 Python 嵌套列表。

☯ Python 函数 : get_movies() 函数

在 get_movies() 函数中，首先调用 find_all() 函数获取此分页所有的本周新片信息，即每一

个方框的 <div> 标签，具体如下：

```
def get_movies(soup):
    movies = []
    rows = soup.find_all("div", class_="release_info_text")
    for row in rows:
        movie_name_div = row.find("div", class_="release_movie_name")
        cht_name = movie_name_div
        eng_name = movie_name_div.find("div", class_="en")
        expectation = row.find("div", class_="leveltext")
        photo = row.parent.find_previous_sibling(
                "div", class_="release_foto")
        poster_url = photo.a.img["src"]
        release_date = format_date(row.find('div', 'release_movie_time').text)

        movie = [cht_name.a.text.strip() if cht_name else None,
                 eng_name.a.text.strip() if eng_name else None,
                 expectation.span.text.strip() if expectation else None,
                 poster_url if poster_url else None,
                 release_date if release_date else None]
        movies.append(movie)
    return movies
```

上述 for-in 循环获取每一部新片来爬取中文名称（cht_name）、英文名称（eng_name）、期待度（expectation）、海报网址（poster_url）和上映日（release_date），调用 format_date() 函数获取字符串中的日期，进行保护后，创建每一部新片的 movie 列表，新增至嵌套列表 moives。

✪ Python 函数：format_date() 函数

format_date() 函数使用正则表达式获取参数字符串中的日期数据，具体如下：

```
def format_date(date_str):
    # 获取上映日期
    pattern = '\d+-\d+-\d+'
    match = re.search(pattern, date_str)
    if match is None:
        return date_str
    else:
        return match.group(0)
```

9-2-3　实战案例：爬取中国图书网的图书信息

中国图书网是我国著名的网络书店，也是国内图书品种最全的网上书店，其搜索图书的网址为 http://www.bookschina.com/book_find2/?stp=python，如图 9-6 所示。

图9-6 中国图书网

上述网址中，stp 后是关键字，可以看到查询结果的图书列表。我们准备创建 Ch9_2\
books_crawler.py 程序爬取查询结果的图书信息，其执行结果可以创建 CSV 文件：booklist.csv。

因为 Python 程序结构与 9-2-2 小节相似，笔者只说明主要函数。Python 程序的目标 URL
具体如下：

```
base_url = "http://www.bookschina.com/book_find2/?stp={0}"
```

上述 URL 变量是用来在 generate_search_url() 函数产生网址后，调用 web_scraping_bot()
函数来爬取查询结果的图书信息。

✪ Python 函数：generate_search_url() 函数

generate_search_url() 函数的参数是目标 URL 和关键字，调用 format() 函数创建搜索图书
关键字的网址，具体如下：

```
def generate_search_url(url, keyword):
    url = url.format(keyword)

    return url
```

✪ Python 函数：web_scraping_bot() 函数

web_scraping_bot() 函数的参数为目标网址，该函数通过 parse_html() 函数判断 HTTP 请求
是否成功，并将成功后生成的 soup 对象返回，具体如下：

```
def web_scraping_bot(url):
    booklist = [["书名", "作者", "网址", "书价"]]
```

```
print("抓取网络数据中...")
soup = parse_html(get_resource(url))
```

上述代码先创建 CSV 文件的标题行嵌套列表 booklist，接下来调用 parse_html() 函数成功解析网页并返回。

在判断返回对象可用后，调用 find() 和 find_all() 函数获取包含所有图书列表的 tag_items，然后使用 for-in 循环一一爬取每一本图书数据，依次是书名、作者、网址和书价，在创建书籍信息的列表后，调用 append() 函数新增至 booklist 嵌套列表，最后将其返回。代码如下：

```
if soup != None:
    tag_bookList = soup.find('div', class_="bookList")
    tag_items = tag_bookList.find_all('div', class_='infor')
    for item in tag_items:
        book = []
        book.append(item.find(class_='name').find('a')['title'])
        book.append(item.find(class_='author').text)
        book.append(base_url + item.find(class_='name').find('a')['href'])
        book.append(item.find('span', class_="sellPrice").text)
        booklist.append(book)

    return booklist
```

✪ Python 函数：parse_html() 函数

parse_html() 函数的参数是 Requests 对象，if-else 条件判断是否请求成功，若成功，则返回 BeautifulSoup 解析的 HTML 网页，具体如下：

```
def parse_html(r):
    if r.status_code == requests.codes.ok:
        soup = BeautifulSoup(r.text, "lxml")
    else:
        print("HTTP请求错误..." + url)
        soup = None

    return soup
```

9-2-4 实战案例：爬取编程论坛当月的发文

编程论坛是我国著名的编程讨论空间，在第 8 章已经使用 Scrapy 爬取 Python 版块，本小节准备使用 Requests 和 Xpath 来爬取 Python 版块（本小节程序也适用于其他编程论坛版块）。

创建 Ch9_2\bccn_crawler.py 程序爬取本月 Python 版块的发文信息，其执行结果可以创建 JSON 文件：articles.json。Python 程序的目标 URL 具体如下：

```
URL = "https://bbs.bccn.net/forum-246-{}.html"
```

上述 URL 变量是目标网址；通过 for-in 循环与 format() 函数创建准备抓取的前 5 页 url，本节的示例程序并没有单独编写生成 url 的函数，而是在 main() 函数中，具体如下：

```
if __name__ == '__main__':
    articles = []
    for index in range(0, 5):
        url = URL.format(index + 1)
        articles += web_scraping_bot(url)

    save_to_json(articles, "articles.json")
```

上述代码在创建 Python 版块前 5 页的 url 后，调用 web_scraping_bot() 函数爬取发文信息，调用 save_to_json() 函数保存至 JSON 文件。

✪ Python 函数：parse_html() 函数

由于本小节准备使用 Xpath 来解析网页，所以与 9-2-3 小节的 parse_html 函数不同，具体如下：

```
def parse_html(r):
    if r.status_code == requests.codes.ok:
        dom = etree.HTML(r.text)
    else:
        dom = None
    return dom
```

✪ Python 函数：web_scraping_bot() 函数

web_scraping_bot() 函数的参数为目标网址，在调用 parse_html() 函数获取网页的 dom 对象并判断可用后，调用 get_articles() 函数来爬取发文的信息，具体如下：

```
def web_scraping_bot(url):
    print("抓取网络资料中..." + url)
    dom = parse_html(get_resource(url))
    if dom is not None:
        # 返回目前页面中本月的发帖
        return get_articles(dom)
```

✪ Python 函数：get_articles() 函数

get_articles() 函数的参数为网页的 dom 对象，在创建 articles 列表后，通过 Xpath 表达式获取此页发文信息，分别为 titles（标题）、replytimes（最后活跃时间）、authors（作者），具体如下：

```
def get_articles(soup, date):
    articles = []
```

```
titles = dom.xpath("//td[@class='title']/a/text()")
replytimes = dom.xpath("//span[@class='l_last_t']/a/text()")
authors = dom.xpath("//td[@class='l_au']/a/text()")
```

接下来通过 for-in zip() 函数创建 item 元组遍历发文信息，然后调用 data_cleaning() 函数进行数据清洗，目的是将获取的不规范日期格式规范化，并过滤掉本月未活跃的发文。最后调用 append() 函数将清洗后的数据添加进 articles 列表，在遍历结束后将 articles 列表返回给 web_scraping_bot() 函数，具体如下：

```
for item in zip(titles, replytimes, authors):
for tag in tag_divs:
    # 进行数据清洗
    article = data_cleaning(item)
    articles.append(article) if article else None

return articles
```

✪ Python 函数：data_cleaning() 函数

在 data_cleaning() 函数中，先创建 article 字典列表，再编写类似 8-4-3 小节的代码将不规范日期格式规范化，具体如下：

```
def data_cleaning(item):
    article = {'title': item[0],
               'replytime': item[1],
               'author': item[2]}

    if article['replytime']:
        now = datetime.datetime.now()
        if '天前' in article['replytime']:
            days = int(article['replytime'][0])
            date = now - datetime.timedelta(days=days)
        elif '前天' in article['replytime']:
            date = now - datetime.timedelta(days=2)
        elif '昨天' in article['replytime'] or '昨晚' in article['replytime']:
            date = now - datetime.timedelta(days=1)
        elif '小时前' in article['replytime'] or '分钟前' in article['replytime']:
            date = now
        else:
            date = article['replytime'].split(' ')[0]
            date = datetime.datetime.strptime(date, '%Y-%m-%d')
        date = date.strftime("%Y-%m-%d")
```

在获取了经过清洗规范化的日期格式字符串对象 date 之后，调用 time.strftime("%Y-%m") 函数获取当前的年份和月份 month，在当前年月与发帖年月一致时，将 article 列表中的 replytime 替换为规范后的日期对象 date，并返回 get_articles() 函数将其添加进 articles 列表，

246

如果不一致，则抛弃。代码如下：

```
month = time.strftime("%Y-03")
if month in date:
    article['replytime'] = date
    return article
```

✪ Python 函数：save_to_json() 函数

在 save_to_json() 函数中，可以将 Python 字典列表输出成 JSON 文件，代码如下：

```
def save_to_json(items, file):
    with open(file, "w", encoding="utf-8") as fp: # 写入JSON文件
        json.dump(items,fp,indent=2,sort_keys=True,ensure_ascii=False)
```

9-2-5　实战案例：爬取 NBA 球队的信息

NBA 虎扑论坛是篮球信息网，里面有各球队的相关信息，如图 9-7 所示，其网址为 https://nba.hupu.com/standings。

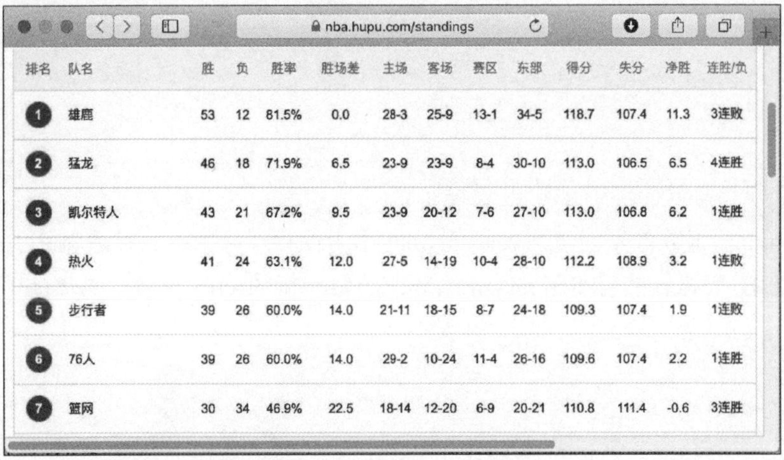

排名	队名	胜	负	胜率	胜场差	主场	客场	赛区	东部	得分	失分	净胜	连胜/负
1	雄鹿	53	12	81.5%	0.0	28-3	25-9	13-1	34-5	118.7	107.4	11.3	3连败
2	猛龙	46	18	71.9%	6.5	23-9	23-9	8-4	30-10	113.0	106.5	6.5	4连胜
3	凯尔特人	43	21	67.2%	9.5	23-9	20-12	7-6	27-10	113.0	106.8	6.2	1连胜
4	热火	41	24	63.1%	12.0	27-5	14-19	10-4	28-10	112.2	108.9	3.2	1连败
5	步行者	39	26	60.0%	14.0	21-11	18-15	8-7	24-18	109.3	107.4	1.9	1连败
6	76人	39	26	60.0%	14.0	29-2	10-24	11-4	26-16	109.6	107.4	2.2	1连胜
7	篮网	30	34	46.9%	22.5	18-14	12-20	6-9	20-21	110.8	111.4	-0.6	3连胜

图9–7　NBA虎扑论坛

根据上述网站显示各球队的相关信息，创建 Ch9_2\nba_team_crawler.py 程序爬取球队信息，其执行结果可以创建 CSV 文件：teams.csv。

因为 Python 程序结构与 9–2–1 小节相似，笔者只说明主要函数。Python 程序的主函数具体如下：

```
if __name__ == "__main__":
    url = "https://nba.hupu.com/standings"
    resp = get_resource(url)
```

```
teams = web_scraping_bot(resp)

save_to_csv(teams, "teams.csv")
```

程序的主函数首先调用 get_resource() 函数来请求网站，然后调用 web_scraping_bot() 函数获取 teams 的巢状列表，最后通过 save_to_csv() 函数将数据写入 CSV 文件中。

✪ Python 函数：web_scraping_bot() 函数

在 web_scraping_bot() 函数中，首先创建 CSV 文件中的巢状列表标题行 total_teams，接下来使用 if-else 条件判断请求是否成功，如果成功，就解析网页，然后调用 get_team_info() 函数获取参数球队的详细数据，最后将 total_teams 返回，具体如下：

```
def web_scraping_bot(resp):
    total_teams = [['排名', '队名', '胜', '负', '胜率', "连胜/负"]]

    if resp.status_code == requests.codes.ok:
        soup = parse_html(resp.text)
        team_info = get_team_info(soup)
        total_teams += team_info
    else:
        print("HTTP请求错误...")
    return total_teams
```

✪ Python 函数：get_team_info() 函数

get_team_info() 函数首先创建列表 team_info 用于保存球队数据，接着调用 find() 函数找到球队数据的 HTML 表格，然后使用 for-in 循环遍历每一行的 <tr> 标签，具体如下：

```
def get_team_info(soup):
    team_info = []
    table = soup.find(class_="players_table")  # 找到表格
    # HTML表格的所有列
    for row in table.find_all("tr"):
        if 'class' not in row.attrs:
            cols = row.find_all("td")
            # '排名', '队名', '胜', '负', '胜率', "连胜/负"
            team_info.append([cols[0].text, cols[1].text,
                              cols[2].text, cols[3].text,
                              cols[4].text, cols[13].text])

    return team_info
```

上述 for-in 循环获取此表格列所有存储的 <td> 标签后，依次按照存储索引来获取球队的排名、队名、胜、负、胜率和连胜 / 负数据，并且新增至 team_info 嵌套列表。

9-3　用 Selenium 爬取旅馆、编程论坛信息

9-2 节中的实战案例使用了 Requests 和 BeautifulSoup 爬取静态网页，本节使用 Selenium 与表单进行互动来爬取动态网页内容。

9-3-1　实战案例：爬取旅馆信息

Hotels.com 是一个全球性质的住宿预订旅馆网站，要使用 Selenium 在表单输入地点、入住和退房时间后，获取搜索结果的旅馆信息。网址为 https://hotels.com。

✪ 在 Hotels.com 搜索旅馆信息

Selenium 可以使用代码来模拟用户的操作，要从头开始实际在网站搜索旅馆信息。首先，进入 https://www.hotels.com 网站，如图 9-8 所示。

图9-8　Hotels.com网站

在上述表单输入搜索地点，选择入住和退房日期，单击"搜索"按钮或按 Enter 键，可以看到搜索到的旅馆列表，如图 9-9 所示。

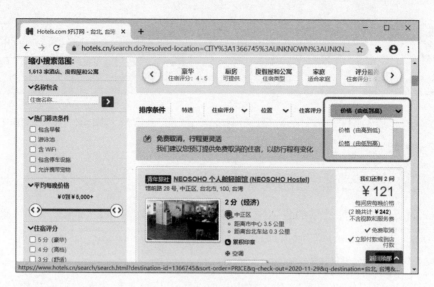

图9-9　旅馆列表

　　然后，移动光标至网页右上角的价格处单击，选择价格（由低到高）选项，将价格改为从低到高排序来显示列表，创建 Python 程序获取此页搜索结果的旅馆列表。

⭐ **Python 程序** ⟨Ch9_3\hotels_spider.py⟩

　　在 Python 程序中首先载入相关模块和包，并指定目标网址，具体如下：

```python
import csv
import time
from lxml import html
from selenium import webdriver
from selenium.webdriver.common.keys import Keys
from selenium.webdriver.common.action_chains import ActionChains
# 目标URL网址
URL = "https://hotels.com/"
# 搜索条件
KEY = "台北台湾"
CHECKIN = "2020-11-27"
CHECKOUT = "2020-11-29"
```

　　上述变量 KEY 是搜索城市，CHECKIN 是入住日期，CHECKOUT 是退房日期。start_driver() 和 close_driver() 函数分别是启动和结束 WebDriver，即：

```python
driver = None

def start_driver():
    global driver
    print("启动 WebDriver...")
```

9

```
    driver = webdriver.Chrome("./chromedriver")
    driver.implicitly_wait(10)

def close_driver():
    global driver
    driver.quit()
    print("关闭 WebDriver...")

def get_page(url):
    global driver
    print("获取网页...")
    driver.get(url)
    time.sleep(2)
```

上述 get_page() 函数调用 get() 函数获取网页内容，就可以调用 search_hotels() 函数模拟输入搜索表单操作，首先使用 XPath 表达式获取 3 个表单的 HTML 列元素，具体如下：

```
def search_hotels(searchKey, checkInDate, checkOutDate):
    global driver
    # 找出表单的HTML元素
    searchEle = driver.find_elements_by_xpath('//input[...]')
    checkInEle = driver.find_elements_by_xpath('//input[...]')
    checkOutEle = driver.find_elements_by_xpath('//input[...]')

    if searchEle and checkInEle and checkOutEle:
        actions = ActionChains(driver)        # 关闭弹出框
        actions.send_keys(Keys.TAB)
        actions.send_keys(Keys.TAB)
        actions.send_keys(Keys.TAB)
        actions.send_keys(Keys.TAB)
        actions.send_keys(Keys.ENTER)
        actions.perform()
```

上述 if 条件判断是否找到 3 个 HTML 元素，如果找到，就创建动作链关闭 JavaScript 弹出框（因为网站有时会有广告框），然后发送输入的搜索条件和日期，按 Enter 键执行搜索，具体如下：

```
        searchEle[0].send_keys(searchKey)          # 输入搜索条件
        searchEle[0].send_keys(Keys.TAB)
        checkInEle[0].clear()
        checkInEle[0].send_keys(checkInDate)
        checkOutEle[0].clear()
        checkOutEle[0].send_keys(checkOutDate)

        checkOutEle[0].send_keys(Keys.ENTER)       # 发送搜索请求

        time.sleep(15)
```

```
            menu = driver.find_elements_by_xpath('//*[...]/li[5]/a')
            if menu:
                actions = ActionChains(driver)              # 选排序菜单
                actions.move_to_element(menu[0])
                actions.perform()
                # 找出价格从低到高排序
                price=driver.find_elements_by_xpath('//*[...]/li[2]/a')
                if price:
                    price[0].click()
                    time.sleep(10)
                    return True
    return False
```

上述 time.sleep() 函数在暂停 15s 后，也就是等到成功进入搜索结果页面后，即可获取选单的 HTML 元素，if 条件判断是否找到，如果找到，创建动作链移至此元素上，即可显示选择列表，然后选择第二个选项，将价格改为从低到高排序。

grab_hotels() 函数使用 lxml 解析 HTML 网页来获取旅馆信息，首先使用 XPath 获取所有旅馆的 hotels 列表，具体如下：

```
def grab_hotels():
    global driver
    # 使用lxml解析HTML文件
    tree = html.fromstring(driver.page_source)
    hotels = tree.xpath('//div[@class="hotel-wrap"]')
    found_hotels = [["旅馆名称","价格","星级","地址","电话"]]

    for hotel in hotels:
        hotelName = hotel.xpath('.//h3/a')
        if hotelName:
            hotelName = hotelName[0].text_content()
        price = hotel.xpath('.//div[@class="price"]/a//ins')
        if price:
            price = price[0].text_content().replace(",","").strip()
        else:
            price = hotel.xpath('.//div[@class="price"]/a')
            if price:
                price = price[0].text_content().replace(",","").strip()
        rating = hotel.xpath('//div[@class="star-rating-text"]')
        if rating:
            rating = rating[0].text_content()
```

上述 for-in 循环在取出每间旅馆后，依次取出旅馆名称（hotelName）、价格（price）、星级（rating）。获取地址（locality+address）和电话（tel）的代码如下：

```
        address = hotel.xpath('.//span[contains(@class,"p-street-address")]')
        if address:
            address = address[0].text_content().split(",")[0]
        locality = hotel.xpath('.//span[contains(@class,"locality")]')
        if locality:
            locality = locality[0].text_content().replace(",","").strip()
        tel = hotel.xpath('//p[@class="p-tel"]')
        if tel:
            tel = tel[0].text_content().replace(",","").strip()

        item = [hotelName, price, rating, locality+address, tel]
        found_hotels.append(item)

    return found_hotels
```

上述代码获取各旅馆信息后，创建 item 列表，即可调用 append() 函数新增至 found_hotels 嵌套列表。

parse_hotels() 函数是执行爬取旅馆信息的主要函数，具体如下：

```
def parse_hotels(url, searchKey, checkInDate, checkOutDate):
    start_driver()
    get_page(url)
    # 是否成功执行旅馆搜索
    if search_hotels(searchKey, checkInDate, checkOutDate):
        hotels = grab_hotels()
        close_driver()
        return hotels
    else:
        print("搜索旅馆错误...")
        return []
```

上述函数的参数是网址、关键字、入住和退房日期，依次调用 start_driver() 函数启动 WebDriver，调用 get_page() 函数获取网页，即可调用 search_hotels() 函数搜索旅馆信息，若成功搜索，调用 grab_hotels() 函数获取旅馆列表，最后调用 close_driver() 函数关闭 WebDriver。

下面的程序是存储成 CSV 文件的 save_to_csv() 函数，以及主程序的 if 条件，即：

```
def save_to_csv(items, file):
    with open(file, "w+", newline="", encoding="utf-8") as fp:
        writer = csv.writer(fp)
        for item in items:
            writer.writerow(item)
```

```
if __name__ == '__main__':
    hotels = parse_hotels(URL, KEY, CHECKIN, CHECKOUT)
    for hotel in hotels:
        print(hotel)
    save_to_csv(hotels, "hotels.csv")
```

上述主程序调用 parse_hotels() 函数爬取旅馆信息，调用 save_to_csv() 函数存储成 CSV 文件：hotels.csv。

9-3-2　实战案例：爬取编程论坛信息

在 9-1 节中使用 Cookie 来跳过网站内容的分级规定，在本小节中，将只使用 Selenium 输入账号与密码登录编程论坛网站并进行爬取，目标网址为

https://bbs.bccn.net/search.php?searchid=1&searchsubmit=yes

✪ 进入登录后获取发帖信息

Selenium 可以使用代码来模拟用户的操作，下面准备从头开始实际进入编程论坛网站来获取发帖信息，请连接到编程论坛登录页面，如图 9-10 所示。

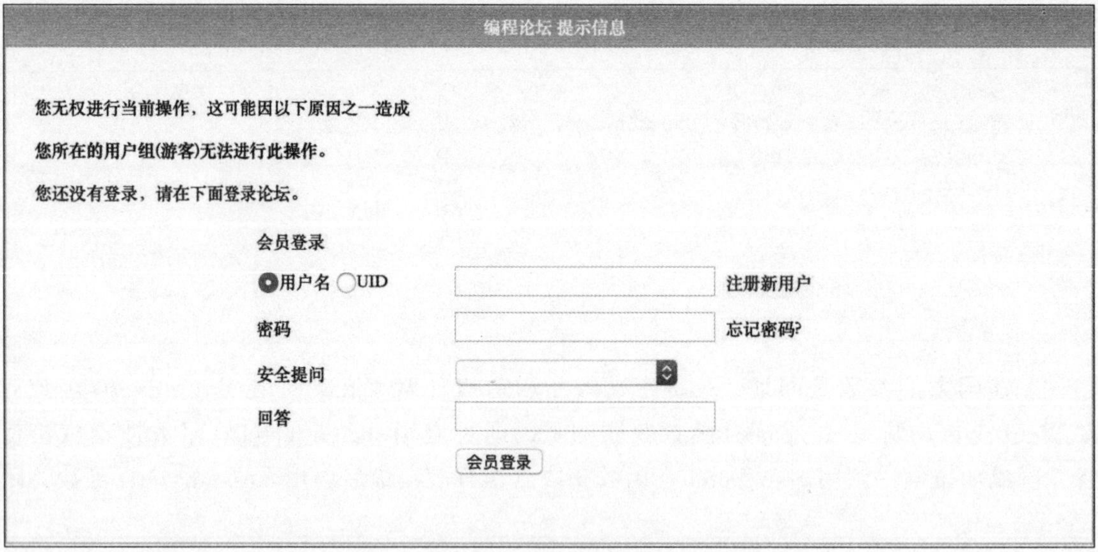

图9-10　编程论坛登录页面

在上述表单输入账号和密码，单击"会员登录"按钮，可以看到默认的发帖搜索结果，如图 9-11 所示（由于网站会随时间更新，所看到的内容可能与图中不一样）。

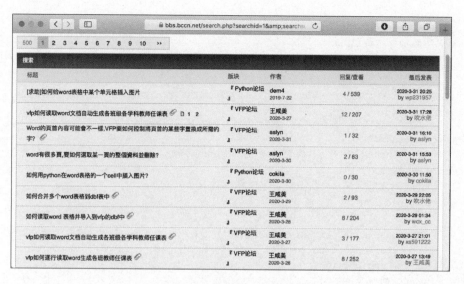

图9-11 默认的发帖搜索结果

创建 Python 程序获取上述发帖搜索结果。

✪ Python 程序

Ch9_3\munchery_spider.py

在 Python 程序中首先载入相关模块和包，并指定目标网址，具体如下：

```
url = "https://bbs.bccn.net/search.php?searchid=1&searchsubmit=yes"
```

本小节的 Python 程序与 9-3-1 小节不同，创建 Python 爬虫类是 BccnSpider，具体如下：

```
class BccnSpider():
    def __init__(self, url):
        self.url_to_crawl = url
        self.all_items = ["名称","网址","图片"]

    def start_driver(self):
        print("启动 WebDriver...")
        self.driver = webdriver.Chrome("./chromedriver")
        self.driver.implicitly_wait(10)
```

上述类建构子初始网址 url_to_crawl 和返回数据巢状列表 all_items，然后调用 start_driver() 函数启动 WebDriver。

关闭 WebDriver 的 close_driver() 函数和获取网页的 get_page() 函数如下：

```
    def close_driver(self):
        self.driver.quit()
        print("关闭 WebDriver...")

    def get_page(self, url):
```

```
        print("获取网页...")
        self.driver.get(url)
        time.sleep(2)
    def login(self):
        print("登录网站...")
        try:
            input_username = self.driver.find_element_by_xpath('//
input[@name="username"]')
            input_password = self.driver.find_element_by_xpath('//
input[@name="password"]')
            button_login = self.driver.find_element_by_xpath('//
button[@id="loginsubmit"]')

            input_username.send_keys('ithomia')
            input_password.send_keys('********')
            button_login.click()
            print("成功登录网站...")
            time.sleep(5)
            return True
        except Exception:
            print("登录网站失败...")
        return False
```

上述 login() 函数是登录网站，在获取了用户名和密码的 HTML 字段后，向其发送键指令输入用户名与密码，最后单击"登录"按钮来显示搜索结果。

调用 grab_data() 函数爬取搜索结果，通过 XPath 获取搜索结果的 titles（标题）、forums（版块）和 authors（作者），具体如下：

```
def grab_data(self):
    print("开始爬取论坛信息...")
    titles = self.driver.find_elements_by_xpath('//th/a[@target="_blank"]')
    forums = self.driver.find_elements_by_xpath('//td[@class="forum"]/a')
    authors = self.driver.find_elements_by_xpath('//td[@class="author"]//a')

    for title, forum, author in zip(titles, forums, authors):
        item = [title.text, forum.text, author.text]
        self.all_items.append(item)
```

上述代码通过 for-in zip() 函数创建 item 列表并添加进嵌套列表 all_items 中。

parse_data() 函数就是调用上述函数来进行搜索结果的爬取，具体如下：

```
def parse_data(self):
    self.start_driver()        # 打开 WebDriver
    self.get_page(self.url_to_crawl)
    if self.login():           # 是否成功登录
        self.grab_data()       # 爬取搜索结果
```

```
self.close_driver()        # 关闭 WebDriver
if self.all_items:
    return self.all_items
else:
    return []
```

9

9-4 用 Scrapy 爬取 Tutsplus 教学文件及 WallPaper 中的精美壁纸

Scrapy 是完整的 Python 爬虫框架，只需很少代码就可以轻松爬取整个 Web 网站的数据，或下载整个 WallPaper 中的图片。

9-4-1 实战案例：爬取 Tutsplus 的教学文件信息

Tutsplus 是线上教学与课程网站，提供 1200 多个免费教学文件和线上课程，其网址为 https://code.tutsplus.com/tutorials。

✪ Tutsplus 的教学文件信息

Tutsplus 网站提供超过 600 个分页的 1200 多个免费教学文件，在分页中的每个方框就是一篇教学文件，如图 9-12 所示。

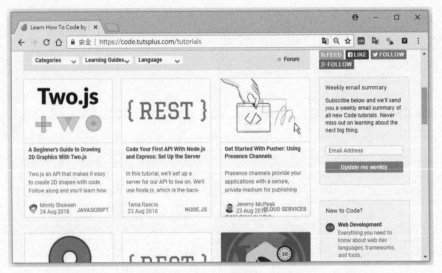

图9-12　Tutsplus教学文件

我们准备使用 Scrapy 项目创建爬虫程序，获取 Tutsplus 网站所有教学文件信息。请参考 8-3-1 小节的说明，创建 Scrapy 项目 Ch9_4 和爬虫程序 tutsplus.py，执行 Scrapy 项目的 tutsplus 爬虫程序的指令，具体如下：

```
(base) C:\BigData\Ch9\Ch9_4>scrapy crawl tutsplus          //按 Enter 键
```

✪ Python 程序　　　　　　　　　　　　　　　　　　　Ch9_4\spiders\tutsplus.py

在 Scrapy 爬虫程序 tutsplus.py 中，导入 scrapy、re 和 items.py 的 TutsplusItem 对象，即

```
# -*- coding: utf-8 -*-
import scrapy
import re
from Ch9_4.items import TutsplusItem

class TutsplusSpider(scrapy.Spider):
    name = 'tutsplus'
    allowed_domains = ['code.tutsplus.com']
    start_urls = ['https://code.tutsplus.com/tutorials']
```

上述 TutsplusSpder 类继承 scrapy.Spider，依次指定 name、allowed_domains 和 start_urls 属性值后，即可创建 parse() 函数，具体如下：

```
def parse(self, response):
    # 取得目前页面所有的超链接
    links = response.xpath('//a/@href').extract()

    crawledLinks = []
    # 取出符合条件的超链接，即其他页面
    linkPattern = re.compile("^\/tutorials\?page=\d+")
    for link in links:
        if linkPattern.match(link) and not link in crawledLinks:
            link = "http://code.tutsplus.com" + link
            crawledLinks.append(link)
            yield scrapy.Request(link, self.parse)
```

上述 parse() 函数首先使用 XPath 表达式获取此分页所有超链接 <a> 标签的 href 属性值，然后创建教学文件分页网址的正则表达式 linkPattern，for-in 循环的 if 语句判断网址是否符合正则表达式的条件，而且不在 crawledLinks 的网址列表中，如果成立，就新增 URL 至 crawledLinks 列表，并创建此 URL 的 Request 对象的 HTTP 请求，第二个参数的返回函数是 parse() 函数本身。

获取每一分页的详细教学文件信息时，可以使用 for-in 循环获取此分页每一篇文件的 <li> 标签，具体如下：

```
# 获取每一页的详细课程信息
for tut in response.css("li.posts__post"):
    item = TutsplusItem()

    item["title"] = tut.css(
        ".posts__post-title > h1::text").extract_first()
    item["author"] = tut.css(
        ".posts__post-author-link::text").extract_first()
    item["category"] = tut.css(
        ".posts__post-primary-category-link::text").extract_first()
    item["date"] = tut.css(
        ".posts__post-publication-date::text").extract_first()
```

9

```
    yield item
```

上述代码创建 TutsplusItem 对象 item 后，使用 CSS 选择器获取课程数据的名称（title）、作者（author）、分类（category）和日期（date）字段后，使用 yield 关键字返回 item 对象。

☺ Python 程序 ◀ Ch9_4\items.py ▶

在 items.py 声明 TutsplusItem 类，定义 title、author、category 和 date 字段来存储爬取的教学文件数据，具体如下：

```python
import scrapy

class TutsplusItem(scrapy.Item):
    title = scrapy.Field()
    author = scrapy.Field()
    category = scrapy.Field()
    date = scrapy.Field()
```

☺ Python 程序 ◀ Ch9_4\settings.py ▶

接着，在 settings.py 指定 Scrapy 项目输出 CSV 格式的文件 tutsplus.csv，编码是 utf-8，即

```python
# 输出 CSV 数据
FEED_FORMAT = "csv"
FEED_URI = "tutsplus.csv"
FEED_EXPORT_ENCODING = "utf-8"
```

9-4-2 实战案例：爬取 WallPaper 中的精美壁纸

WallPaper Abyss 是大型的精选壁纸分享网站，其网址为 https://wall.alphacoders.com/。可以编写 Scrapy 项目自动下载该网站中的精美壁纸及其信息。

参考 8-3-1 小节的说明，创建 Scrapy 项目 Ch9_4a 和爬虫程序 wallpaper.py，执行 Scrapy 项目的创建爬虫程序的指令，具体如下：

```
(base) C:\BigData\Ch9\Ch9_4a>scrapy startproject  Wallpaper          //按 Enter 键
```

☺ wallpaper.py ◀ Ch9_4a\spiders\wallpaper.py ▶

在 Scrapy 爬虫程序 wallpaper.py 中，导入 scrapy 和 items.py 的 WallpaperItem 对象，具体如下：

```python
import scrapy
from Wallpaper.items import WallpaperItem
class WallpaperSpider(scrapy.Spider):
    name = 'wallpaper'
    allowed_domains = ['wall.alphacoders.com']
```

```
def start_requests(self):
    base_url = 'https://wall.alphacoders.com/search.php?search=landscape&page={}'
    for i in range(0, 50):
        url = base_url.format(i + 1)
        yield scrapy.Request(url, callback=self.parse)
```

上述 WallpaperSpider 类继承 scrapy.Spider，依次指定 name、allowed_domains 属性值后，构建 start_requests() 函数，通过 for-in 循环与 format() 函数生成 1 ~ 50 页的目标网址，网址中参数 search=landscape 为搜索关键字（风景），page 为页码，具体代码如下：

```
def __init__(self, **kwargs):
    super().__init__(**kwargs)
    self.preview_src = 'https://{}.alphacoders.com/{}/thumb-1920-{}.{}'
    self.download_src = 'https://initiate.alphacoders.com/download/
wallpaper/{}/{}/{}'
```

以上述代码构建 init() 函数初始化图片的预览网址与下载网址。parse() 函数如下：

```
def parse(self, response):
    item = WallpaperItem()
    div_img = response.xpath('//div[@class="thumb-container"]')
    for div in div_img:
        title = div.xpath('.//div[@class="boxgrid"]/a/@title').get()
        resolution = div.xpath('.//span[@class="thumb-info-big"]/span/
text()').get()
        data_id = div.xpath('.//span/@data-id').get()
        data_type = div.xpath('.//span/@data-type').get()
        data_server = div.xpath('.//span/@data-server').get()
        preview_src = self.preview_src.format(data_server, data_id[0:3],
data_id, data_type)
        download_src = self.download_src.format(data_id, data_server,
data_type)
```

parse() 函数在创建 WallpaperItem 的 item 对象后，通过 for-in 循环使用 XPath 依次获取图片的 title（标题）、resolution（分辨率）、data_id（图片 id）、data_type（文件类型）、data_server（图片服务位置）、preview_src（预览路径）和 download_src（下载路径），并赋值给 item 对象。

```
item['img_title'] = title
item['img_id'] = data_id
item['img_type'] = data_type
item['img_resolution'] = resolution
item['preview_src'] = preview_src
item['download_src'] = download_src

yield item
```

⭐ item.py

Ch9_4a\spiders\item.py

item.py 中的 WallpaperItem 对象如下：

```
import scrapy

class WallpaperItem(scrapy.Item):
    img_title = scrapy.Field()
    img_id = scrapy.Field()
    img_type = scrapy.Field()
    img_resolution = scrapy.Field()
    preview_src = scrapy.Field()
    download_src = scrapy.Field()
```

✪ pipelines.py

◀ Ch9_4a\spiders\pipelines.py ▶

在 pipelines.py 中,首先导入 scrapy 与 ImagesPipeline 模块,然后定义自己的图片下载管道 DownloadImagePipeline,其内容如下:

```
import scrapy
from scrapy.pipelines.images import ImagesPipeline

class DownloadImagePipeline(ImagesPipeline):
    def get_media_requests(self, item, info):
        name = item['img_id'] + '.' + item['img_type']
        yield scrapy.Request(url=item['preview_src'], meta={'name': name})

    def file_path(self, request, response=None, info=None):
        return request.meta['name']
```

✪ settings.py

◀ Ch9_4a\spiders\settigs.py ▶

在 settings.py 中指定 scrapy 项目的输出方式,启用刚刚定义的 ITEM_PIPELINES 图片下载管道 DownloadImagePipeline,并按以下方式设置图片的保存路径。

```
FEED_FORMAT = "json"
FEED_URI = "wallpaper.json"
FEED_EXPORT_ENCODING = "utf-8"

ITEM_PIPELINES = {
    'Wallpaper.pipelines.DownloadImagePipeline': 300
}

IMAGES_STORE = '/Users/ithomia/Desktop/img/'
```

✪ 运行 Scrapy 程序

◀ Ch9_4a ▶

在编写完 Scrapy 项目之后,通过 crawl 指令运行爬虫程序,具体如下:

```
(base) C:\BigData\Ch9\Ch9_4a>scrapy crawl  wallpaper          //按 Enter 键
```

爬取完成之后,可以看到爬虫所生成的 JSON 文件如图 9-13 所示。

```
                                    wallpaper.json
  ⊞  〈 〉  📄 wallpaper.json 〉 No Selection                              ☰▤  ⊟
 1  [
 2    {
 3      "img_title": "Dark Landscape Moon Red Night Black HD Wallpaper | Background Image",
 4      "img_id": "72270",
 5      "img_type": "jpg",
 6      "img_resolution": "1680x1050",
 7      "preview_src": "https://images2.alphacoders.com/722/thumb-1920-72270.jpg",
 8      "download_src": "https://initiate.alphacoders.com/download/wallpaper/72270/images2/jpg"
 9    },
10    {
11      "img_title": "Earth Landscape Field Road Path Grass Nature Meadow HD Wallpaper | Background Image",
12      "img_id": "103147",
13      "img_type": "jpg",
14      "img_resolution": "2560x1600",
15      "preview_src": "https://images3.alphacoders.com/103/thumb-1920-103147.jpg",
16      "download_src": "https://initiate.alphacoders.com/download/wallpaper/103147/images3/jpg"
17    },
18    {
19      "img_title": "Earth Landscape Grass Flower Sunrise HD Wallpaper | Background Image",
20      "img_id": "97548",
21      "img_type": "jpg",
22      "img_resolution": "2000x1333",
23      "preview_src": "https://images4.alphacoders.com/975/thumb-1920-97548.jpg",
24      "download_src": "https://initiate.alphacoders.com/download/wallpaper/97548/images4/jpg"
25    },
```

图9-13 爬虫生成的JSON文件

同时可在图片的保存路径中看到所下载的图片，如图 9-14 所示。

可以看到一共下载了 50 页，每页 30 张，共 1500 张精美壁纸。

图9-14 下载的图片

1 请简单说明 Python 爬虫程序如何选择爬虫函数库和定位技术。

2 请问如何更改 HTTP 头部伪装成浏览器发送请求。

3 请问 Python 程序如何跳过网站内容分级规定页面。

4 请参考 9-3-2 小节的 Python 爬虫程序，将 9-3-1 小节的 Python 程序改写成 Python 类来进行实战练习。

5 请用 Scrapy 改写 9-2-3 小节和 9-2-5 小节的 Python 爬虫程序。

10
CHAPTER

将爬取的数据存入
MySQL数据库

10-1　Python 字符串处理

10-2　数据清理

10-3　MySQL 数据库

10-4　SQL 结构化查询语言

10-5　将数据存入 MySQL 数据库

10-6　将 Scrapy 爬取的数据存入 MySQL 数据库

10-1 Python 字符串处理

通常，从网页爬取的数据大多有多余字符（多余的空白和换行字符）、格式不一致、不同断行、拼字错误和数据遗失等问题，在将数据存入文件或数据库前，需要先用 Python 字符串函数和正则表达式来执行数据清理。

10-1-1 创建字符串

Python 字符串（Strings）是使用单引号或双引号括起的 Unicode 字符序列，它是一种不允许更改（Immutable）内容的数据类型，所有字符串的变更事实上都是创建全新的字符串。

☉ 创建 Python 字符串 ⟨ Ch10_1_1.py ⟩

可以指定 Python 变量的值是一个字符串，例如：

```
str1 = "学习Python语言程序设计"
str2 = 'Hello World!'
ch1 = "A"
```

上述前两行代码是创建字符串，最后一行是字符（在 Python 中只有一个字符的字符串，就是字符），也可以使用对象创建字符串，例如：

```
name1 = str()
name2 = str("陈会安")
```

上述第一行代码创建空字符串，第二行创建内容为 " 陈会安 " 的字符串对象。在创建字符串后，可以使用 print() 函数输出字符串变量，具体如下：

```
print(str1)
print(str2)
```

print() 函数也可以使用字符串连接表达式来输出字符串变量，因为是字符串变量，所以不需要调用 str() 函数转换成字符串类型，具体如下：

```
print("ch1 = " + ch1)
print("name1 = " + name1)
print("name2 = " + name2)
```

利用 print() 函数输出字符串的执行结果如下：

266

```
学习Python语言程序设计
Hello World!
ch1 = A
name1 =
name2 = 陈会安
```

☺ 遍历 Python 字符串的每一个字符 ⟨ Ch10_1_1a.py ⟩

字符串是 Unicode 字符序列，可以使用 for 循环来遍历显示每一个字符，正式的说法是迭代（Iteration），如下所示。

```
str3 = 'Hello'

for e in str3:
    print(e)
```

上述 for 循环中，in 关键字后是字符串 str3，每执行一次 for 循环，就从字符串第一个字符开始，获取一个字符指定给变量 e，并且移至下一个字符，直到最后一个字符为止，其操作如同从字符串的第一个字符遍历至最后一个字符，可以依次输出 H、e、l、l 和 o，具体如下：

执行结果

```
H
e
l
l
o
```

10-1-2 字符串函数

Python 提供多种字符串函数来帮助处理字符串，在对象中使用字符串函数，需要使用对象变量加上 "." 来调用函数，具体如下：

```
str1 = 'welcome to python'
print(str1.islower())
```

以上述代码创建字符串 str1 后，调用 islower() 函数检查字符串是否都是小写英文字母，Python 字符串函数不只可以用于字符串变量，也可以直接用于字符串字面值来调用（因为都是对象），如下所示。

```
print("1000".isdigit())
```

☺ Python 内置的字符串函数 ⟨ Ch10_1_2.py ⟩

Python 语言内置一些字符串函数，可以获取字符串长度、字符串中的最大和最小字符，其

267

说明见表 10-1。

表10-1　Python内置的字符串函数

字符串函数	说　明
len()	返回参数字符串的长度，如 len(str1)
max()	返回参数字符串的最大字符，如 max(str1)
min()	返回参数字符串的最小字符，如 min(str1)

✪ 检查字符串内容函数　　　　　　　　　　　　《Ch10_1_2a.py》

字符串对象提供检查字符串内容的相关函数，见表 10-2。

表10-2　检查字符串内容的相关函数

字符串函数	说　明
isalnum()	如果字符串内容是英文字母或数字，返回 True；否则返回 False 如 str1.isalnum()
isalpha()	如果字符串内容只有英文字母，返回 True；否则返回 False 如 str1.isalpha()
isdigit()	如果字符串内容只有数字，返回 True；否则返回 False 如 str1.isdigit()
isidentifier()	如果字符串内容是合法的识别字，返回 True；否则返回 False 如 str1.isidentifier()
islower()	如果字符串内容是小写英文字母，返回 True；否则返回 False 如 str1.islower()
isupper()	如果字符串内容是大写英文字母，返回 True；否则返回 False，如 str1.isupper()
isspace()	如果字符串内容是空白字符，返回 True；否则返回 False，如 str1.isspace()

✪ 搜索子字符串函数　　　　　　　　　　　　　《Ch10_1_2b.py》

字符串对象关于搜索子字符串的函数说明见表 10-3。

表10-3　搜索子字符串函数

字符串函数	说　明
endswith(str1)	如果字符串内容是以参数字符串 str1 结尾，返回 True；否则返回 False， 如 str2.endswith(str1)
startswith(str1)	如果字符串内容是以参数字符串 str1 开头，返回 True；否则返回 False， 如 str2.startswith(str1)
count(str1)	返回字符串内容出现多少次参数字符串 str1 的整数值，如 str2.count(str1)
find(str1)	返回字符串内容出现参数字符串 str1 的最小索引位置值，如果没有找到，返回 –1， 如 str2.find(str1)
rfind(str1)	返回字符串内容出现参数字符串 str1 的最大索引位置值，如果没有找到，返回 –1， 如 str2.rfind(str1)

☼ 转换字符串内容的函数

字符串对象支持转换字符串内容的相关函数，可以输出英文大小写转换的字符串，或取代字符串内容，见表 10-4。

表10-4　转换字符串内容的函数

字符串函数	说　明
capitalize()	返回只有第一个英文字母大写的字符串，如 str1.capitalize()
lower()	返回小写英文字母的字符串，如 str1.lower()
upper()	返回大写英文字母的字符串，如 str1.upper()
title()	返回字符串中每一个英文单词的第一个英文字母为大写的字符串，如 str1.title()
swapcase()	将英文字母大写转为小写；小写转为大写，如 str1.swapcase()
replace(old, new)	将字符串中参数 old 的旧子字符串取代成参数 new 的新字符串，如 str1.replace(old_str, new_str)

10-1-3　字符串切割运算符

Python 不仅可以使用"[ ]"索引运算符取出指定索引位置的字符，索引运算符还是一种切割运算符（Slicing Operator），可以从原始字符串切割出所需的子字符串。

☼ 使用索引运算符取出字符

Python 字符串可以使用"[ ]"索引运算符取出指定位置的字符，索引值从 0 开始，而且可以是负值，具体如下：

```
str1 = 'Hello'

print(str1[0])    # H
print(str1[1])    # e
print(str1[-1])   # o
print(str1[-2])   # l
```

上述代码依次显示字符串 str1 的第一个和第二个字符，–1 表示最后一个，–2 表示倒数第二个。

☼ 切割字符串

Python 切割运算符（Slicing Operator）的基本语法为：

```
str1[start:end]
```

上述 [ ] 语法中使用冒号（:）分隔两个索引位置，可以取回字符串 str1 中从索引位置 start 开始到 end–1 之间的子字符串，如果没有 start，就从 0 开始；如果没有 end，就是到字符串的最后一个字符。例如，示例字符串 str1 的字符串内容为：

```
str1 = 'Hello World!'
```

上述字符串的索引位置值可以是正值，也可以是负值，如图 10-1 所示。

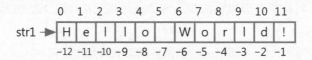

图10-1　字符串索引位置

一些切割 Python 字符串的示例见表 10-5。

表10-5　切割字符串示例

切割字符串	索引值范围	取出的子字符串
str1[1:3]	1 ~ 2	"el"
str1[1:5]	1 ~ 4	"ello"
str1[:7]	0 ~ 6	"Hello W"
str1[4:]	4 ~ 11	"o World!"
str1[1:-1]	1 ~ (-2)	"ello World"
str1[6:-2]	6 ~ (-3)	"Worl"

切割 Python 字符串后的执行结果如下：

执行结果

```
str1 = Hello World!
str1[1:3] = el
str1[1:5] = ello
str1[:7] = Hello W
str1[4:] = o World!
str1[1:-1] = ello World
str1[6:-2] = Worl
```

10-1-4　切割字符串成为列表与合并字符串

Python 可以使用 split() 函数将字符串切换成列表，反过来，可以使用 join() 函数将列表以指定连接字符串合并成一个字符串。

✪ 切割字符串成为列表：split() 函数　◀Ch10_1_4.py▶

字符串对象提供的相关函数可以使用分隔字符，将字符串内容以分隔字符切割字符串成为列表，其说明见表 10-6。

表10-6　切割字符串函数

字符串函数	说　明
split()	没有参数时使用空白字符切割字符串成为列表，也可以指定参数的分隔字符
splitlines()	使用换行符 \n 切割字符串成为列表

例如，使用 split() 函数将一个英文句子的每一个单字切割成列表的代码如下：

```
str1 = "This is a book."
list1 = str1.split()
print(list1)              # ['This', 'is', 'a', 'book.']
```

也可以指定 split() 函数使用参数 "," 的分隔字符来切割字符串成为列表，代码如下：

```
str2 = "Tom,Bob,Mary,Joe"
list2 = str2.split(",")
print(list2)              # ['Tom', 'Bob', 'Mary', 'Joe']
```

如果是从文件读取的字符串，因为其中的每一行是使用 \n 换行符来分隔，除了调用 split("\n") 函数，也可以直接调用 splitlines() 函数，将字符串切割成列表，代码如下：

```
str3 = "23\n12\n45\n56"
list3 = str3.splitlines()
print(list3)              # ['23', '12', '45', '56']
```

上述字符串内容是使用 \n 换行符分隔的数字数据，在切割字符串创建成列表后，可以看到列表项目都是数值字符串，并不是整型。具体的执行结果如下：

执行结果

```
['This', 'is', 'a', 'book.']
['Tom', 'Bob', 'Mary', 'Joe']
['23', '12', '45', '56']
['23', '12', '45', '56']
```

⊙ 合并列表成为字符串：join() 函数   ◄ Ch10_1_4a.py ►

Python 的 join() 函数可以将列表的每一个元素使用连接字符串连接成单一字符串，代码如下：

```
str1 = "-"
list1 = ['This', 'is', 'a', 'book.']
print(str1.join(list1))  # 'This-is-a-book.'
```

上述代码的 str1 是连接字符串，list1 是欲连接的列表，其执行结果可以显示连接后的字符串内容，即

执行结果

```
This-is-a-book.
```

10-2 数据清理

数据清理（Clean the Data）的主要工作是处理由爬虫取得的数据，这些都是字符串数据，可以用 Python 字符串函数和运算符来处理获取的数据。

10-2-1　使用 Python 字符串函数处理文字内容

因为从网页获取的数据都是字符串类型，所以可以使用 Python 字符串函数将获取的数据处理后再存入文件或数据库。例如，删除字符串中的多余字符和不需要的符号字符等。

⭗ 切割与合并文字内容　　　　　　　　　　　　　　　　　　　　◀ Ch10_2_1.py ▶

可以调用 split() 函数将字符串使用分割字符切割成列表，然后调用 join() 函数将列表转换成 CSV 字符串，代码如下：

```
str1 = """Python is a programming language that lets you work quickly
and integrate systems more effectively."""

list1 = str1.split()
print(list1)

str2 = ",".join(list1)
print(str2)
```

以上述代码创建字符串变量 str1 后，调用 split() 函数使用空格符分割成列表，然后使用 "," 作为连接字符，即可调用 join() 函数结合成 CSV 字符串，其执行结果如下：

执行结果

```
['Python', 'is', 'a', 'programming', 'language', 'that', 'lets', 'you', 'work',
'quickly', 'and', 'integrate', 'systems', 'more', 'effectively.']
Python,is,a,programming,language,that,lets,you,work,quickly,and,integrate,systems,
more,effectively.
```

10

⭗ 删除不需要的字符　　　　　　　　　　　　　　　　　　　　◀ Ch10_2_1a.py ▶

从网页获取的数据常常有一些不需要的字符，可以使用 replace() 函数进行删除，如 "\n" 和 "\r"，并调用 strip() 函数删除前后的空白字符，代码如下：

```
str1 = "  Python is a \nprogramming language.\n\r   "

str2 = str1.replace("\n", "").replace("\r", "")
print("'" + str2 + "'")
```

```
print("'" + str2.strip() + "'")
```

上述代码的 str1 字符串前后有空白字符，内含 "\n" 和 "\r" 字符，首先调用 replace() 函数将 \n 或 \r 字符取代成空字符串，即删除这些字符，然后调用 strip() 函数删除前后空白字符，其执行结果如下：

执行结果

```
'  Python is a programming language.   '
'Python is a programming language.'
```

请注意！ replace( ) 函数会删除所有空格符，如果只想删除过多的空格符，只保留一个，请使用 10-2-2 小节的正则表达式来处理。

⊙ 删除标点符号字符

Ch10_2_1b.py

如果想删除字符串中多余的标点符号字符，可以使用 string.punctuation 获取所有的标点符号字符后，调用 strip() 函数删除这些标点符号字符，具体如下：

```
import string

str1 = "#$%^Python -is- *a* $%programming_ language.$"

print(string.punctuation)
list1 = str1.split(" ")
for item in list1:
    print(item.strip(string.punctuation))
```

上述代码导入 string 模块，因为字符串变量 str1 拥有很多标点符号，首先使用 split() 函数以空白字符分隔字符串，然后一一删除各项目中的标点符号字符，其执行结果如下：

执行结果

```
!"#$%&'()*+,-./:;<=>?@[\]^_`{|}~
Python
is
a
programming
language
```

⊙ 处理 URL 网址

Ch10_2_1c.py

从网页内容抓取的网址可能因为相对路径或绝对路径而有不一致的格式，需要将网址整理成一致的格式。因此要对目标网址和测试的网址列表，具体如下：

```
baseUrl = "http://example.com"
list1 = ["http://www.example.com/test", "http://example.com/word",
         "media/ex.jpg", "http://www.example.com/index.html"]

def getUrl(baseUrl, source):
    if source.startswith("http://www."):
        url = "http://" + source[11:]
    elif source.startswith("http://"):
        url = source
    elif source.startswith("www"):
        url = source[4:]
        url = "http://" + source
    else:
        url = baseUrl + "/" + source

    if baseUrl not in url:
        return None
    return url
```

上述 getUrl() 函数使用 if-elif-else "多选一"条件语句，判断网址的开头是什么，即可处理成一致格式的网址。使用 for/in 循环测试列表的网址，即：

```
for item in list1:
    print(getUrl(baseUrl, item))
```

上述代码调用 getUrl() 函数，第一个参数是目标网址，第二个参数可以测试格式不一致的网址，其执行结果如下：

执行结果

```
http://example.com/test
http://example.com/word
http://example.com/media/ex.jpg
http://example.com/index.html
```

10-2-2　使用正则表达式处理文字内容

Python 正则表达式 re 模块可以使用 sub() 函数取代符合模板字符串的子字符串成为其他字符串，同样可以使用正则表达式来处理网页获取的文字内容。

✪ 删除不需要的字符　　　　　　　　　　　　　　　　　　　　　　　◢ Ch10_2_2.py ◣

类似 10-2-1 小节的删除多余字符，也可以改用 re 模块调用 sub() 函数来删除不需要的 "\n"和多余空白字符，具体如下：

```
import re
```

```
str1 = "  Python, is   a, \nprogramming, \n\nlanguage.\n\r   "

list1 = str1.split(",")
for item in list1:
    item = re.sub(r"\n+", "", item)
    item = re.sub(r" +", " ", item)
    item = item.strip()
    print("'" + item + "'")
```

上述代码的 str1 字符串是测试字符串, 当使用 split() 函数分割成列表后, 调用两次 sub() 函数删除不需要的字符, 第一次是删除一至多个 "\n" 字符, 第二次是删除多余的空格符, 但会保留一个, 最后使用 strip() 函数删除前后的空格符, 其执行结果如下:

执行结果

```
'Python'
'is a'
'programming'
'language.'
```

❂ 处理电话号码字符串

如果数据拥有固定格式, 如金额或电话号码, 可以使用 re 模块的 sub() 函数来进行处理, 代码如下:

```
import re

phone = "0938-111-4567 # Pyhone Number"

num = re.sub(r"#.*$", "", phone)
print(num)
num = re.sub(r"\D", "", phone)
print(num)
```

上述电话号码中有 "–" 字符, 之后是类似 Python 的注释文字, 第一次调用 sub() 函数删除之后的注释符号 "#", 第二次是删除所有非数字的字符, 其执行结果如下:

执行结果

```
0938-111-4567
09381114567
```

❂ 处理路径字符串

同样, 可以使用 re 模块的 sub() 函数来处理路径字符串, 代码如下:

```
import re
```

第 10 章　将爬取的数据存入 MySQL 数据库

```
list1 = ["", "/", "path/", "/path", "/path/", "//path/", "/path///"]

def getPath(path):
    if path:
        if path[0] != "/":
            path = "/" + path
        if path[-1] != "/":
            path = path + "/"
        path = re.sub(r"/{2,}", "/", path)
    else:
        path = "/"

    return path

for item in list1:
    item = getPath(item)
    print(item)
```

上述 getPath() 函数使用嵌套 if-else 条件语句判断路径前后的 "/" 字符，以便决定是否需要补上 "/" 字符，调用 sub() 函数可以删除多余的 "/" 字符，其执行结果如下：

执行结果

```
/
/
/path/
/path/
/path/
/path/
/path/
```

10-3　MySQL 数据库

关联式数据库系统（Relational Database System）是主流的数据库系统，市面上大部分数据库管理系统都是关联式数据库管理系统（Relational Database Management System），如 Access、MySQL、SQL Server 和 Oracle 等。

10-3-1　认识 MySQL 数据库

MySQL 是开源的关联式数据库管理系统，原本是由 MySQL AB 公司开发并提供技术支持（目前已经被 Oracle 公司收购），它是 David Axmark、Allan Larsson 和 Michael Monty Widenius 在瑞典设立的公司，其官方网址为 http://www.mysql.com。

MySQL 是使用 C/C++ 语言开发的数据库管理系统，支持多种操作系统，不但可以在 Linux/UNIX 操作系统安装，更提供了 Windows 操作系统版本，可以在 Linux 和 Windows 环境下安装和使用 MySQL。

MySQL 关联式数据库管理系统是目前市面上处理速度最快的数据库服务器产品之一，这是一套多线程（Multi-threaded）、多用户（Multi-user）和使用标准 SQL 语言的数据库服务器，为数据库设计师提供多种选项和各种语言的数据库函数库。

10-3-2　MySQL 数据库的基本使用

本书使用 Viewer for PHP 在本机架设 MySQL 数据库系统，然后使用 HeidiSQL 管理工具来管理 MySQL 数据库。

☺ 启动与停止 MySQL 数据库系统

Viewer for PHP 是一套免安装的 PHP+MySQL 包，可以快速创建 PHP 开发环境，本书使用内附 MySQL 数据库系统，只需将配套文件中的 Tools 文件夹下的 PHPViewer.zip 解压缩至指定文件夹，如 C:\PHPViewer 文件夹，即可完成安装。

启动 MySQL 数据库系统就是启动 Viewer for PHP，打开安装的目录，双击 viewer_for_php.exe 执行 Viewer for PHP，如果看到 "Windows 安全中心警报" 对话框，单击 "允许访问" 按钮，跳出的第一个对话框是 MySQL 数据库服务器的安全性警告，如图 10-2 所示。

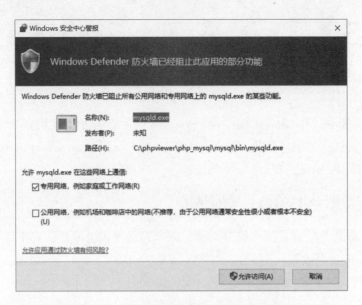

图10-2　MySQL数据库服务器安全性警告

接着跳出的第二个对话框才是 Viewer for PHP 本身的"Windows 安全中心警报",如图 10-3 所示。

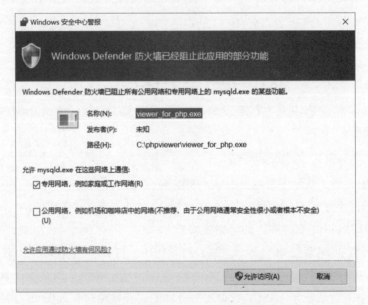

图10-3　Viewer for PHP安全性警告

单击"允许访问"按钮,可以看到 index.php 首页的执行结果,如图 10-4 所示。

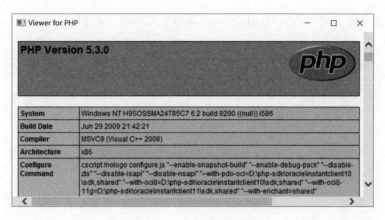

图10-4　index.php执行结果

看到上述窗口，就表示已经成功启动 MySQL。若要结束 MySQL，就是结束 Viewer for PHP，请关闭 Viewer for PHP 窗口，稍等一下，就会自动结束 Viewer for PHP。

⊙ 启动 HeidiSQL 连接 MySQL 服务器

HeidiSQL 管理工具是 Ansgar Becker 开发的免费 MySQL 管理工具，支持中文界面（只是翻译不完善），它是一套好用且可靠的 SQL 工具，可以帮助 Web 网站开发者轻松管理 MySQL 服务器、微软 SQL Server 或 PostgreSQL 数据库。

本书使用免安装版本，将配套文件的 Tools 文件夹中的 HeidiSQL9.zip 文件解压缩至指定目录，如 C:\HeidiSQL9。在成功启动 MySQL 数据库系统后，就可以启动 HeidiSQL 管理工具来连接 MySQL 服务器，其步骤如下：

1　打开 C:\HeidiSQL9 文件夹，双击 heidisql.exe 启动 HeidiSQL 管理工具。

2　在"会话管理器"对话框中，单击左下角的"新建"按钮可以创建新的数据库服务器连接，默认已经创建 MySQL 本机数据库连接，如图 10-5 所示。

3　选择 MySQL，用户默认是 root，没有密码，单击"打开"按钮连接 MySQL 服务

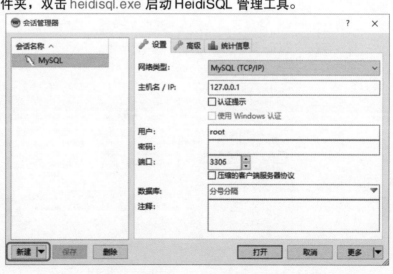

图10-5　创建新连接

器，若成功连接，可以看到 HeidiSQL 工具的使用界面，如图10-6 所示。

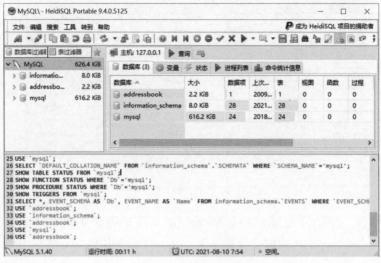

图10-6　成功连接

上述管理界面左边是管理的 MySQL 数据库列表；右边标签页是各种管理功能的使用界面，此例中显示数据库数据（选择数据库才能看到相关信息），在下方信息窗口可以显示相关操作的信息文字。

✪ 使用 HeidiSQL 导入 MySQL 数据库

HeidiSQL 管理工具的导入功能就是打开 SQL 命令文件后，执行查询来创建数据库，其步骤如下：

1 启动 HeidiSQL 管理工具连接 MySQL 服务器，执行"文件"→"加载 SQL 文件"命令，载入存在的 SQL 命令文件，如图10-7 所示。

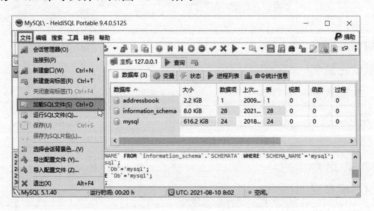

图10-7　加载SQL文件

② 在"打开"对话框中,切换至 Ch10 文件夹,选择 mybooks.sql 文件,单击"打开"按
钮,打开 SQL 命令文件,如图 10-8 所示。

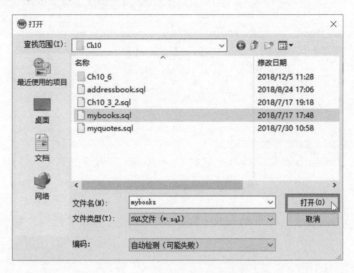

图10-8　打开SQL命令文件

③ 可以看到新增的 mybooks.sql 标签,这就是载入的 SQL 命令文件,单击图 10-9 中光标所
在的"执行 SQL"按钮或按 F9 键,执行 SQL 指令来创建数据库和数据表。

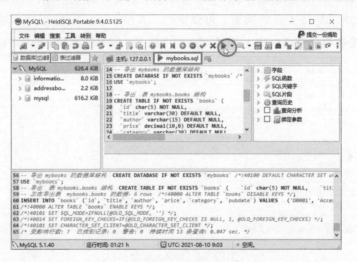

图10-9　执行SQL

④ 在左边的数据库连接区右击,执行快捷菜单中的刷新命令,就可以看到新增的 mybooks
数据库和 mybooks 数据表,如图 10-10 所示。

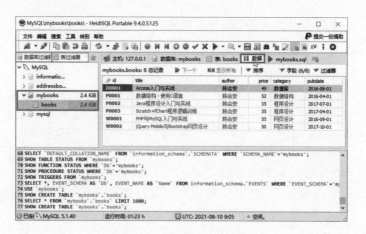

图10-10　新增数据库和数据表

在左边选择 mybooks 数据库下的 books 数据表，在右边选择"数据"标签，可以显示数据表的记录数据。

☼ 使用 HeidiSQL 执行 SQL 指令

HeidiSQL 管理工具提供编辑功能来输入和执行 SQL 指令，可以帮助测试 10-4 节中 SQL 指令的执行结果，其步骤如下：

1 启动 HeidiSQL 管理工具连接 MySQL 服务器，在左边选择 mybooks 数据库，然后在右边选择"查询"标签（如果需要，可以执行"文件"→"新建查询标签"命令新增查询标签），直接在编辑窗格中输入 SQL 命令：SELECT * FROM books，如图 10-11 所示。

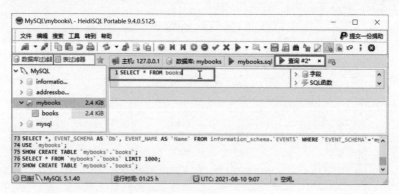

图10-11　输入SQL命令

2 在图 10-12 中光标所在的位置单击工具栏中的"执行 SQL"按钮或按 F9 键，可以看到使用表格显示符合条件的查询结果。

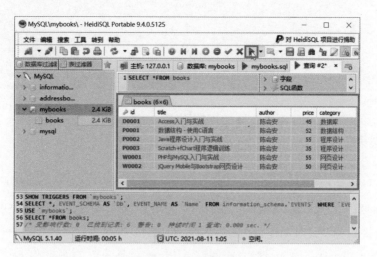

图10-12 查询结果

③ 执行"文件"→"保存"命令存储 SQL 命令为 SQL 文件，此例中存储成 \BigData\ Ch10\Ch10_3_2.sql。

10-4 SQL 结构化查询语言

SQL 语言是关联式数据库系统主要使用的语言，提供相关指令语法来插入、更新、删除和查询数据库的记录数据。

10-4-1 认识 SQL

结构化查询语言（Structured Query Language，SQL）是目前主要的数据库语言，早在 1970 年，E. F. Codd 提出关联式数据库概念的同时，就提出一种构想的数据库语言，一种完整和通用的数据访问方式，虽然当时并没有真正创建语法，这就是 SQL 的源起。

1974 年，Chamberlin 和 Boyce 提出了一种称为 SEQUEL 的语言，它是 SQL 的原型，IBM 稍加修改后将其作为其数据库 DBMS 的数据库语言，称为 System R。1980 年，SQL 正式诞生，从此 SQL 逐渐壮大成为一种标准的关联式数据库语言。

SQL 数据库语言能够使用很少的指令和直接的语法，让用户访问数据库的数据、变更数据库结构和实现进阶数据库保密，在市场上已经成为主要的数据库语言。

单以记录访问和数据查询指令来说，SQL 数据库语言的指令并不多，只有 4 条指令，见表 10-7。

表10-7　记录访问和数据查询指令

指　令	说　明
INSERT	在数据表插入一项新数据
UPDATE	更新数据表数据，这些记录是已经存在的数据
DELETE	删除数据表数据
SELECT	查询数据表数据，使用条件查询数据表中符合条件的数据

10-4-2 SQL 的数据库查询指令

除了数据库操作指令外，最常使用的是 SELECT 查询指令，使用这个指令可以查询数据表符合条件的数据。

✪ SELECT 的基本语法

SQL 查询指令只有一个 SELECT，其基本语法如下：

```
SELECT column1, column2
FROM table
WHERE conditions
```

上述指令中 column1 和 column2 是获取记录字段，table 为数据表，conditions 是查询条件，含义为从数据表 table 获取符合 WHERE 条件所有记录的字段 column1 和 column2。

✪ "*" 记录字段

SELECT 指令如果需要获取整个记录的字段，可以使用 "*" 符号，表示数据的所有字段名称，以本章 mybooks 示例数据库为例，指令如下：

```
SELECT * FROM books
```

上述指令没有指定 WHERE 过滤条件，执行结果可以获取数据表的所有记录和字段。

✪ FROM 指定数据表

SELECT 指令的 FROM 子句是指定使用的数据表，因为同一数据库可能有超过一个数据表，所以，在数据库查询时必须使用 FROM 指定查询的目标数据表，如 salarytype 和 users 数据表，指令如下：

```
SELECT * FROM salarytype
SELECT * FROM users
```

10-4-3　WHERE 子句的条件语法

WHERE 子句才是 SELECT 查询指令的主角，因为之前的语法只是指明从哪个数据表获取字段和需要获取哪些字段，WHERE 子句的条件才是 SELECT 语法的过滤条件。

✪ 单一查询条件

如果 SQL 查询的是单一条件，WHERE 子句条件的基本规则和示例具体如下。

※ 文字字段需要使用单引号括起，如书号为 P0001，指令如下：

```
SELECT * FROM books
WHERE id='P0001'
```

※ 数值字段不需要使用单引号括起，如书价为 55 元，指令如下：

```
SELECT * FROM books
WHERE price=55
```

※ 文字和备注字段可以使用 LIKE 包含运算符，只需包含此字符串即符合条件，再配合 "%" 或 "_" 万用字符，可以代表任何字符串或单一字符，所以，只需包含有指定的子字符串就符合条件。例如，书名包含 '程序' 子字符串，指令如下：

```
SELECT * FROM books
WHERE title LIKE '%程序%'
```

❀ 数值字段可以使用 <>（不等于）、>（大于）、<（小于）、>=（大于等于）和 <=（小于等于）等运算符创建查询条件。例如，书价大于 50 元，指令如下：

```
SELECT * FROM books
WHERE price > 50
```

✪ 多项查询条件

WHERE 条件如果不止一个，可以使用逻辑运算符 AND 和 OR 来连接，其基本规则如下。

❀ AND（与）运算符：连接前后条件都必须成立，整个条件才成立。例如，书价大于等于 50 元且书名有 ' 入门 ' 子字符串，指令如下：

```
SELECT * FROM books
WHERE price >= 50 AND title LIKE '%入门%'
```

❀ OR（或）运算符：连接前后条件只需任一条件成立即可。例如，书价大于等于 50 元或书名有 ' 入门 ' 子字符串，指令如下：

```
SELECT * FROM books
WHERE price >= 50 OR title LIKE '%入门%'
```

不仅如此，WHERE 子句还可以连接两个以上条件，而且 AND 和 OR 也可以在同一 WHERE 子句使用，指令如下：

```
SELECT * FROM books
WHERE price < 55
   OR title LIKE '%入门%'
   AND title LIKE '%MySQL%'
```

上述指令是查询书价小于 55 元或书名有 ' 入门 ' 和 'MySQL' 子字符串。

✪ 在 WHERE 子句使用括号

如果在 WHERE 子句的条件中加上括号，其查询顺序是括号之中优先，所以会产生不同的查询结果，指令如下：

```
SELECT * FROM books
WHERE (price < 55
   OR title LIKE '%入门%')
   AND title LIKE '%与%'
```

上述指令是查询书价小于 55 元或书名有 ' 入门 ' 子字符串，而且书名有 ' 与 ' 子字符串。

10-4-4 排序输出

SQL 查询结果如果需要排序，可以指定字段进行由小到大或由大到小的排序，在 SELECT

查询指令后加上 ORDER BY 子句，指令如下：

```
SELECT * FROM books
WHERE price >= 50
ORDER BY price
```

上述 ORDER BY 子句后是排序字段，这个 SQL 指令是对书价字段 price 进行排序，默认由小到大，即 ASC。如果想倒过来由大到小排序，只需加上 DESC 指令，指令如下：

```
SELECT * FROM books
WHERE price >= 50
ORDER BY price DESC
```

10-4-5　SQL 聚合函数

SQL 聚合函数可以进行数据表字段的计算、求平均值、求范围和统计总和，提供进一步的数据分析数据，见表 10-8。

表10-8　SQL聚合函数

聚合函数	说　明
Count(Column)	计算数据数
Avg(Column)	计算字段的平均值
Max(Column)	获取记录字段的最大值
Min(Column)	获取记录字段的最小值
Sum(Column)	获取记录字段的总和

例如，计算图书的平均书价，指令如下：

```
SELECT Avg(price) As 平均书价 FROM books
```

10-4-6　SQL 数据库操作指令

10

SQL 数据库操作指令共有 INSERT、UPDATE 和 DELETE 3 个。

❂ INSERT 插入数据指令

SQL 插入数据操作是新增一项数据到数据表，INSERT 指令的基本语法为：

```
INSERT INTO table (column1,column2,...)
VALUES ('value1', 'value2',...)
```

上述指令的 table 是准备插入数据的数据表名称，column1 ~ column n 为数据表的字段名称，value1 ~ value n 是对应的字段值。例如，在 books 数据表中新增一项图书记录的指令如下：

```
INSERT INTO books (id,title,author,price,category,pubdate)
VALUES ('C0001', 'C语言程序设计', '陈会安', 51, '程序设计', '2018/01/01')
```

✪ UPDATE 更新数据指令

　　SQL 更新数据操作是将数据表内符合条件的数据更新，更新字段的内容，UPDATE 指令的基本语法为：

```
UPDATE table SET column1 = 'value1'
WHERE conditions
```

　　上述指令中 table 是数据表，column1 是数据表需要更新的字段名称，字段不用包含全部数据表字段，只针对需要更新的字段，value1 是更新的字段值，如果更新字段不止一个，使用逗号分隔，指令如下：

```
UPDATE table SET column1 = 'value1' , column2 = 'value2'
WHERE conditions
```

　　上述 column2 是另一个需要更新的字段名称，value2 是更新的字段值，最后的 conditions 是更新条件。例如，在 books 数据表中更新一项图书记录的定价和出版日期，指令如下：

```
UPDATE books SET price=49,
       pubdate='2018/02/01'
WHERE id='C0001'
```

✪ DELETE 删除数据指令

　　SQL 删除数据操作是将符合条件的数据表数据删除，DELETE 指令的基本语法为：

```
DELETE FROM table WHERE conditions
```

　　上述指令的 table 是数据表，conditions 为删除数据的条件，含义为将符合 conditions 条件的数据删除掉。例如，在 books 数据表中删除书号 C0001 的一项图书记录，指令如下：

```
DELETE FROM books WHERE id='C0001'
```

10

10-5 将数据存入 MySQL 数据库

Python 支持 MySQL 数据库的模块很多，本书使用 PyMySQL 模块，因为 Anaconda 默认并没有安装此模块，在使用前需要先自行安装。

◎ 安装 PyMySQL 模块

执行"开始"→ Anaconda3 (64–bits) → Anaconda Prompt 命令打开 Anaconda Prompt 命令提示符窗口后，输入指令：

```
(base) C:\Users\JOE>pip install PyMySQL          //接 Enter 键
```

             输入此指令

安装 PyMySQL 模块，如图 10–13 所示。

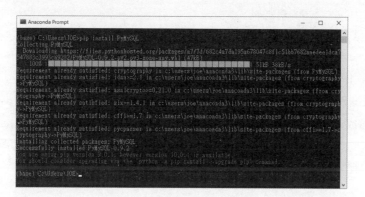

图10–13　安装PyMySQL模块

在成功安装 PyMySQL 模块后，Python 使用 MySQL 数据库的第一步需要导入 PyMySQL 模块，指令如下：

```
import pymysql
```

◎ 查询 MySQL 数据库　　　　　　　　　　　　　　　　　　　　Ch10_5.py

Python 程序在导入 PyMySQL 模块后，可以创建数据库连接来执行 SQL 指令，指令如下：

```python
import pymysql
# 创建数据库连接
db = pymysql.connect("localhost", "root", "", "mybooks", charset="utf-8")
cursor = db.cursor()          # 创建cursor对象
# 执行SQL指令SELECT
cursor.execute("SELECT * FROM books")
```

```
data = cursor.fetchall()        # 取出所有记录
# 取出查询结果的每一笔记录
for row in data:
    print(row[0], row[1])
db.close()                      # 关闭数据库连接
```

以上述 connect() 函数创建数据库连接，参数依次是 MySQL 主机名称、用户名、密码和数据库名称，最后指定编码是 utf-8，在成功创建数据库连接后，调用 cursor() 函数创建 cursor 对象，即可调用 execute() 函数执行 SQL 指令来查询 MySQL 数据库。

因为是查询数据，需要调用 fetchall() 函数获取第一项数据，fetchall() 函数可以获取所有记录，然后使用 for-in 循环获取查询结果的每一项数据，row[0] 和 row[1] 是前两个字段，即 id 和 title 字段，最后调用 close() 函数关闭数据库连接，其执行结果如下：

执行结果

```
D0001  Access入门与实战
P0001  数据结构——使用C语言
P0002  Java程序设计入门与实战
P0003  Scratch+fChart程序逻辑训练
W0001  PHP与MySQL入门与实战
W0002  jQuery Mobile与Bootstrap网页设计
```

✪ 将 CSV 数据存入 MySQL 数据库   ◀ Ch10_5a.py ▶

将爬取的数据创建成 CSV 字符串后，就可以将 CSV 数据存入 MySQL 数据库，首先将 CSV 字符串 book 转换成列表 f，指令如下：

```
book = "P0004,Python程序设计,陈会安,55,程序设计,2018-01-01"
f = book.split(",")

# 创建数据库连接
db = pymysql.connect("localhost", "root", "", "mybooks", charset="utf-8")
cursor = db.cursor()            # 创建cursor对象
```

上述代码创建了数据库连接，然后使用 format() 函数创建 SQL 插入记录的 SQL 指令字符串，在字符串中的 6 个参数值 '{0}','{1}','{2}',{3},'{4}','{5}' 是对应列表的 6 个项目，指令如下：

```
# 创建SQL指令INSERT字符串
sql = """INSERT INTO books (id,title,author,price,category,pubdate)
        VALUES ('{0}','{1}','{2}',{3},'{4}','{5}')"""
sql = sql.format(f[0], f[1], f[2], f[3], f[4], f[5])
print(sql)
try:
    cursor.execute(sql)         # 执行SQL指令
    db.commit()                 # 确认交易
    print("新增一笔记录...")
except:
```

```
      db.rollback()                     # 恢复交易
      print("新增记录失败...")
db.close()                              # 关闭数据库连接
```

以上述代码创建 SQL 指令字符串后，使用 try-except 调用 execute() 函数执行新增记录，接着执行 commit() 函数确认交易来真正变更数据库，如果失败，就执行 rollback() 函数恢复交易，即恢复成没有执行 SQL 指令前的数据库内容，其执行结果如下：

执行结果

```
INSERT INTO books (id,title,author,price,category,pubdate)
   VALUES ('P0004','Python程序设计','陈会安',55,'程序设计','2018-01-01')
新增一笔记录...
```

其执行结果可以新增一项记录，如图 10-14 所示。

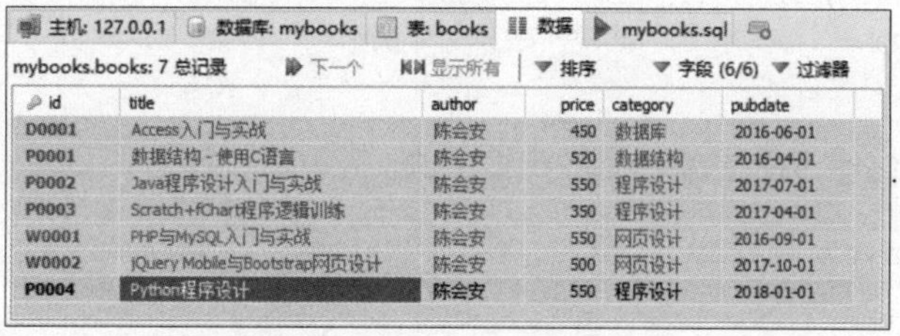

图10-14　存入CSV数据

⭐ 将 JSON 数据存入 MySQL 数据库

Ch10_5b.py

同样地，可以将 JSON 数据存入 MySQL 数据库，首先将 JSON 数据转换成 Python 字典 d，指令如下：

```
d = {
    "id": "P0005",
    "title": "Node.js程序设计",
    "author": "陈会安",
    "price": 65,
    "cat": "程序设计",
    "date": "2018-02-01"
}

# 创建数据库连接
db = pymysql.connect("localhost", "root", "", "mybooks", charset="utf-8")
cursor = db.cursor()          # 创建cursor对象
```

上述代码创建了数据库连接，然后使用 format() 函数创建 SQL 插入记录的 SQL 指令字符串，指令如下：

```
# 创建SQL指令INSERT字符串
sql = """INSERT INTO books (id,title,author,price,category,pubdate)
         VALUES ('{0}','{1}','{2}',{3},'{4}','{5}')"""
```

```
sql = sql.format(d['id'],d['title'],d['author'],d['price'],d['cat'],d['date'])
print(sql)
try:
    cursor.execute(sql)       # 执行SQL指令
    db.commit()               # 确认交易
    print("新增一笔记录...")
except:
    db.rollback()             # 恢复交易
    print("新增记录失败...")
db.close()                    # 关闭数据库连接
```

try-except 调用 execute() 函数新增记录，接着执行 commit() 函数真正变更数据库，如果失败，就执行 rollback() 函数恢复交易，其执行结果如下：

执行结果

```
INSERT INTO books (id,title,author,price,category,pubdate)
  VALUES ('P0005','Node.js程序设计','陈会安',65,'程序设计','2018-02-01')
新增一笔记录...
```

其执行结果可以新增一项记录，如图 10-15 所示。

mybooks.books: 8 总记录　下一个　显示所有　排序　字段 (6/6)　过滤器

id	title	author	price	category	pubdate
D0001	Access入门与实战	陈会安	450	数据库	2016-06-01
P0001	数据结构 - 使用C语言	陈会安	520	数据结构	2016-04-01
P0002	Java程序设计入门与实战	陈会安	550	程序设计	2017-07-01
P0003	Scratch+fChart程序逻辑训练	陈会安	350	程序设计	2017-04-01
W0001	PHP与MySQL入门与实战	陈会安	550	网页设计	2016-09-01
W0002	jQuery Mobile与Bootstrap网页设计	陈会安	500	网页设计	2017-10-01
P0004	Python程序设计	陈会安	550	程序设计	2018-01-01
P0005	Node.js程序设计	陈会安	650	程序设计	2018-02-01

图10-15　存入JSON数据

10-6 将 Scrapy 爬取的数据存入 MySQL 数据库

Scrapy 项目可以使用 Item Pipeline 项目管道将爬取的数据存入 MySQL 数据库。本节 Ch10_6 示例项目和 Ch8_5_2 项目相同。

☼ 在 MySQL 数据库创建数据库和数据表

启动 MySQL 后，执行 HeidiSQL 导入 MySQL 数据库，我们是执行位于 \BigData\Ch10 路径 的 myquotes.sql 文件，在更新数据库后，可以看到新增的 myquotes 数据库和 quotes 数据表，如图 10-16 所示。

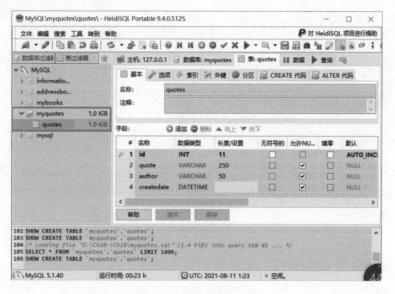

图10-16　更新数据库

☼ Python 程序启动

◄ Ch10_items.py ►

启动 Spyder 打开 Scrapy 项目 Ch10_6 的 items.py 程序文件，输入代码来定义 quote 和 author 两个字段，类名称是 QuoteItem，指令如下：

```python
import scrapy

class QuoteItem(scrapy.Item):
    # 定义Item的字段
    quote = scrapy.Field()
    author = scrapy.Field()
```

☻ Python 程序修改

◄ Ch10_quotes.py ►

打开 Scrapy 项目 Ch10_6 的 quotes.py 程序文件，修改代码，改用 Item 对象获取爬取数据。首先导入 QuoteItem 类，指令如下：

```python
import scrapy
from Ch10_6.items import QuoteItem

class QuotesSpider(scrapy.Spider):
    name = 'quotes'
    allowed_domains = ['quotes.toscrape.com']
    start_urls = ['http://quotes.toscrape.com/']

    def parse(self, response):
        for quote in response.css("div.quote"):
            item = QuoteItem()
            item["quote"] = quote.css("span.text::text").extract_first()
            item["author"] = quote.xpath(".//small/text()").extract_first()
            yield item

        nextPg = response.xpath("//li[@class='next']/a/@href").extract_first()
        if nextPg is not None:
            nextPg = response.urljoin(nextPg)
            yield scrapy.Request(nextPg, callback=self.parse)
```

上述代码创建了 QuoteItem 对象 item，然后指定 item["quote"] 和 item["author"] 的值，分别是格言内容和作者，最后使用 yield 返回 item 对象。

☻ Python 程序添加

◄ Ch10_pipelines.py ►

打开 Scrapy 项目 Ch10_6 的 pipelines.py 程序文件，新增 Item Pipeline 管道项目将爬取数据插入 MySQL 数据库，首先导入 pymysql 和 datetime 模块，指令如下：

```python
import pymysql
import datetime

class MysqlPipeline(object):
    def __init__(self):
        self.db = pymysql.connect("localhost","root","","myquotes",
                                  charset="utf-8")

    def open_spider(self, spider):
        self.cursor = self.db.cursor();  # 创建cursor对象
```

构造函数 __init__() 使用 pymysql.connect() 函数创建数据库连接后，在 open_spider() 函数创建 cursor 对象，然后在 process_item() 函数执行 SQL 指令插入记录至 MySQL 数据表，指令如下：

```
def process_item(self, item, spider):
    # 创建SQL指令INSERT字符串
    sql = """INSERT INTO quotes(quote,author,createDate)
            VALUE(%s,%s,%s)"""
    try:
        self.cursor.execute(sql,
            (item["quote"],
             item["author"],
             datetime.datetime.now()
                    .strftime('%Y-%m-%d %H:%M:%S')
        ))                          # 执行SQL指令
        self.db.commit()           # 确认交易
    except Exception as err:
        self.db.rollback()         # 恢复交易
        print("错误! 插入记录错误...", err)
    return item
```

上述代码创建 SQL 指令字符串 sql，在字符串中有 3 个 "%s" 格式字符，这是 3 个参数，在 cursor.execute() 函数的第二个参数使用元组来指定这 3 个值，指令如下：

```
self.cursor.execute(sql,
    (item["quote"],
     item["author"],
     datetime.datetime.now()
            .strftime('%Y-%m-%d %H:%M:%S')
))  # 执行SQL指令
```

上述 cursor.execute() 函数执行第一个参数的 SQL 指令字符串，第二个参数是元组，用来指定 SQL 字符串中的参数值，最后一个值是调用 datetime.datetime.now() 函数获取目前的日期时间。请注意！需要使用 strftime() 函数更改日期时间格式，以便插入 MySQL 的 DATETIME 类型字段，最后在 close_spider() 函数关闭数据库连接，指令如下：

```
def close_spider(self, spider):
    self.db.close()  # 关闭数据库连接
```

✪ Python 程序设置

◀ Ch10_settings.py ▶

打开 settings.py 文件启用 Item Pipeline 项目管道，使用的是 ITEM_PIPELINES 设置值，指令如下：

```
ITEM_PIPELINES = {
    'Ch10_6.pipelines.MysqlPipeline': 300
}
```

10

✪ 执行爬虫程序

执行 scrapy crawl 指令运行 quotes 爬虫，指令如下：

```
(base) C:\BigData\Ch10\Ch10_6>scrapy crawl quotes          //按 Enter 键
```

上述指令可以在 Scrapy 项目 Ch10_6 的项目目录下新增 quotes.csv 文件，同时在 MySQL 数据库中新增 100 项记录数据，如图 10–17 所示。

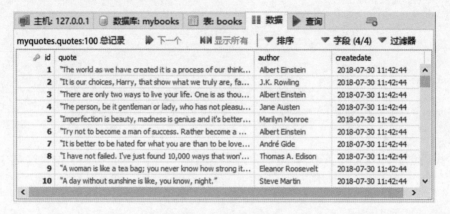

图10–17　执行爬虫程序

1. 请说明什么是 Python 语言的字符串。Python 字符串可以使用____运算符取出指定位置的字符。

2. 请举例说明 Python 字符串的切割运算符是什么。

3. 当爬虫从网络获取数据后,执行数据清理的目的是什么。

4. 请问什么是 MySQL 数据库。什么是 SQL 语言。Python 程序如何访问 MySQL 数据库。

5. 请用 10-3 节的 HeidiSQL 工具输入并执行 10-4 节的 SQL 指令。

6. 请使用 10-3 节的 HeidiSQL 工具打开 addressbook 数据库的 address 数据表来查看数据,有编号 id、姓名 name、电子邮件 email 和电话 phone 字段,如果没有看到此数据库,请执行 addressbook.sql 创建此数据库。

7. 请创建 Python 程序连接习题 6 的 addressbook 数据库,可以显示所有联络人的记录数据。

8. 请创建 Python 程序将 address.csv 文件存入习题 6 的 addressbook 数据库。

第二篇

Python 数据可视化——大数据分析

所谓的大数据分析，是将爬取到的海量数据先进行结构化处理，再利用各项 Python 包将数据以可视化的方式呈现，这样就可以清楚地辨识出数据的**模式**、**趋势**以及**关联性**。Python 有多项好用的可视化包，读者可以根据不同用途选择合适的包来做数据可视化。

- 进行数据处理与分析，请使用 Pandas
- 绘制基础可视化图表，请使用 Matplotlib 或 Pandas
- 进行统计数据可视化，请使用 Seaborn
- 进行互动可视化和创建仪表盘，请使用 Bokeh

11
CHAPTER

认识大数据分析——
数据可视化

11-1　大数据的基础

11-2　与数据进行沟通——数据可视化

11-3　数据可视化使用的图表

11-4　数据可视化的过程

11-5　Python 数据可视化的相关函数库

11-1 大数据的基础

大数据（Big Data）也称为海量数据或巨量数据，也就是非常庞大的数据，需要将这些海量数据转换成结构化数据后，才能进行可视化分析，而这就是所谓的大数据分析。

11-1-1 认识大数据

大数据是指传统数据处理软件不足以处理的庞大或复杂数据集，其来源是大量非结构化数据或结构化数据。目前大型网络公司，如 Google、百度、京东、Amazon 和腾讯等时时刻刻都会存储和处理大量的数据，这就是大数据。

✪ 海量用户产生了海量数据

以前，移动设备的应用程序（App）每天能够处理 1000 位用户已经算是很多了；超过 10000 位已经算是异常情况。现在，因为互联网的联网设备快速增加，在智能手机和平板电脑的推波助澜下，随便一个 App，每天就可能有超过百万位用户，而且每天都在持续地增加中。

大量用户伴随着产生大量的数据，这就是大数据（Big Data）的来源，除了大量用户产生的数据，再加上物联网（Internet of Things，IoT）、智能家居（Smart Home）和智能制造的兴起，机器等传感器产生的数据也快速地大量增加，而且全球各类移动设备和计算机都已经连接互联网，让大量数据的获取更加容易。

✪ 海量数据就是大数据

从太阳升起的一天开始，手机闹钟响起叫你起床，顺手查看微信和微博点赞，打开一篇文章，或休闲时玩玩游戏看看视频，想想看，你有哪一天没有做这些事。

当你每天上在社交软件点赞时，软件已经在后台不停地存储你产生的数据，包含手机定位数据、浏览数据、留言、上传图片、社交数据（加入朋友）、设备等各种传感器接收的数据和计算机系统自动产生的记录数据等，如图 11-1 所示。

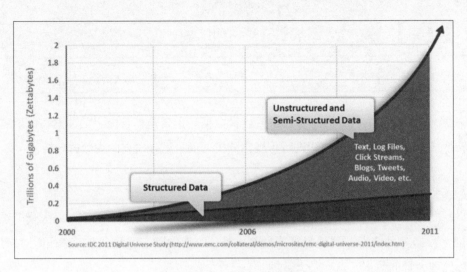

图11-1　人们产生的海量数据

上述 IDC 统计数据是全世界存储的电子数据，以 Zettabytes（ZB）为单位，1ZB = 1024 Exabytes（EB）；1EB 等于 1 百多万 GB（Gigabytes），从 2006 年到 2011 年电子数据已经增长近 5 倍以上，而且绝大部分新产生的数据都是非结构化数据（Unstructured Data），或半结构化数据（Semi-structured Data），而不是结构化数据（Structured Data）。

> 请注意！大数据分析所需的数据是与关联式数据库（如 SQL Server、Oracle 或 MySQL）相同的结构化数据，并不是非结构化数据，我们获取的非结构化数据需要转换成结构化数据后，才能进一步进行数据分析。

✪ 大数据的用途

大数据是从各方面（包含商业数据）收集到的海量数据，但是单纯的数据并没有用，需要进行大数据分析，才能从大量数据中找到数据的模式，并且创造出数据的价值。

不要怀疑，大数据早已经深入了你我的世界，并且帮助改变现今世界的行为模式，包括以下方面。

✳ **改进商业行为**：大数据可以帮助公司创建更有效率的商业运作。例如，通过大量客户购买行为的数据分析，公司已经能够准确预测哪一类客户会在何时何地购买特定的商品。

✳ **辅助医疗**：运用大数据分析大量病历和 X 光照片后，可以找出模式（Patterns）来帮助医生尽早诊断出特定疾病，并开发出新药。

✳ **预测和响应天灾与人祸**：运用传感器的大数据，可以预测哪些地方会有地震；人类的行为模式可以提供线索，帮助公益组织救助幸存者，或监控和保护难民，远离战争区域。

✳ **犯罪预防**：大数据分析可以帮助警方更有效率地布署警力来预防犯罪，通过对大量监测影像的分析，更能预先发现可能的犯罪行为。

11-1-2 结构化数据、非结构化数据和半结构化数据

基本上，面对的数据结构可以分为结构化数据、非结构化数据和半结构化数据三种。

✪ 结构化数据

结构化数据（Structured Data）是一种有组织的数据，数据已经排列成行（Rows）和列（Columns）的表格形式，每一行代表一个单一的观测结果（Observation）；每一列代表观测结果的单一特点（Characteristics）。例如，关联式数据库或 Excel 试算表，如图 11-2 所示。

编号	姓名	地址	电话	生日	电子邮件地址
1	李小双	北京市上地西路2号	010-11111111	1967/7/5	lxs75@163.com
2	高万林	河北保定市莲花池东路112号	0312-22222222	1980/8/15	gwl815@163.com
3	马会方	河北石家庄市和平东路115号	0310-33333333	1983/9/20	mhf920@163.com
4	杨树明	天津市和平区成都道100号	022-44444444	1970/2/25	ysm225@163.com
5	刘安	北京市望京南湖中园3号	010-55555555	1976/7/9	la7679@163.com
6	王斌斌	北京市上地南路10号	010-66666666	1990/8/10	wbb810@163.com
7	周玲玲	山东青岛市商水路9号	0531-77777777	1987/12/11	zll1211@163.com

图11-2　通信录数据表

图 11-2 是通信录数据表，这是一种结构化数据，表格中的每一行是一项观测结果，已经在第一行定义每一个字段的特点，字段定义是预先定义的数据格式。

✪ 非结构化数据

非结构化数据（Unstructured Data）是没有组织的自由格式数据，因此无法直接使用，通常都需要进行数据转换或清理后才能使用，如文字、网页内容、原始信号和音效等。

本书第一篇说明了如何从 HTML 网页内容爬取数据，这些单纯的文字数据就是非结构化数据，需要将其转换成结构化数据才能方便使用，如转换成表格数据。

✪ 半结构化数据

半结构化数据（Semi Structured Data）是介于结构化数据和非结构化数据之间的数据，这是一种结构没有规则且快速变化的数据，简单地说，半结构化数据虽然有字段定义的结构，但是每一项数据的字段定义可能都不同，而且在不同时间点访问时，其结构也可能不一样。最常见的半结构化数据是 JSON 或 XML。

11-2 与数据进行沟通—— 数据可视化

数据可视化（Data Visualization）是使用多种图表来呈现数据，因为一张图胜过千言万语，可以更有效地与其他人进行沟通（Communication）。换句话说，数据可视化可以让复杂数据更容易呈现想表达的信息，也更容易让我们了解这些数据代表的意义。

11-2-1 数据沟通的方式

数据沟通（Communicating Data）就是将你的分析结果传达给你的听众或阅读者，也就是如何有效率地简报出你发现的事实，因为人类是一种视觉和听觉的动物，所以传达方式主要有两种：口语传达和视觉传达。

✪ 口语传达

在文字尚未发明前或文字发明初期，人类主要是使用口语进行沟通，声音是人类本能的沟通媒介，但是，口语有空间和时间上的限制，人类的音量有限，并传不了多远，口语只能在小空间作为沟通媒介，再加上声音有时间性，说过的话马上就会消失，除非有录音，不然，听众如果没有听清楚或无法理解时，你就只能再说一次。

口语传达（Verbal Communication）是使用声音和语言来描述你的想法、需求和观念，让你使用口语方式传达给你的听众，并让他们理解。一般来说，不会单纯使用口语描述，也会结合非口语形式进行沟通，即商业或教学简报，最常使用的是可视化图表。

请注意！虽然可视化图表已经成为简报时不可或缺的重要元素，但是，口语传达仍然是简报时的主要工具之一，口齿清楚仍然是简报者不可缺乏的技能。

✪ 视觉传达

视觉传达（Visual Communication）是使用视觉方式呈现你的想法和分析结果，换句话说，视觉传达除了靠眼睛来看（Look），还需要靠大脑来理解（Perception）。

视觉传达是与人们沟通和分享信息的一个重要渠道。想想看，当到国外自助旅游时，因为语言不通，有可能在城市中迷路而找不到回旅馆的路，就算问路人，因为听不懂他们说什么，所以帮助也不大。但是，只要手上有一张地图，通过路标、路径和熟悉符号，就可以帮助你找到回旅馆的路，你会发现整个回旅馆的寻找过程都是通过视觉传达。

视觉传达简单地说就是与图形进行沟通，使用符号和图形化方式来传递数据、信息和想法，视觉传达相信是目前人们主要的沟通方式之一，包含符号、图表、图形、电影等，都是视觉传达。

11-2-2 认识数据可视化

因为大部分人的阅读习惯都是先看图再看文字，使用可视化方式呈现和解释复杂数据的分析结果，绝对会比口语或单纯文字内容的报告或简报更有效果。

✪ 什么是数据可视化

数据可视化（Data Visualization）是使用图形化工具（如各类统计图表等）运用视觉方式来呈现从大数据萃取出的有用数据，简单地说，数据可视化可以将复杂数据使用图形抽象化成易于听众或阅读者吸收的内容，让我们通过图形或图表更容易识别出数据中的模式（Patterns）、趋势（Trends）和关联性（Relationships）。

数据可视化并不是一项新技术，早在公元前 27 世纪，苏美人已经将城市、山脉和河川等原始数据绘制成地图，帮助辨识方位，这就是数据可视化。在 18 世纪出现了曲线图、面积图、条形图和饼图等各种图表，奠定了现代统计图表的基础。从 20 世纪 50 年代开始，人们使用计算机处理复杂数据，并且帮助绘制图形和图表，逐渐让数据可视化深入日常生活中。现在，人们每时每刻可以在杂志、报纸、新闻媒体、学术报告和公共交通指示等发现数据可视化的图形和图表。

基本上，数据可视化需要考虑以下方面。

- 数据的正确性：**不能为了可视化而可视化，数据在使用图形抽象化后，仍然需要保证数据的正确性。**
- 阅读者的阅读兴趣：**数据可视化的目的是让阅读者快速了解和吸收，如何引起阅读者的兴趣，让阅读者能够突破心理障碍，理解不熟悉领域的信息，这是可视化需要考虑的重点。**
- 传递有效的信息：**信息不但要正确还要有效，数据可视化可以让阅读者在短时间内理解图表并留下印象，这才是真正有效率地传递信息。**

说　明

信息图（Infographic）是另一个常听到的名词，信息图和数据可视化的目的相同，都是使用图形化方式来简化复杂信息。不过，两者之间有些不一样，数据可视化是客观的图形化数据呈现，信息图则是主观呈现创作者的观点、故事，并且使用更多图形化方式来呈现，所以需要相当高的绘图技巧。

✪ 数据可视化在做什么

数据可视化不是单纯或随意将数据绘成图形或图表。基本上，数据可视化是一种有目标的可视化，目标就是通过图表和图形来识别出数据中的模式（Patterns）、趋势（Trends）和关联性（Relationships），其核心作业分成下列类型。

❖ 从单变量或多变量数据分析中找出数据的模式和趋势。

❖ 从二元变量或多变量数据分析中找出数据之间的关联性。

❖ 数据的排序或排名顺序。

❖ 监测数据的变化，找出位于范围之外的数据点或异常值的数据点。

> 请注意！上述变量不是 Python 变量，而是指统计学的变量（Variables），是一种可测量或计数的特性、数值或数量，也称为数据项，所以，变量值事实上就是数据，如年龄和性别等数据。

11-2-3 为什么需要数据可视化？

在了解数据可视化后，你的心中一定浮现出一个问题：为什么需要数据可视化？答案就是大数据需要使用数据可视化来使读者快速吸收，不仅如此，通过数据可视化还可以发现一些隐藏在数据背后的故事，这是一些单纯分析文字数据所看不到的隐藏版故事。

✪ 可视化可以快速吸收数据

依据 IBM 公司的数据，全球每天产生的数据量达 250 万的三次方（Quintillion）字节，MIT 研究员的研究更指出：现在每秒在 Internet 传输的数据量相当于 20 年前存储在整个 Internet 的总量。

随着大量电子设备连接上 Internet，全球产生的数据量呈指数性的爆炸成长，IDC 预估在 2025 年将会增长到每天 175 Zettabytes（ZB），1ZB = 1024 Exabytes（EB）；1EB 等于 1 百多万 GB（Gigabytes），175 Zettabytes 相当于是 179 兆 GB（Trillion GB）。

海量数据的大数据早已经超过人类大脑可以理解的极限，因此需要进一步类比和抽象化这些数据，这就是数据可视化。毕竟，如果无法理解和吸收这些数据，大数据并没有任何用处，这也是为什么从商业到科学和技术，甚至卫生和公共服务，数据可视化都扮演着十分重要的角色，因为数据可视化可以将复杂数据转换成容易了解和使用的图形或图表。

✪ 可视化可以找出数据背后隐藏的故事

安斯库姆四重奏（Anscombe's Quartet）是统计学家弗朗西斯·安斯库姆（Francis Anscombe）在 1973 年提出的 4 组统计特性相同的数据集，每一组数据集包括 11 个坐标点 (x, y)，这 4 组数据集绘出的散点图，如图 11-3 所示。

上述 4 组数据集虽然拥有相同统计特性的平均数、方差、相关系数和线性回归，但是因为异常值（Outlier，即偏差很大的数值）的影响，造成绘制出的 4 张散点图截然不同，由此可知：

11

* 数据可视化的重要性。如果没有绘制图表，就不知这 4 组根本是不同的数据集。
* 异常值对统计数值的影响。绘制成图表可以轻易找出数据集中的异常值，避免因为异常值而影响数据分析的正确性。

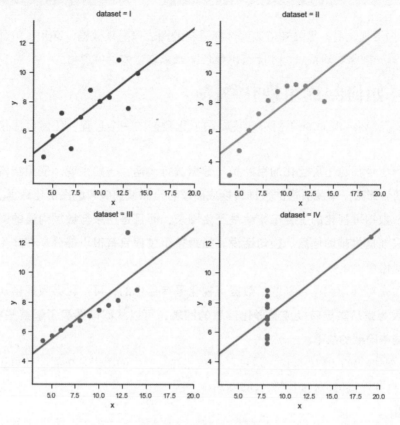

图11-3　Anscombe's Quartet

11-3 数据可视化使用的图表

在了解数据可视化后，需要知道如何选择适当的图表来呈现数据，必须了解如何阅读可视化图表，以及每一种图表的特点，才能选出最佳图表来进行数据可视化。

11-3-1 如何阅读可视化图表

数据可视化（Visualization）简单地说是图形化数据的一个过程，任何可视化都需要满足以下最低需求。

❉ **根据数据产生可视化**：可视化的目的是与数据进行沟通，一般来说，使用结构化数据，将数据从阅读者无法一眼就看懂的数据转换成阅读者可以快速吸收的图形化数据。

❉ **产生图表**：数据可视化的主要工作就是产生图表，而且是用来与数据沟通的图表，任何其他方式都只能提供辅助信息。换句话说，如果整个过程只有很小部分是在产生图表，这绝对不是可视化。

❉ **其结果必须是可阅读和可识别的**：数据可视化是有目标的，可视化必须提供从数据中学到的东西，因为是从数据转换成图形化信息的图表，可以从阅读图表了解某些相应的观点，识别出数据中隐藏的故事。

以数据可视化创建的图表来说，最重要的一点就是产生的图表是可阅读和可识别的，基本上，有形状、点和异常值三种阅读图表的方式。

✪ 形状可视化

形状可视化（Shape Visualization）是从图表识别出规律性的特殊形状，即模式（Patterns）。例如，美国道琼斯工业指数的走势图（折线图）如图11-4所示。

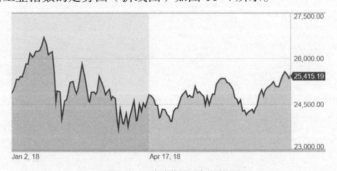

图11-4 道琼斯指数走势图

第一种形状可视化是从上述数据中看出有意义的规律性形状（重复的模式），拉尔夫·艾略特（Ralph N.Elliott）观察道琼斯工业指数的趋势，发现股价的走势就像海浪一般，一波接着一波，有一定的规律，这就是波浪理论（Wave Theory），如图 11-5 所示。

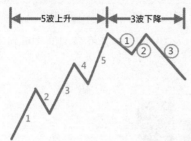

不论趋势大小，股价有
5波上升，3波下降的规律。

图11-5 波浪理论

第二种形状可视化是两个变量之间的线性关系。例如，饮料店每日气温和营业额（千元）的散点图，从散点图可以看出两个变量之间的线性关系，当日气温越高，日营业额也越高，如图 11-6 所示。

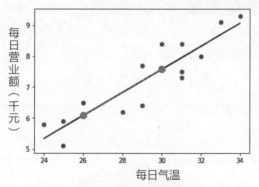

图11-6 气温与营业额散点图

第三种形状可视化是分组，从散点图中有时可能找不出明显的线性关系，但是，可以明显分类出多个不同群组，如图 11-7 所示。

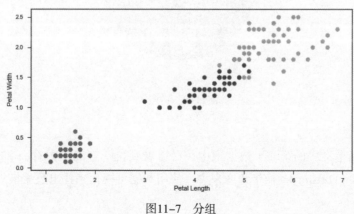

图11-7 分组

从上述散点图中虽然找不出明显的线性关系，但是，可以看出数据能够分成几个群组。

✪ 点可视化

如果无法从图表中的点找出形状，但是，可以从各点的比较或排序得到所需的信息，这就是点可视化（Point Visualization）。例如，2017~2018 年年薪最高的前 100 位 NBA 球员中，各位置球员数的条形图如图 11-8 所示。

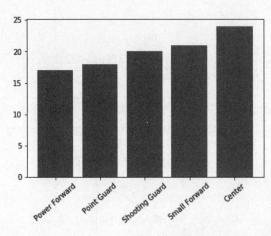

从左侧的条形图可以看到最多的位置是中锋 (Center)，最少的是大前锋 (Power Forward)。

图11-8　各位置球员数条形图

另一种点可视化常用的图表是饼图。例如，2017~2018 年金州勇士队球员阵容中，各位置球员数的饼图如图 11-9 所示。

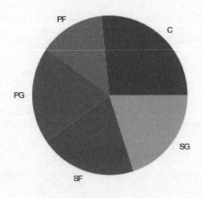

图11-9　饼图

✪ 异常值可视化

在安斯库姆四重奏中的第 4 个数据集中，可以看到位于直线上方有一个点和其他点差得很远，这是异常值（Outlier），换个角度来说，使用数据可视化来找出数据集中的这个异常值，如图 11-10 所示。

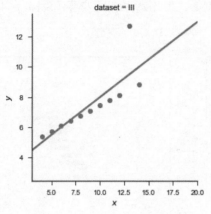

从散点图中可以明显看到这个异常值，此值可能是数据收集时的错误数据，也可能真的有此值，无论如何，异常值可视化需要找出其产生的原因，并解释为什么会有此异常值。

图11-10　异常值

在实际应用中，异常值可视化（Outlier Visualization）可以帮助我们检验收集数据的质量，当然，这些异常值也有可能代表某些突发事件，进而影响收集的数据。例如，在收集股市数据时，网络泡沫、美国次贷危机和雷曼兄弟破产等造成股市大幅下跌，就有可能在收集的股市数据中造成异常值。

11-3-2　数据可视化的基本图表

数据可视化的主要目的是让阅读者能够快速消化吸收数据，包含趋势、异常值和关联性等，因为阅读者并不会花太多时间来消化吸收一张可视化图表，所以需要选择最佳的图表来创建最有效的数据可视化。

✪ 散点图

散点图（Scatter Plots）是以两个变量分别为垂直 Y 轴和水平 X 轴坐标来绘出数据点，可以显示一个变量受另一个变量的影响程度，也就是识别出两个变量之间的关系。例如，以房间数为 X 轴，房价为 Y 轴绘制的散点图，可以看出房间数与房价之间的关系，如图 11-11 所示。

从图 11-11 可以看出房间数越多（面积大），房价也越高。不仅如此，散点图还可以显示数据的分布，我们可以发现上方有很多异常点。

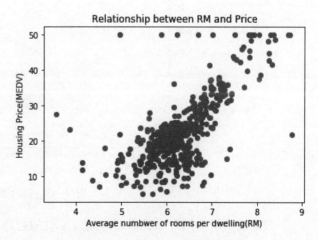

图11-11　房间数与房价之间的关系

散点图的另一个功能是显示分组结果。例如，使用鸢尾花的花萼（Sepal）和花瓣（Petal）的长和宽为坐标的散点图，如图 11-12 所示。

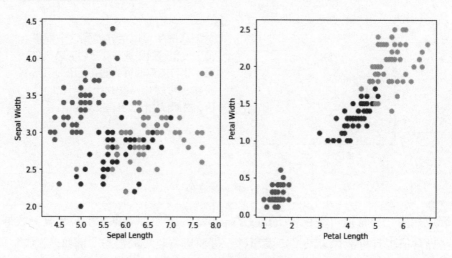

图11-12　鸢尾花散点图

上述散点图已经显示分类的线索，在右图可以看出红色点的花瓣（Petal）比较小，绿色点是中等尺寸，最大的是黄色点，这就是 3 种鸢尾花的分类。

✪ 折线图

折线图（Line Chars）是我们最常使用的图表，它是使用一系列数据点的标记，使用直线连接各标记创建的图表，如图 11-13 所示。

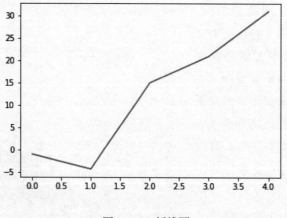

图11-13　折线图

一般来说，折线图可以显示以时间为 X 轴的趋势（Trends）。例如，美国道琼斯工业指数的走势图，如图 11-14 所示。

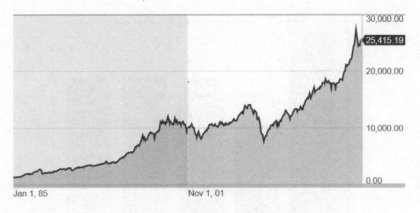

图11-14　道琼斯工业指数的走势图

✪ 条形图

条形图（Bar Plots）是使用长条形色彩区块的高和长度来显示分类数据，可以显示成水平或垂直方向的条形图。基本上，条形图最适合用来比较或排序数据。例如，各种程序语言使用率的条形图，如图 11-15 所示。

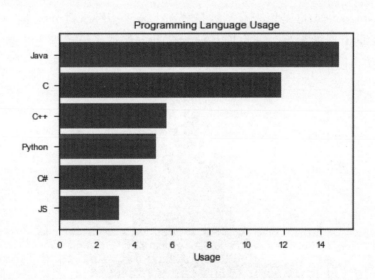

图11-15　各种程序语言的使用率

从上述条形图可以看出 Java 语言的使用率最高；JavaScript（JS）语言的使用率最低。

再看一个例子，2017~2018 年金州勇士队球员阵容中，各位置球员数的条形图如图 11-16 所示。

第 11 章　认识大数据分析——数据可视化

11

313

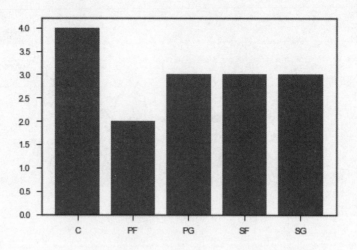

图11-16 篮球队各位置球员数

上述条形图显示中锋（C）人数最多，大前锋（PF）人数最少。

✪ 直方图

直方图（Histograms）也是用来显示数据分布，属于一种次数分配表，可以使用长方形面积来显示变量出现的频率，其宽度是分割区间。例如，统计学上正态分布（Normal Distribution）的直方图如图11-17所示。

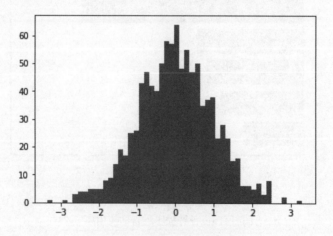

图11-17 正态分布的直方图

再看一个例子，2017~2018年年薪前100位NBA球员的年薪分布图如图11-18所示，可以看出年薪少于1500万美元的球员最多；高于3500万美元的球员最少。

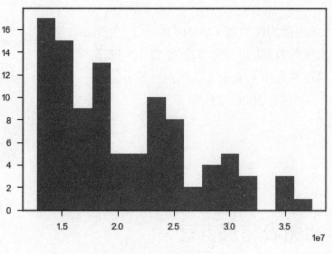

图11-18　年薪分布图

✪ 箱线图

　　箱线图（Box Plot）（也称为盒须图）是另一种显示数值分布的图表，可以清楚地显示数据的最小值、前 25%、中间值、前 75% 和最大值。例如，鸢尾花数据集花萼（Sepal）长度的箱线图，如图 11-19 所示。

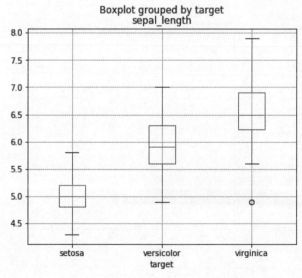

箱线的中间是中间值，箱线上缘是前 75%，箱线下缘是前 25%，最上方的横线是最大值，最下方的横线是最小值，通过箱线图可以清楚地显示3种类别的花萼长度分布。

图11-19　箱线图

❂ 饼图

饼图（Pie Plots）也称为圆饼图（Circle Plots），它是使用一个圆形来表示统计数据的图表，如同在切一个圆形蛋糕，可以使用不同切片大小来表示数据比例或成分。例如，各种程序语言使用率的饼图如图 11-20 所示。

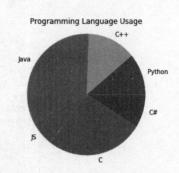

图11-20　各程序语言使用率的饼图

11-3-3　互动图表与仪表盘

除了数据可视化的基本图表外，随着信息科技的发展，不仅可以绘制静态图表，更可以创建能与用户互动的互动图表，以及将重要信息全部整合成一页的仪表盘。

❂ 互动图表

互动图表（Interactive Charts）是一个可以与用户互动的图表，我们不仅可以使用鼠标拖动、缩放和更改轴等针对图表的操作，还可以创建让阅读者探索图表数据的使用界面，如图 11-21 所示。

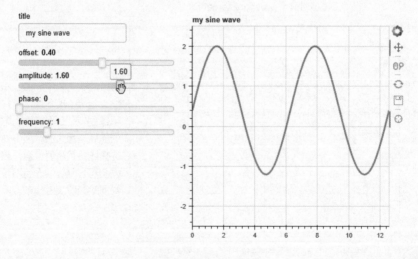

图11-21　互动图表

上述图例是浏览器显示的互动图表，我们只需拖动左方滑块，就可以调整右边图表显示的波形。基本上，互动图表可以提供比静态图表更多的信息，让阅读者更深入地了解数据。

✪ 仪表盘

仪表盘（Dashboard）是将所有达成单一或多个目标所需的最重要信息整合显示在同一页，可以让我们快速访问重要信息，让这些重要信息一览无遗。例如，股市信息仪表盘在同一页面连接多种图表、统计摘要信息和关联性等重要信息，如图 11-22 所示。

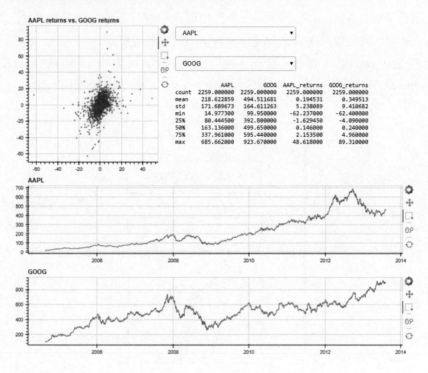

图11-22　仪表盘

在右上方的下拉式菜单中选择两只股票后（AAPL 是 Apple 公司；GOOG 是 Google），即可在下方显示统计摘要信息和折线图显示的股价趋势，左上角的散点图显示这两只股票之间的关联性。

11

11-4 数据可视化的过程

数据可视化（Data Visualization）是一个使用图表和图形等可视化元素来显示数据或信息的过程，简单地说，就是使用图表来叙述你从数据中找到的故事。

数据可视化过程的基本步骤（源自 Jorge Camoes 的著作 *Data at Work: Best practices for creating effective charts and information graphics in Microsoft Excel*），如图 11–23 所示。

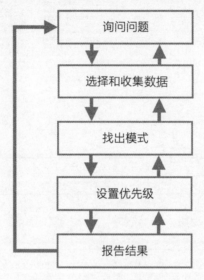

图11–23　数据可视化的过程

✪ 步骤 ❶：询问问题

数据可视化的第一步是询问问题（Asking Questions），然后制作图表来回答问题。但是，在制作回答问题的图表前，需要先了解如何询问问题。因为某些图表特别适合用来回答某些特定的问题，所以可以反过来通过图表合理回答问题的种类、了解如何询问问题等，具体如下。

✳ **分布问题**：分布问题是研究数据在坐标轴范围的分布情况，可以使用直方图或箱线图来回答客户年龄和收入的分布。

✳ **趋势问题**：这是时间轴的比较问题，可以使用折线图显示公司业绩是否有增长。

✳ **关联性问题**：关联性问题是研究两个或多个变量之间的关系，可以用散点图显示周年庆营销活动是否有助于增加业绩。

✳ **排序问题**：个别数据的顺序和排序问题可以使用条形图，如用条形图显示公司销售最佳和最差的产品，也可以与竞争对手的主力产品对比，分析谁的产品卖得更好。

318

❊ **成分问题**：元件与成品的组成是成分问题，可以使用饼图显示公司主力产品的市场占有率。

✪ 步骤 ❷：选择和收集数据

在定好询问的问题后，开始取得和收集所有与问题相关的原始数据（Raw Data），数据来源可能是公开数据、内部数据或从外面购买的数据，可以用网络爬虫、Open Data 和查询数据库来获取这些数据。

收集好数据后，即可开始选择和分类数据，将收集数据区分成回答问题所收集的主要数据。例如，针对产品和竞争对手比较问题收集的主要数据，以及因为其他目的收集的次要数据（如使用收集到的官方人口数据来估计市场规模有多大）。

✪ 步骤 ❸：找出模式

下面我们可以开始探索数据来找出模式（Searching for Patterns），也就是依据可能的线索绘制大量图表，然后一一阅读可视化图表来试着找出隐藏在数据之间的关系、样式、趋势或异常情况，也许有些模式很明显，一眼就可以看出，但也有可能需要对这些模式再深入分析，以便找出更多的模式。

换句话说，在找出模式的步骤依赖探索数据的深度和广度，需要从不同角度绘制大量与问题相关的图表和一些辅助图表。

✪ 步骤 ❹：设置优先级

在花时间探索数据并对于问题已经有了进一步的了解和认识之后，可以根据观点决定分析方向，同时设置获取数据和分析数据的优先顺序，以及数据的重要性。

因为每一张绘制的图表就如同是你的一个想法，刚开始的想法可能有些杂乱无章，但等到分析到一定程度，某些想法会越来越明确，请专注于这些明确的想法，忘掉那些干扰的旁枝末节，也不要钻牛角尖，并且试着将相关图表串联起来，这样从数据中找出的故事将越来越完整。

✪ 步骤 ❺：报告结果（Reporting Results）

最后，需要从几十张，甚至数百张图表中阐明关键点在哪里，数据之间的关联性是什么。如何让阅读者理解这些信息，同时需要重新整理图表，设计出一致信息、样式和格式的图表，最好是能够引起阅读者兴趣的图表，以便传达我们的研究成果，让叙述的数据成为一个精彩的故事。

> 请注意！在众多可视化图表中，有些图表只适合使用在与阅读者进行信息的呈现或沟通，如饼图；有些图表适合数据分析和数据探索，如散点图。

11

11-5 Python 数据可视化的相关函数库

Python 数据可视化相关函数库提供完整功能来帮助数据可视化的整个过程，本书数据可视化使用的 Python 函数库有 Pandas、Matplotlib、Seaborn 和 Bokeh。

✪ 组织数据集：Pandas

Pandas 是一套数据处理和分析的 Python 包，可以帮助组织大数据分析所需的数据集（Dataset）。事实上，Pandas 如同是一套 Python 程序版的微软 Excel 表格工具，我们只需通过 Python 代码就可以针对表格数据执行 Excel 表格的功能。

Pandas 的主要目的是帮助处理和分析结构化数据，再加上整合 Matplotlib，Pandas 一样可以绘制各种图表，成为一套基础的数据可视化工具。

✪ 数据可视化的开始：Matplotlib

Matplotlib 是一套 Python 著名的 2D 绘图函数库，支持多种常用图表，可以帮助可视化 Pandas 数据结构的数据，更可以轻松产生高品质和多种不同格式的输出文件。

目前有相当多 Python 绘图函数库都是创建在 Matplotlib 之上，提供各种扩充的绘图功能或更多种图表。Matplotlib 也是 Python 的第一套数据可视化函数库，可以通过编写较少的 Python 代码来绘制各种常用图表。

✪ 统计数据可视化：Seaborn

Seaborn 是创建在 Matplotlib 函数库基础上的一套统计数据可视化函数库，Seaborn 紧密整合 Pandas 数据结构，并弥补 Matplotlib 函数库的不足，特别适合绘制精美的统计图表。

Seaborn 是 Python 常用且著名的高阶数据可视化函数库，提供默认样式、布景和调色盘，可以绘制出比 Matplotlib 更漂亮的各式图表，因为 Seaborn 提供的是高阶 API，所以只需编写比 Matplotlib 更少的代码，即可快速绘制各种可视化图表。

✪ 互动可视化：Bokeh

Bokeh 是一套 Python 互动可视化函数库，支持目前市面上常用的浏览器，可以帮助快速创建多样化互动和数据驱动图表，不仅如此，因为 Bokeh 支持多种界面元件，可以轻松整合图表来创建仪表盘（Dashboard）和数据应用程序（Data Applications）。

Bokeh 函数库输出的是一个 HTML 网页，然后在 Web 浏览器使用前端 JavaScript 函数库在浏览器绘制显示图表并创建互动功能，换句话说，通过 Bokeh 自动将 Python 代码转换成 JavaScript 代码。

1　请问什么是大数据？其用途是什么？

2　请举例说明结构化、非结构化和半结构化数据。

3　请问数据沟通的方式有哪两种？

4　请问什么是数据可视化？为什么我们需要数据可视化？

5　请简单说明如何阅读可视化图表。

6　请问可视化的基本图表有哪几种？什么是互动图表和仪表盘？

7　请写出数据可视化的基本步骤。

8　请简单说明 Python 数据可视化的相关函数库有哪些。

12

CHAPTER

使用Pandas掌握数据

12-1　Pandas 包的基础

12-2　DataFrame 的基本使用

12-3　选取、过滤与排序数据

12-4　合并与更新 DataFrame 对象

12-5　群组、枢纽分析与套用函数

12-6　Pandas 数据清理与转换

12-1 Pandas 基础

Pandas 是一套著名的 Python 套件，提供高效能的数据处理和分析功能，这也是数据可视化在绘制图表前必学的 Python 套件。

12-1-1 认识 Pandas

Pandas 是 Python 语言的数据处理和分析工具，可以将 Pandas 视为是一套 Python 程序版的 Excel 电子表格工具，透过简单的 Python 程序代码，就可以针对表格数据执行 Excel 电子表格的功能。

Pandas 的名称是源于 "Python and data analysis" and "panel data" 前缀的缩写，Pandas 是一套使用 Python 语言开发的 Python 套件，完整包含 NumPy、Scipy 和 Matplotlab 包的功能，其主要目的是帮助开发者进行数据处理和分析。

Pandas 主要提供两种数据结构，具体说明如下。

❋ **Series 对象：**类似一维数组的对象，可以是任何数据类型的对象，这是一个拥有标签的一维数组，更确切地说，可以将 Series 视为是两个数组的组合，一个是类似索引的标签，另一个是实际数据。

❋ **DataFrame 对象：**类似电子表格的表格数据，这是一个有标签（索引）的二维数组，可以任意更改表格的结构，每一栏允许存储任何数据类型的数据。

> **说 明**
>
> 如果读者学习过关系数据库，DataFrame 对象如同是数据库的一个数据表，每一列就是一项记录，每一个字段就是对应记录的字段。

12-1-2 Series 对象

Pandas 关于数据处理的重点是 DataFrame 对象，在本章中只准备简单说明 Series 对象的使用。在 Python 程序中首先要导入 Pandas。

```
import pandas as pd
```

❂ 建立 Series 对象 ◆ Ch12_1_2.py ▶

可以使用 Python 列表建立 Series 对象，代码如下：

12

```
import pandas as pd

s = pd.Series([12, 29, 72,4, 8, 10])
print(s)
```

上述代码导入 Pandas（别名 pd）后，调用 Series() 函数建立 Series 对象，然后显示 Series 对象，其执行结果如下：

执行结果
```
0  12
1  29
2  72
3  4
4  8
5  10
dtype: int64
```

上述执行结果的第一列是默认新增的索引（从 0 开始），如果在建立时没有指定索引，Pandas 会自行建立索引，最后一行是元素的数据类型。

✪ 建立自定义索引的 Series 对象　　　　　　　　　　◀ Ch12_1_2a.py ▶

在 12-1-1 节中曾经讲解过，Series 对象如同是两个数组，一个是索引的标签；另一个是数据，所以可以使用两个 Python 列表建立 Series 对象，代码如下：

```
import pandas as pd

fruits = [" 苹果 ", " 橘子 ", " 梨子 ", " 樱桃 "] quantities = [15, 33, 45, 55]
s = pd.Series(quantities, index=fruits) print(s)
print(s.index) print(s.values)
```

上述代码建立两个列表后，建立 Series 对象，第一个参数是数据列表，第二个参数是使用 index 参数指定的索引列表，然后依次显示 Series 对象，使用 index 属性显示索引，values 属性显示数据，其执行结果如下：

执行结果
```
苹果  15
橘子  33
梨子  45
樱桃  55
dtype: int64
Index(['苹果', '橘子', '梨子', '樱桃'], dtype='object') [15 33 45 55]
```

上述执行结果的索引是自定义的 Python 列表，最后依次是 Series 对象的索引和数据。

✪ 使用索引取出数据和进行运算

在建立 Series 对象后，可以使用索引值来获取数据，首先建立 Series 对象，代码如下：

```
fruits = [" 苹果 ", " 橘子 ", " 梨子 ", " 樱桃 "]
s = pd.Series([15, 33, 45, 55], index=fruits)
```

上述代码建立自定义索引 fruits 的 Series 对象后，使用索引值来获取数据，代码如下：

```
print("橘子=", s["橘子"])
```

上述代码取出索引值为橘子的数据，其执行结果如下：

执行结果

```
橘子= 33
```

在 Series 对象可以使用索引列表一次就获取多个数据，代码如下：

```
print(s[["橘子","梨子","樱桃"]])
```

上述代码获取索引值为橘子、梨子和樱桃的 3 个数据，其执行结果如下：

执行结果

```
橘子 33
梨子 45
樱桃 55
dtype: int64
```

Series 对象也可以作为操作数来执行四则运算，代码如下：

```
print((s+2)*3)
```

上述代码是执行 Series 对象的四则运算，可以看到值是先加 2 后，再乘以 3，其执行结果如下：

执行结果

```
苹果 51
橘子 105
梨子 141
樱桃 171
dtype: int64
```

12

12-2 DataFrame 的基本使用

DataFrame 是 Pandas 最重要的数据结构，事实上，就是使用 DataFrame 对象加载数据来进行数据处理和探索。

12-2-1 建立 DataFrame 对象

DataFrame 对象的结构类似表格或 Excel 电子表格，包含排序的字段集合，每一个字段是固定数据类型，不同字段可以是不同数据类型。

⭐ 使用 Python 字典建立 DataFrame 对象　　　　　　　　　　◆ Ch12_2_1.py ◆

因为 DataFrame 对象是二维表格，所以有行和列索引，而 DataFrame 就是拥有索引的 Series 对象组成的 Python 字典，代码如下：

```
import pandas as pd

products = {" 分类 ": [" 居家 "," 居家 "," 娱乐 "," 娱乐 "," 科技 "," 科技 "],
            " 商店 ": [" 家乐福 "," 大润发 "," 家乐福 "," 全联超 "," 大润发 "," 家乐福 "],
            " 价格 ": [11.42,23.50,19.99,15.95,55.75,111.55]}

df = pd.DataFrame(products)
print(df)
```

上述代码建立 products 字典，拥有 4 个元素，键是字符串，值是列表（可以建立为 Series 对象），在调用 DataFrame() 函数后，就可以建立 DataFrame 对象，其执行结果如图 12-1 所示。

```
     价格   分类   商店
0   11.42  居家  家乐福
1   23.50  居家  大润发
2   19.99  娱乐  家乐福
3   15.95  娱乐  全联超
4   55.75  科技  大润发
5  111.55  科技  家乐福
```

图12-1　建立DataFrame 对象

上述执行结果的第一行是域名（DataFrame 会自动排序列名），在每一行的第一个字段是自动产生的标签（从 0 开始），这是 DataFrame 对象的默认索引。可以使用 to_html() 函数将 DataFrame 对象转换成 HTML 表格，代码如下：

```
df.to_html("Ch12_2_1.html")
```

上述代码的执行结果是转换 DataFrame 对象成为 HTML 表格标签 <table>，并导出

12

Ch12_2_1.html（在 12-2-2 节有进一步说明），请在浏览器打开此 HTML 网页文件，可以看到表格数据，如图 12-2 所示。

	价格	分类	商店
0	11.42	居家	家乐福
1	23.50	居家	大润发
2	19.99	娱乐	家乐福
3	15.95	娱乐	全联超
4	55.75	科技	大润发
5	111.55	科技	家乐福

图12-2　转换为HTML表格

✪ 建立自定义索引的 DataFrame 对象　　Ch12_2_1a.py

如果没有指定索引，Pandas 默认会为 DataFrame 对象产生数值索引（从 0 开始），可以自行使用列表来建立自定义索引，代码如下：

```
products = {" 分类 ": [" 居家 "," 居家 "," 娱乐 "," 娱乐 "," 科技 "," 科技 "],
            " 商店 ": [" 家乐福 "," 大润发 "," 家乐福 "," 全联超 "," 大润发 "," 家乐福 "],
            " 价格 ": [11.42,23.50,19.99,15.95,55.75,111.55]}

ordinals =["A", "B", "C", "D", "E", "F"]

df = pd.DataFrame(products, index=ordinals)
print(df)
```

上述 ordinals 列表是自定义索引，共有 6 个元素，对应 6 个数据，DataFrame() 函数使用 index 参数指定使用的自定义索引，从其执行结果可以看出第一列的标签是自定义索引（A ~ F），如图 12-3 所示。

	价格	分类	商店
A	11.42	居家	家乐福
B	23.50	居家	大润发
C	19.99	娱乐	家乐福
D	15.95	娱乐	全联超
E	55.75	科技	大润发
F	111.55	科技	家乐福

图12-3　自定义索引

也可以在建立 DataFrame 对象后再使用 index 属性来更改使用的索引，代码如下：

```
df2 = pd.DataFrame(products)
df2.index = ordinals
print(df2)
```

✪ 重新指定 DataFrame 对象的字段顺序 〈Ch12_2_1b.py〉

在建立 DataFrame 对象时，可以使用 columns 参数来重新指定字段的顺序，代码如下：

```
...
df = pd.DataFrame(products,
                columns = [" 分类 ", " 商店 ", " 价格 "],
                index=ordinals)
print(df)
```

上述 DataFrame() 函数的 columns 参数指定域名列表，可以将原本的"价格，分类，商店"顺序改为"分类，商店，价格"，其执行结果如图 12-4 所示。

	分类	商店	价格
A	居家	家乐福	11.42
B	居家	大润发	23.50
C	娱乐	家乐福	19.99
D	娱乐	全联超	15.95
E	科技	大润发	55.75
F	科技	家乐福	111.55

图12-4　更改字段顺序

✪ 使用存在的字段作为索引标签 〈Ch12_2_1c.py〉

直接使用存在的字段来指定成为索引标签，如"分类"字段，代码如下：

```
...
df = pd.DataFrame(products,
columns = [" 商店 ", " 价格 "], index = products[" 分类 "])
print(df)
```

上述代码的 columns 属性只有 " 商店 " 和 " 价格 "，index 属性指定使用 " 分类 " 键值的列表，从其执行结果可以看到索引是分类，如图 12-5 所示。

	商店	价格
居家	家乐福	11.42
居家	大润发	23.50
娱乐	家乐福	19.99
娱乐	全联超	15.95
科技	大润发	55.75
科技	家乐福	111.55

图12-5　指定索引标签

12

✪ 转置 DataFrame 对象 ◀ Ch12_2_1d.py ▶

如果需要，可以使用 T 属性来转置 DataFrame 对象，即列变成行，行变成列，代码如下：

```
...
print(df.T)
```

上述代码转置 DataFrame 对象 df，执行后可以看到两个轴交换了，如图 12-6 所示。

	居家	居家	娱乐	娱乐	科技	科技
商店	家乐福	大润发	家乐福	全联超	大润发	家乐福
价格	11.42	23.5	19.99	15.95	55.75	111.55

图12-6 转置DataFrame 对象

12-2-2 导入与导出 DataFrame 对象

Pandas 可以导入和导出多种格式文件至 DataFrame 对象。导出 DataFrame 对象至文件的相关函数，见表 12-1。

表12-1 导出函数

函 数	说 明
to_csv(filename)	导出成 CSV 格式的文件
to_json(filename)	导出成 JSON 格式的文件
to_html(filename)	导出成 HTML 表格标签的文件
to_excel(filename)	导出成 Excel 文件
to_sql(name,con)	导出数据至第二个参数的数据库连接，第一个参数是数据表名称

导入文件内容成为 DataFrame 对象的相关函数，见表 12-2。

表12-2 导入函数

函 数	说 明
read_csv(filename)	导入 CSV 格式的文件
read_json(filename)	导入 JSON 格式的文件
read_html(filename)	导入 HTML 文件，Pandas 会抽出 <table> 表格标签的数据，相关示例请参阅 7-6-2 节
read_excel(filename)	导入 Excel 文件
read_sql(sql,con)	导入使用第二个参数的数据库连接，执行第一个参数 SQL 指令返回的数据

✪ 导出 DataFrame 对象至文件 ◀ Ch12_2_2.py ▶

可以使用 to_csv() 函数和 to_json() 函数，将 DataFrame 对象导出成 CSV 和 JSON 格式的文

件，代码如下：

```
products = {" 分类 ": [" 居家 "," 居家 "," 娱乐 "," 娱乐 "," 科技 "," 科技 "],
            " 商店 ": [" 家乐福 "," 大润发 "," 家乐福 "," 全联超 "," 大润发 "," 家乐福 "],
            " 价格 ": [11.42,23.50,19.99,15.95,55.75,111.55]}

df = pd.DataFrame(products,
            columns = [" 分类 ", " 商店 ", " 价格 "])

df.to_csv("products.csv", index=False, encoding="utf-8")
df.to_json("products.json")
```

上述代码使用字典建立 DataFrame 对象后，调用 to_csv() 函数导出 CSV 文件，函数的第一个参数字符串是文件名，index 参数值决定是否写入索引，默认值 True 是写入，False 为不写入，encoding 是编码。

然后调用 to_json() 函数导出 JSON 格式文件，其参数字符串就是文件名。

上述程序的执行结果，可以在 Python 程序的相同目录看到两个文件：products.csv 和 products.json。

☺ 导入文件数据至 DataFrame 对象 ⟨Ch12_2_2a.py⟩

在成功导出 products.csv 和 products.json 文件后，可以分别调用 read_csv() 和 read_json() 函数来导入文件数据，代码如下：

```
df = pd.read_csv("products.csv", encoding="utf-8")
print(df)
```

上述代码调用 read_csv() 函数读取 products.csv 文件，encoding 参数是编码，如果想将 CSV 的第一个字段作为索引，请加上 index_col 属性（Python 程序：Ch12_2_2b.py），代码如下：

```
df = pd.read_csv("products.csv", index_col=0, encoding="utf-8")
```

上述代码指定参数 index_col=0，表示将第一个字段作为索引。读取 JSON 文件是使用 read_json() 函数，代码如下：

```
df2 = pd.read_json("products.json")
print(df2)
```

上述代码导入 products.json 文件成为 DataFrame 对象，因为对象内容和本节前相同，在此不重复列出。

☺ 导入 MySQL 数据库至 DataFrame 对象 ⟨Ch12_2_2c.py⟩

参阅 10-3-2 小节启动 MySQL 后，就可以使用 PyMySQL 模块建立数据库连接来导入数据，使用的是 read_sql() 函数，代码如下：

```
import pandas as pd
import pymysql

db = pymysql.connect("localhost", "root", "", "mybooks", charset="utf-8")
sql = "SELECT * FROM books"
df = pd.read_sql(sql, db)
print(df.head())
db.close()
```

上述代码导入相关模块后，建立数据库连接对象 db 和 SQL 指令字符串，即可调用 read_sql() 函数建立 DataFrame 对象，并显示前 5 笔数据，最后关闭数据库连接，其执行结果如图 12-7 所示。

	id	title	author	price	category	pubdate
0	D0001	Access入门与实战	陈会安	45.0	数据库	2016-06-01
1	P0001	数据结构 - 使用C语言	陈会安	52.0	数据结构	2016-04-01
2	P0002	Java程序设计入门与实战	陈会安	55.0	程序设计	2017-07-01
3	P0003	Scratch+fChart程序逻辑训练	陈会安	35.0	程序设计	2017-04-01
4	W0001	PHP与MySQL入门与实战	陈会安	55.0	网页设计	2016-09-01
5	W0002	jQuery Mobile与Bootstrap网页设计	陈会安	50.0	网页设计	2017-10-01

图12-7　导入MySQL数据库

✪ 导出 DataFrame 对象至 MySQL 数据库　　　　　　　　　　　Ch12_2_2d.py

将 Ch12_2_1.py 建立的 DataFrame 对象导出至 MySQL 数据库 mybooks，可以新增 products 数据表，使用的是 SQLAlchemy 数据库工具箱和 PyMySQL 模块，代码如下：

```
from sqlalchemy import create_engine

db = create_engine(
  'mysql+pymysql://root@localhost:3306/mybooks?charset=utf-8')
```

上述代码导入 SQLAlchemy 的 create_engine 后，即可建立数据库引擎，参数 mysql+pymysql 是 MySQL 数据库和 PyMySQL 模块，root 是用户，如果有密码是 root:password，mybooks 是默认数据库名称，然后使用 to_sql() 函数将 DataFrame 对象 df 导出至数据库，代码如下：

```
df.to_sql("products", db, if_exists="replace")
```

上述的 to_sql() 函数使用 db 数据库引擎来导出新增第一个参数的数据表名称，if_exists 参数是当数据表存在时，可以取代数据表，其执行结果可以看到新增的 products 数据表，如图 12-8 所示。

第
12
章

使
用
Ｐ
ａ
ｎ
ｄ
ａ
ｓ
掌
握
数
据

12

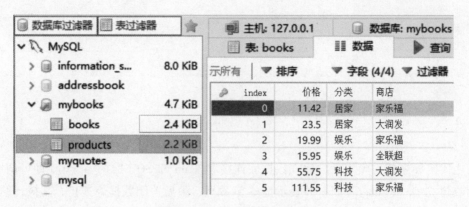

图12-8　导出至MySQL数据库

12-2-3　显示基本信息

当成功建立或导入数据为 DataFrame 对象后，可以马上使用相关函数和属性来显示 DataFrame 对象的基本信息。本小节的 Python 示例都是导入 products.csv 文件建立 DataFrame 对象 df，代码如下：

```
df = pd.read_csv("products.csv", encoding="utf-8")
```

✪ 显示前几行数据　　　　　　　　　　　　　　　　　　　◆ Ch12_2_3.py ◆

为了方便说明，采用 SQL 数据库语言的术语，DataFrame 对象的每一行是一项数据，每一列是数据的字段，可以使用 head() 函数显示前几行数据，默认是 5 行，代码如下：

```
print(df.head())
print(df.head(3))
```

上述代码的第一个 head( ) 函数没有参数，默认是显示 5 行，第二个 head( ) 函数指定参数值 为 3，表示显示前 3 行数据，执行结果如图 12-9 所示。

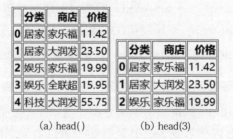

(a) head()　　　　(b) head(3)

图12-9　显示前几行数据

✪ 显示最后几行数据

Ch12_2_3a.py

可以使用 tail() 函数显示最后几行数据，默认也是 5 行，代码如下：

```
print(df.tail())
print(df.tail(3))
```

上述代码的第一个 tail() 函数没有参数，默认是显示最后 5 行数据，第二个 tail() 函数指定参数为 3，可以显示最后 3 行数据，如图 12-10 所示。

	分类	商店	价格
1	居家	大润发	23.50
2	娱乐	家乐福	19.99
3	娱乐	全联超	15.95
4	科技	大润发	55.75
5	科技	家乐福	111.55

	分类	商店	价格
3	娱乐	全联超	15.95
4	科技	大润发	55.75
5	科技	家乐福	111.55

(a) tail()　　　　　(b) tail(3)

图12-10　显示最后几行数据

✪ 显示自定义的字段标签

Ch12_2_3b.py

请注意！因为 Python 可视化函数库大都不支持中文，如果是使用中文字段标签，可以在加载数据后使用 columns 属性指定自定义的字段标签列表。例如，将中文标签改为英文标签，代码如下：

```
df.columns = ["type", "name", "price"]
print(df.head(3))
```

上述代码指定 columns 属性的字段标签列表后，调用 head() 函数显示前 3 行数据，其执行结果如图 12-11 所示。

	type	name	price
0	居家	家乐福	11.42
1	居家	大润发	23.50
2	娱乐	家乐福	19.99

图12-11　显示自定义的字段标签

✪ 获取 DataFrame 对象的索引、字段和数据

Ch12_2_3c.py

可以使用 index、columns 和 values 属性获取 DataFrame 对象的索引、字段标签和数据，代码如下：

```
print(df.index)
print(df.columns)
print(df.values)
```

上述代码显示 index、columns 和 values 属性值，其执行结果如下：

```
RangeIndex(start=0, stop=6, step=1)
Index(['分类', '商店', '价格'], dtype='object')
[['居家' '家乐福' 11.42]
 ['居家' '大润发' 23.50]
 ['娱乐' '家乐福' 19.99]
 ['娱乐' '全联超' 15.95]
 ['科技' '大润发' 55.75]
 ['科技' '家乐福' 111.55]]
```

上述第一行索引的默认范围是 0 ~ 6，第二行是字段标签列表，最后是 DataFrame 对象数据的 Python 嵌套列表。

☯ 显示 DataFrame 对象的摘要信息 ⟨Ch12_2_3d.py⟩

可以使用 Python 的 len() 函数获取 DataFrame 对象的记录数，使用 shape 属性获取形状，使用 info() 函数获取摘要信息，代码如下：

```
print(" 数据数 = ", len(df))
print(" 形状 = ", df.shape)
df.info()
```

上述代码依次调用 len() 函数、shape 属性和 info() 函数来显示 DataFrame 对象的摘要信息，执行结果如下：

```
数 据 数 = 6
形 状 = (6, 3)
<class 'pandas.core.frame.DataFrame'> RangeIndex: 6 entries, 0 to 5
Data columns (total 3 columns):
分 类      6 non-null object
商 店      6 non-null object
价 格      6 non-null float64
dtypes: float64(1), object(2)
memory usage: 224.0+ bytes
```

上述执行结果依次显示共有 6 个数据，形状是 (6, 3)，即 6 行数据，3 个字段，DataFrame 对象的索引、字段数和各字段的非 NULL 值，数据类型以及占用的内存。

12-2-4　访问 DataFrame 对象

DataFrame 对象是一种类似表格的电子表格对象，如同关系数据库的数据表，每一行是一项数据，可以使用 for-in 循环访问 DataFrame 对象的每一项数据。

☺ 使用 iterrows() 函数访问 DataFrame 对象 　　　`Ch12_2_4.py`

在 DataFrame 对象可以使用 iterrows() 函数访问每一项数据，代码如下：

```
for index, row in df.iterrows() :
    print(index, row[" 分类 "], row[" 商店 "], row[" 价格 "])
```

上述 for-in 循环调用 iterrows() 函数取出数据，变量 index 是索引，row 是每一行数据，执行结果可以显示索引和每一项数据，即：

执行结果

```
0  居家  家乐福   11.42
1  居家  大润发   23.50
2  娱乐  家乐福   19.99
3  娱乐  全联超   15.95
4  科技  大润发   55.75
5  科技  家乐福  111.55
```

12-2-5　指定 DataFrame 对象的索引

DataFrame 对象可以使用 set_index() 函数指定单一字段或多个字段的复合索引，调用 reset_index() 函数重设成原始默认的整数索引。

☺ 指定 DataFrame 对象的单一字段索引 　　　`Ch12_2_5.py`

DataFrame 对象可以指定和重设索引的字段，需要使用指定语句来建立全新 DataFrame 对象 df2 和 df3，代码如下：

```
df2 = df.set_index(" 分类 ")
print(df2.head())

df3 = df2.reset_index() print(df3.head())
```

如图 12-12 所示，上述代码首先调用 set_index() 函数指定参数的索引字段为 " 分类 "，可以看到索引标签成为 " 分类 "，然后调用 reset_index() 函数重设成原始默认的整数索引，其执行结果显示前 5 行。

分类	商店	价格
居家	家乐福	11.42
居家	大润发	23.50
娱乐	家乐福	19.99
娱乐	全联超	15.95
科技	大润发	55.75

	分类	商店	价格
0	居家	家乐福	11.42
1	居家	大润发	23.50
2	娱乐	家乐福	19.99
3	娱乐	全联超	15.95
4	科技	大润发	55.75

(a) set_index()　　　(b) reset_index()

图12-12　指定单一字段索引

⚙ 指定 DataFrame 对象的多字段复合索引 ◀ Ch12_2_5a.py ▶

在 DataFrame 对象 set_index() 函数中的参数如果是字段列表，就是指定成多字段的复合索引，代码如下：

```
df2 = df.set_index([" 分类 ", " 商店 "])
df2.sort_index(ascending=False, inplace=True)
print(df2)
```

上述代码首先指定 [" 分类 ", " 商店 "] 共两个索引字段列表，然后调用 sort_index() 函数指定索引的排序方式 ascending=False，即从大至小；inplace=True 参数是直接取代 DataFrame 对象 df2，所以不用指定语句（详细说明请参阅 12-3-3 节），其执行结果如图 12-13 所示。

		价格
分类	商店	
科技	家乐福	111.55
	大润发	55.75
居家	家乐福	11.42
	大润发	23.50
娱乐	家乐福	19.99
	全联超	15.95

图12-13　指定多字段复合索引

12

12-3 选取、过滤与排序数据

DataFrame 对象类似 Excel 电子表格，可以选取数据、过滤数据和排序数据，这就是最基本的数据处理。

本节 Python 示例都是导入 products.csv 文件建立 DataFrame 对象 df，更改字段标签为英文，并自定义索引列表 "A" ~ "F"，代码如下：

```
df = pd.read_csv("products.csv", encoding="utf-8")

df.columns = ["type", "name", "price"]
ordinals = ["A", "B", "C", "D", "E", "F"]
df.index = ordinals
```

12-3-1 选取数据

DataFrame 对象可以使用索引或属性来选取指定的字段或数据，也可以使用标签或位置的 loc 和 iloc 索引器（Indexer）来选取所需的数据。

☸ 选取单一字段或多个字段 ◀ Ch12_3_1.py ▶

可以直接使用字段标签的索引或标签索引列表来选取单一字段的 Series 对象或多个字段的 DataFrame 对象，代码如下：

```
print(df["price"].head(3))
```

上述代码获取 price 单一字段，单一字段就是 Series 对象，也可以使用对象属性来选取相同字段（支持中文标签），代码如下：

```
print(df.price.head(3))
```

上述代码使用 df.price 选取此字段，然后调用 head(3) 函数显示前 3 行，其执行结果如下：

执行结果

```
A 11.42
B 23.50
C 19.99
Name: price, dtype: float64
```

上述执行结果的最后是域名和数据类型。也可以使用标签索引列表（即域名列表）来同时选取多个字段，代码如下：

```
print(df[["type","name"]].head(3))
```

上述代码选取 type 和 name 两个字段的前 3 行，因为 DataFrame 对象支持 to_html() 函数（Series 对象不支持），所以可以产生 HTML 表格，其执行结果如图 12-14 所示。

	type	name
A	居家	家乐福
B	居家	大润发
C	娱乐	家乐福

图12-14 选取多个字段

✪ 选取特定范围的多行数据

Ch12_3_1a.py

对于 DataFrame 对象每一行的记录来说，可以使用从 0 开始的索引或自定义索引的标签名称来选取特定范围的，首先是数值索引范围，代码如下：

```
print(df[0:3])  # 不含3
```

上述索引值范围如同列表分割运算符，可以选取第 1 ～ 3 行数据，但不含索引值 3 的第 4 行，其执行结果如图 12-15 所示。

	type	name	price
A	居家	家乐福	11.42
B	居家	大润发	23.50
C	娱乐	家乐福	19.99

图12-15 选取第1～3行数据

如果是使用自定义索引的标签名称，此时的范围就会包含最后一行，即 "E"，代码如下：

```
print(df["C":"E"])  # 含 "E"
```

上述代码选取索引 "C" 到 "E"，包含 "E"，其执行结果如图 12-16 所示。

	type	name	price
C	娱乐	家乐福	19.99
D	娱乐	全联超	15.95
E	科技	大润发	55.75

图12-16 选取特定范围数据

✪ 使用索引标签选取数据

Ch12_3_1b.py

可以使用 loc 索引器以标签索引选取指定的数据，代码如下：

```
print(df.loc[ordinals[1]])
print(type(df.loc[ordinals[1]]))
```

上述代码选取索引 ordinals[1]（从 0 开始），即 "B" 的第 2 行数据，从执行结果中可以看到单行数据的 Series 对象，即：

执行结果

```
type居家
name大润发
price  23.50
Name: B, dtype: object
<class 'pandas.core.series.Series'>
```

除了使用标签索引选取数据外，还可以同时选取所需字段，因为 DataFrame 是二维数组的表格，所以 loc 索引器在定位时可以使用索引和字段标签来获取二维数组的子集，其语法如下：

```
[索引, 字段标签]
[[索引1, 索引3,...], [字段标签1, 字段标签2..]]
[索引1:索引2, 字段标签]
[索引1:索引2, [字段标签1, 字段标签2...]]
```

上述语法位于“,”符号前可以是数据的索引值、索引值列表或“:”的范围，在“,”之后是字段标签或字段标签列表。例如：选取 "name" 和 "price" 字段标签的所有数据，代码如下：

```
print(df.loc[:,["name","price"]])
print(df.loc[["C","F"], ["name","price"]])
```

上述代码第一个 loc 的“,”符号前是“:”，没有前后索引值，表示所有数据，在“,”符号后是字段标签列表；第二个是索引列表和字段标签列表，只选取 "C" 和 "F" 的两个字段，如图 12-17 所示。

	name	price
A	家乐福	11.42
B	大润发	23.50
C	家乐福	19.99
D	全联超	15.95
E	大润发	55.75
F	家乐福	111.55

（a）所有数据

	name	price
C	家乐福	19.99
F	家乐福	111.55

（b）标签为C和F的数据

图12-17　使用字段标签选取数据

DataFrame 对象的 loc 索引器可以结合索引和字段标签来选取单行或指定范围的数据，代码如下：

```
print(df.loc["C":"E", ["name","price"]])
print(df.loc["C", ["name","price"]])
```

上述第一行代码在 "," 前是选取第 3 ~ 5 行数据，在之后选取 name 和 price 字段，第二行只选取第 3 行数据，所以是 Series 对象，如图 12-18 所示。

图12-18　结合索引和字段标签选取数据

更进一步，可以使用 loc 索引器选取标量值（Scalar Value），对比表格，就是选取指定单元格的内容，代码如下：

```
print(df.loc[ordinals[0], "name"])
print(type(df.loc[ordinals[0],"name"]))
print(df.loc["A", "price"])
print(type(df.loc["A", "price"]))
```

上述第一行代码的索引 ordinals[0]，即 "A" 第一行数据，在 "," 符号后是 "name" 字段，可以选取第一行数据的 name 域值，然后是选取第一行数据的 price 域值，其执行结果如下：

执行结果

```
家乐福
<class 'str'>
11.42
<class 'numpy.float64'>
```

从上述执行结果可以看到第一个值是字符串的商店名称，第二个是价格。请注意！DataFrame 对象的 loc 索引器除了使用 "," 定位外，还可以使用两个 [ ]，第一个 [ ] 是数据索引；第二个 [ ] 是字段标签，代码如下：

```
print(df.loc[ordinals[0]]["name"])
print(df.loc["A"]["price"])
```

✪ 使用位置选择数据　　　　　　　　　　　　　　　　　　　　Ch12_3_1c.py

DataFrame 对象的 loc 索引器是使用标签索引来选取数据，iloc 索引器是使用位置索引，其操作方式就是切割运算符，代码如下：

```
print(df.iloc[3])        # 第 4 行
print(df.iloc[3:5, 1:3]) # 切割
```

上述第一行代码是索引值为 3 的第 4 行数据，第二行代码是第 4 ~ 5 行数据（索引值为 3 和 4，不含 5）的 name 和 price 字段，如图 12-19 所示。

```
type        娱乐
name       全联超
price    15.95
Name: D, dtype: object
```

	name	price
D	全联超	15.95
E	大润发	55.75

图12-19　使用位置选择数据

可以切割 DataFrame 对象的行或列，即选取指定范围的行和列，代码如下：

```
print(df.iloc[1:3, :])    # 切割行
print(df.iloc[:, 1:3])    # 切割列
```

上述第一行代码是 1 ~ 2 即第 2 行和第 3 行数据，在“,”后的“:”前后没有索引值，这是指全部字段，第二行代码在“,”前的“:”前后没有索引值，这是全部数据，之后是 name 和 price 两个字段，可以选取这两个字段的所有数据，其执行结果如图 12-20 所示。

	type	name	price
B	居家	大润发	23.50
C	娱乐	家乐福	19.99

	name	price
A	家乐福	11.42
B	大润发	23.50
C	家乐福	19.99
D	全联超	15.95
E	大润发	55.75
F	家乐福	111.55

图12-20　选取指定范围的行和列

同样，可以分别使用行和列的索引列表从 DataFrame 对象选取所需的数据，代码如下：

```
print(df.iloc[[1,2,4], [0,2]])    # 索引列表
```

上述代码选取第 2、3、5 行数据的 type 和 price 字段，其执行结果如图 12-21 所示。

	type	price
B	居家	23.50
C	娱乐	19.99
E	科技	55.75

图12-21　使用索引列表选取数据

同样的方式，可以使用 iloc 或 iat 索引器选取标量值（Scalar Value），代码如下：

```
print(df.iloc[1,1])
print(df.iat[1,1])
```

上述代码分别使用 iloc 和 iat 选取第二行数据的第二个 name 字段，其执行结果都是 " 大润发 "，具体如下：

大润发

大润发

12-3-2 过滤数据

DataFrame 对象可以在"[ ]"中使用布尔索引条件、isin() 函数或 Python 字符串函数来过滤数据，也就是使用条件来选取数据。

⊙ **使用布尔索引和 isin() 函数过滤数据** 〈 Ch12_3_2.py 〉

DataFrame 对象的索引可以使用布尔索引，可以只选择符合条件的数据，代码如下：

```
print(df[df.price > 20])
```

上述代码的 [ ] 中没有","，所以是过滤数据（包含所有字段），过滤 price 域值大于 20 的数据，其执行结果如图 12-22 所示。

	type	name	price
B	居家	大润发	23.50
E	科技	大润发	55.75
F	科技	家乐福	111.55

图12-22 过滤price>20的数据

DataFrame 对象的 isin() 函数可以检查指定域值是否在列表中，可以过滤出列表中的数据，代码如下：

```
print(df[df["type"].isin(["科技","居家"])])
```

上述代码过滤 type 域值是在 isin() 函数的参数列表中，其执行结果只有 " 科技 " 和 " 居家 " 两种类别，如图 12-23 所示。

	type	name	price
A	居家	家乐福	11.42
B	居家	大润发	23.50
E	科技	大润发	55.75
F	科技	家乐福	111.55

图12-23 isin() 函数检查域值

⊙ **使用多个条件和字符串函数过滤数据** 〈 Ch12_3_2a.py 〉

布尔索引可以同时使用多个条件来过滤数据，如价格大于 15 且小于 25，则：

```
print(df[(df.price > 15) & (df.price < 25)])
```

上述代码的索引条件是使用 "&" 在下方新增一行数据 G 后（详见 12-4-3 节），调用 str. startswith() 字符串函数来过滤数据，代码如下：

```
df.loc["G"] = [" 科学 ", " 全联超 ", 28.50]
print(df[df["type"].str.startswith(" 科 ")])
```

上述代码可以找出前缀 " 科 " 的类别，执行结果如图 12-24 所示。

	type	name	price
B	居家	大润发	23.50
C	娱乐	家乐福	19.99
D	娱乐	全联超	15.95

	type	name	price
E	科技	大润发	55.75
F	科技	家乐福	111.55
G	科学	全联超	28.50

图12-24　使用多个条件和字符串函数过滤数据

12-3-3　排序数据

当 DataFrame 对象调用 set_index() 函数指定索引字段后，可以调用 sort_index() 函数指定索引字段的排序方式，或调用 sort_values() 函数使用特定域值来进行排序。

☆ 指定索引字段排序　　　　　　　　　　　　　　　　　　　　　　◁ Ch12_3_3.py ▷

可以先将 DataFrame 对象改用 "price" 字段作为索引，然后指定从大到小排序，代码如下：

```
df2 = df.set_index("price")
print(df2)

df2.sort_index(ascending=False, inplace=True)
print(df2)
```

上述代码调用 set_index() 函数指定索引字段，且建立新的 DataFrame 对象 df2，可以首先将 DataFrame 对象改用 "price" 字段作为索引，然后调用 sort_index() 函数指定 ascending 参数值为 False，即从大到小排序，inplace 参数为 True，即直接取代原来 DataFrame 对象 df2，如图 12-25 所示。

price	type	name
11.42	居家	家乐福
23.50	居家	大润发
19.99	娱乐	家乐福
15.95	娱乐	全联超
55.75	科技	大润发
111.55	科技	家乐福

price	type	name
111.55	科技	家乐福
55.75	科技	大润发
23.50	居家	大润发
19.99	娱乐	家乐福
15.95	娱乐	全联超
11.42	居家	家乐福

（a）改用"price"字段作为索引　　　　（b）从大到小排序

图12-25　指定索引字段排序

✪ 指定域值排序

DataFrame 对象可以直接调用 sort_values() 函数，使用特定域值来进行排序，代码如下：

```
df2 = df.sort_values("price", ascending=False)
print(df2)

df.sort_values(["type","price"], inplace=True)
print(df)
```

上述代码第一次调用 sort_values() 函数建立新的 DataFrame 对象，并且指定排序字段是第一个参数 "price"，排序方式是从大到小；第二次调用指定的排序字段有两个，inplace 参数为 True，取代目前的 DataFrame 对象 df，其执行结果如图 12-26 所示。

	type	name	price
F	科技	家乐福	111.55
E	科技	大润发	55.75
B	居家	大润发	23.50
C	娱乐	家乐福	19.99
D	娱乐	全联超	15.95
A	居家	家乐福	11.42

	type	name	price
D	娱乐	全联超	15.95
C	娱乐	家乐福	19.99
A	居家	家乐福	11.42
B	居家	大润发	23.50
E	科技	大润发	55.75
F	科技	家乐福	111.55

（a）按"price"字段排序　　　（b）群组排序

图12-26　指定域值排序

图 12-26（a）是从大到小排序 "price" 字段，图 12-26（b）是群组排序，首先排序 "type" 字段，依次是娱乐、居家和科技，然后是 "price" 字段，可以看到预设从小到大排序（请看 "娱乐"部分）。

12-4 合并与更新 DataFrame 对象

如果目前有多个数据源建立的 DataFrame 对象，可以连接或合并 DataFrame 对象，或针对 DataFrame 对象来更新、删除和新增数据或字段。

12-4-1 更新数据

可以更新 DataFrame 对象指定位置的标量值、单行数据、整个字段，也可以更新整个 DataFrame 对象的数据。

☉ 更新标量值

Ch12_4_1.py

只需使用 12-3-1 小节的标签和位置选取数据后，就可以使用指定语句来更新数据，DataFrame 对象 df 与 12-3 节相同，代码如下：

```
df.loc[ordinals[0], "price"] = 21.6
df.iloc[1,2] = 46.3
print(df.head(2))
```

上述第一行代码使用标签选择第一行数据的 price 字段，将值改成 21.6，第二行代码是改第二行数据，从其执行结果可以看到 price 数值都已经更改，如图 12-27 所示。

	type	name	price
A	居家	家乐福	21.6
B	居家	大润发	46.3

图12-27　更新标量值

☉ 更新单行数据

Ch12_4_1a.py

当使用 Python 列表建立新的数据后，可以选取想要取代的数据，用指定的语句来取代这行数据，代码如下：

```
s = [" 居家 ", " 家乐福 ", 30.40]
df.loc[ordinals[1]] = s
print(df.head(3))
```

上述代码建立 Python 列表 s 后，首先使用标签选取第二行数据，然后直接以指定语句更改这行数据，从其执行结果可以看到第二行的大润发已经改成家乐福，如图 12-28 所示。

	type	name	price
A	居家	家乐福	11.42
B	居家	家乐福	30.40
C	娱乐	家乐福	19.99

图12-28　更新单行数据

☆ 更新整个字段
〈 Ch12_4_1b.py 〉

同样地，可以选取想要取代的字段来整个取代成其他 Python 列表，代码如下：

```
...
df.loc[:, "price"] = [23.4, 56.7, 12.1, 90.5, 11.2, 34.1]
print(df.head())
```

上述代码使用标签选取 price 字段，然后使用指定语句更新成同尺寸 6 个元素的 Python 列表，即可更改整个 price 字段，从其执行结果可以看到价格已经更改，只显示前 5 行，如图 12-29 所示。

	type	name	price
A	居家	家乐福	23.4
B	居家	大润发	56.7
C	娱乐	家乐福	12.1
D	娱乐	全联超	90.5
E	科技	大润发	11.2

图12-29　更新整个字段

☆ 更新整个 DataFrame 对象
〈 Ch12_4_1c.py 〉

使用布尔索引找出想要更新的数据后，一次就更新整个 DataFrame 对象。首先建立 DataFrame 对象 df，代码如下：

```
import random

df = pd.DataFrame([random.sample(range(0,1000), 3),
                random.sample(range(0,1000), 3)])
print(df)
```

上述代码使用 random 模块以随机数生成的整数值来建立 DataFrame 对象，如图 12-30 所示。

	0	1	2
0	239	646	292
1	918	335	288

图12-30　随机数DataFrame

上述 DataFrame 对象因为没有指定索引和字段标签，显示的都是默认值。然后，使用布尔索引条件来过滤 DataFrame 对象，并且更新这些符合条件的数据，即都减 100，代码如下：

```
print(df[df > 500])
df[df > 500] = df - 100
print(df)
```

上述代码首先显示 df [df > 500]，然后更新这些符合条件的数据，其执行结果如图 12-31 所示。

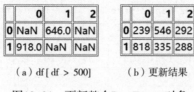

（a）df [df > 500]　　　（b）更新结果

图12-31　更新整个DataFrame 对象

图 12-31（a）的 NaN 值是不符合条件的数据（即 NULL），在更新后，可以看到第一行数据的第二个值减去了 100。

12-4-2　删除数据

在 DataFrame 对象删除标量值就是删除指定数据的域值，即改为 None，删除数据和字段都是使用 drop() 函数。

❂ 删除标量值 　　　　　　　　　　　　　　　　　　　　　　⟨ Ch12_4_2.py ⟩

如同更新标量值，删除数据只是将其指定为 None，代码如下：

```
df.loc[ordinals[0], "price"] = None
df.iloc[1,2] = None
print(df.head(3))
```

上述第一行代码使用标签选择第一行数据的 price 字段，然后将值改成 None，第二行代码是处理第二行数据，从其执行结果可以看到两家店的 price 值都改成 NaN，称为遗漏值（Missing Data），如图 12-32 所示。

图12-32　删除标量值

❂ 删除数据 　　　　　　　　　　　　　　　　　　　　　　　⟨ Ch12_4_2a.py ⟩

DataFrame 对象是使用 drop() 函数删除数据，参数可以是索引标签或位置，代码如下：

```
df2 = df.drop(["B", "D"])                    # 2,4 行
print(df2.head())

df.drop(df.index[[2,3]], inplace=True)       # 3,4 行
print(df.head())
```

上述代码首先使用索引标签，删除第二行和第四行数据，然后使用 index[[2,3]] 位置删除第三行和第四行数据，inplace =True 是取代目前的 DataFrame 对象 df，如图 12-33 所示。

	type	name	price
A	居家	家乐福	11.42
C	娱乐	家乐福	19.99
E	科技	大润发	55.75
F	科技	家乐福	111.55

	type	name	price
A	居家	家乐福	11.42
B	居家	大润发	23.50
E	科技	大润发	55.75
F	科技	家乐福	111.55

图12-33　删除数据

☻ 删除字段
Ch12_4_2b.py

删除字段也是使用 drop() 函数，只是需要将 axis 的参数值指定为 1（默认值 0 是数据；1 是字段），代码如下：

```
df2 = df.drop(["price"], axis=1)
print(df2.head(3))
```

上述代码会删除 price 字段，其执行结果如图 12-34 所示。

	type	name
A	居家	家乐福
B	居家	大润发
C	娱乐	家乐福

图12-34　删除字段

12-4-3　新增数据

DataFrame 对象如同数据库的数据表，可以新增数据或修改结构来新增字段。

☻ 新增数据
Ch12_4_3.py

在 DataFrame 对象新增数据（列）只需指定一个不存在的索引标签，就可以新增数据，也可以建立 Series 对象，使用append() 函数来新增数据，DataFrame 对象 df 和 12-3 节相同，代码如下：

```
df.loc["G"] = [" 科学 ", " 全联超 ", 28.5]
print(df.tail(3))

s = pd.Series({"type":" 科学 ","name":" 大润发 ","price":79.2})
df2 = df.append(s, ignore_index=True)
print(df2.tail(3))
```

上述第一行代码使用 loc 定位 "G" 索引标签，因为此标签不存在，所以就是新增 Python 列表的数据，然后建立 Series 对象，使用 append() 函数新增数据，ignore_index 参数值为 True，表示忽略索引，可以看到最后新增的数据如图 12-35 所示。

	type	name	price
E	科技	大润发	55.75
F	科技	家乐福	111.55
G	科学	全联超	28.50

	type	name	price
5	科技	家乐福	111.55
6	科学	全联超	28.50
7	科学	大润发	79.20

图12-35　新增数据

✪ 新增字段

DataFrame 对象只需指定不存在的字段标签，就可以新增字段，可以使用 Python 列表或 Series 对象等来指定域值，代码如下：

```
df["sales"] = [124.5,227.5,156.7,435.6,333.7,259.8]
print(df.head())

df.loc[:,"city"] = [" 台北 "," 新竹 "," 台北 "," 台中 "," 新北 "," 高雄 "]
print(df.head())
```

上述第一行代码新增 "sales" 字段标签，域值是 Python 列表，然后使用 loc 索引器，在 "," 符号后是新增字段 "city"，域值也是 Python 列表，可以看到最后新增的字段 sales 和 city，如图 12-36 所示。

	type	name	price	sales
A	居家	家乐福	11.42	124.5
B	居家	大润发	23.50	227.5
C	娱乐	家乐福	19.99	156.7
D	娱乐	全联超	15.95	435.6
E	科技	大润发	55.75	333.7

	type	name	price	sales	city
A	居家	家乐福	11.42	124.5	台北
B	居家	大润发	23.50	227.5	新竹
C	娱乐	家乐福	19.99	156.7	台北
D	娱乐	全联超	15.95	435.6	台中
E	科技	大润发	55.75	333.7	新北

（a）新增sales　　　　　　　　（b）新增city

图12-36　新增字段

12-4-4　连接与合并 DataFrame 对象

DataFrame 对象可以使用 concat() 函数连接多个 DataFrame 对象，merge() 函数可以合并 DataFrame 对象，在说明连接与合并 DataFrame 对象前，必须了解如何建立空的 DataFrame 对象和复制 DataFrame 对象。

✪ 建立空的 DataFrame 对象和复制 DataFrame 对象

对于现存 DataFrame 对象，可以建立形状相同但没有数据的空 DataFrame 对象，也可以使

第 12 章　使用 Pandas 掌握数据

用 copy() 函数在处理前复制 DataFrame 对象，代码如下：

```
columns = ["type", "name", "price"]
df_empty = pd.DataFrame(None, index=ordinals, columns=columns)
print(df_empty)
```

上述代码建立字段列表后，建立域值都是 None 的 DataFrame 对象，其形状和 12-3 节的 DataFrame 对象 df 相同。copy() 函数可以复制 DataFrame 对象，代码如下：

```
df_copy = df.copy()
print(df_copy)
```

上述代码建立与 DataFrame 对象 df 完全相同的副本 df_copy。

✪ 连接多个 DataFrame 对象 ⟨ Ch12_4_4a.py ⟩

DataFrame 对象可以使用 concat() 函数连接多个 DataFrame 对象，加载 products.csv 和 products2.csv 建立 DataFrame 对象 df 和 df2 的代码如下：

```
df = pd.read_csv("products.csv", encoding="utf-8")
columns = ["type", "name", "price"]
df.index = ["A", "B", "C", "D", "E", "F"]
df.columns = columns

df2 = pd.read_csv("products2.csv", encoding="utf-8")
df2.index = ["A","B","C"]
df2.columns = columns
```

上述代码建立两个 DataFrame 对象 df 和 df2，如图 12-37 所示。

	type	name	price
A	居家	家乐福	11.42
B	居家	大润发	23.50
C	娱乐	家乐福	19.99
D	娱乐	全联超	15.95
E	科技	大润发	55.75
F	科技	家乐福	111.55

	type	name	price
A	居家	家乐福	14.20
B	娱乐	家乐福	99.90
C	科技	全联超	66.25

（a）df　　　　（b）df2

图12-37　建立 DataFrame 对象（1）

接着，调用 concat() 函数连接两个 DataFrame 对象 df 和 df2，代码如下：

```
df3 = pd.concat([df,df2])
print(df3)

df4 = pd.concat([df,df2], ignore_index=True)
print(df4)
```

12

上述代码第一次调用 concat() 函数的参数是 DataFrame 对象列表，本例有两个，也可以有更多个，预设连接每一个 DataFrame 对象的索引标签，第二次调用加上参数 ignore_index=True 忽略索引，所以索引标签改为从 0 到 8，其执行结果如图 12-38 所示。

	type	name	price
A	居家	家乐福	11.42
B	居家	大润发	23.50
C	娱乐	家乐福	19.99
D	娱乐	全联超	15.95
E	科技	大润发	55.75
F	科技	家乐福	111.55
A	居家	家乐福	14.20
B	娱乐	家乐福	99.90
C	科技	全联超	66.25

	type	name	price
0	居家	家乐福	11.42
1	居家	大润发	23.50
2	娱乐	家乐福	19.99
3	娱乐	全联超	15.95
4	科技	大润发	55.75
5	科技	家乐福	111.55
6	居家	家乐福	14.20
7	娱乐	家乐福	99.90
8	科技	全联超	66.25

（a）未忽略索引　　　（b）忽略索引

图 12-38　连接 DataFrame 对象

❂ 合并两个 DataFrame 对象

DataFrame 对象的 merge() 函数可以左右合并两个 DataFrame 对象（类似 SQL 合并查询），我们准备合并 products.csv 和 types.csv 建立的两个 DataFrame 对象 df 和 df2，代码如下：

```
df = pd.read_csv("products.csv", encoding="utf-8")
df.index = ["A", "B", "C", "D", "E", "F"]
df.columns = ["type", "name", "price"]

df2 = pd.read_csv("types.csv", encoding="utf-8")
df2.index = ["A","B","C","D"]
df2.columns = ["type", "num"]
```

上述代码建立两个 DataFrame 对象 df 和 df2，如图 12-39 所示。

	type	name	price
A	居家	家乐福	11.42
B	居家	大润发	23.50
C	娱乐	家乐福	19.99
D	娱乐	全联超	15.95
E	科技	大润发	55.75
F	科技	家乐福	111.55

	type	num
A	居家	25
B	娱乐	75
C	科技	15
D	科学	10

（a）df　　　　　（b）df2

图 12-39　建立 DataFrame 对象（2）

调用 merge() 函数连接两个 DataFrame 对象 df 和 df2 的代码如下：

第 12 章　使用 Pandas 掌握数据

```
df3 = pd.merge(df, df2)
print(df3)
df4 = pd.merge(df2, df)
print(df4)
```

上述代码第一次调用 merge() 函数，使用同名的 "type" 合并域进行合并，预设内部合并 inner，第二次调用的参数相反，其执行结果如图 12-40 所示。

	type	name	price	num
0	居家	家乐福	11.42	25
1	居家	大润发	23.50	25
2	娱乐	家乐福	19.99	75
3	娱乐	全联超	15.95	75
4	科技	大润发	55.75	15
5	科技	家乐福	111.55	15

	type	num	name	price
0	居家	25	家乐福	11.42
1	居家	25	大润发	23.50
2	娱乐	75	家乐福	19.99
3	娱乐	75	全联超	15.95
4	科技	15	大润发	55.75
5	科技	15	家乐福	111.55

（a）df合并df2　　　　　（b）df2合并df

图12-40　合并DataFrame 对象

图 12-40 是内部合并，这是两个合并域 "type" 值都存在的数据。例如，df 的 type 域值是 "居家"，合并 df2 同 type 域值 "居家"，所以合并结果新增 "num" 域值，因为 df 的 type 域值并没有 "科学"，所以没有合并此数据。

基本上，合并 DataFrame 对象有很多种方式，在 merge() 函数可以加上 how 参数来指定是使用内部合并 inner、左外部合并 left、右外部合并 right 和全外部合并 outer，代码如下：

```
df5 = pd.merge(df2, df, how='left')
print(df5)
```

上述 merge() 函数的 how 参数值是 left 左外部合并，可以取回左边 DataFrame 对象 df2 的所有数据，所以会显示域值 "科学"，其执行结果如图 12-41 所示。

	type	num	name	price
0	居家	25	家乐福	11.42
1	居家	25	大润发	23.50
2	娱乐	75	家乐福	19.99
3	娱乐	75	全联超	15.95
4	科技	15	大润发	55.75
5	科技	15	家乐福	111.55
6	科学	10	NaN	NaN

图12-41　左外部合并

12-5 群组、数据透视表与套用函数

首先介绍 DataFrame 对象可以使用群组数据进行数据统计，然后建立数据透视表和套用函数，最后说明 Pandas 支持的常用统计函数。

12-5-1 群组

群组（Grouping）是先将数据依条件分类成群组后，再套用相关函数在各群组中获取统计数据。

✪ 使用群组来求和及计算平均

Python 程序首先加载 products3.csv 建立 DataFrame 对象 df，代码如下：

```
df = pd.read_csv("products3.csv", encoding="utf-8")
df.index = ["A","B","C","D","E","F","G","H","I"]
df.columns = ["type", "name", "price"]

print(df)
```

上述代码建立 DataFrame 对象 df，如图 12-42 所示。

	type	name	price
A	居家	家乐福	11.42
B	居家	大润发	23.50
C	娱乐	家乐福	19.99
D	娱乐	全联超	15.95
E	科技	大润发	55.75
F	科技	家乐福	111.55
G	居家	家乐福	14.20
H	娱乐	家乐福	99.90
I	科技	全联超	66.25

图12-42　建立DataFrame 对象（3）

上述 type 和 name 字段都有重复数据，可以分别使用这两个字段来分组数据，代码如下：

```
print(df.groupby("type").sum())
```

上述代码调用 groupby() 函数使用参数 "type" 字段来分组数据，然后调用 sum() 函数对字段 "price" 求和，如图 12-43 所示。

	price
type	
娱乐	135.84
居家	49.12
科技	233.55

图12-43　求和

接着，使用列表的 "type" 和 "name" 字段来分组数据，代码如下：

```
print(df.groupby(["type","name"]).mean())
```

上述代码首先使用 "type" 字段来分组，然后使用 "name" 字段来分组数据，即可计算各字段的平均值，其执行结果如图 12-44 所示。

如图 12-42 所示，娱乐类的家乐福有两笔 price，分别是 19.99 和 99.90，其平均值是 (19.99+99.90)/2 = 59.945；居家类的家乐福也有两笔，分别是 11.42 和 14.20，其平均值是 (11.42+14.20)/2 = 12.81。

type	name	price
娱乐	全联超	15.950
	家乐福	59.945
居家	大润发	23.500
	家乐福	12.810
科技	全联超	66.250
	大润发	55.750
	家乐福	111.550

图12-44　计算平均值

12-5-2　数据透视表

DataFrame 对象可以调用 pivot_table() 函数来产生数据透视表，pivot_table() 函数是以域值为标签来重塑 DataFrame 对象的形状。

✪ 将 DataFrame 对象建立成数据透视表　　　　　　　　　　Ch12_5_2.py

首先加载 12-3 节示例中的 CSV 文件 products.csv，然后使用此 DataFrame 对象建立数据透视表，代码如下：

```
pivot_products = df.pivot_table(index='type',
                                columns='name',
                                values='price')
print(pivot_products)
```

上述 pivot_table() 函数的 index 参数是指定成索引标签的字段，columns 参数是字段标签，values 参数是转换成数据透视表的域值，结果如图 12-45 所示。

name	全联超	大润发	家乐福
type			
娱乐	15.95	NaN	19.99
居家	NaN	23.50	11.42
科技	NaN	55.75	111.55

图12-45　数据透视表

12

12-5-3　套用函数

DataFrame 对象可以使用 apply() 函数来套用函数或 Lambda 表达式，本节使用与 12-3 节相同的示例数据。

✪ 套用函数

Ch12_5_3.py

使用 DataFrame 对象的 apply() 函数来套用函数。例如，自定义 double() 函数可以返回加倍值，代码如下：

```
def double(x):
    return x*2

df2 = df["price"].apply(double)
print(df2)
```

上述代码是在 DataFrame 对象的 price 字段套用执行 double() 函数，在 apply() 函数的参数只有函数名称，没有括号，其执行结果如下：

执行结果

```
A 22.84
B 47.00
C 39.98
D 31.90
E 111.50
F 223.10
Name: price, dtype: float64
```

上述每一个 price 域值都是原来的两倍。

✪ 套用 Lambda 表达式

Ch12_5_3a.py

DataFrame 对象的 apply() 函数也可以套用 Lambda 表达式，代码如下：

```
df2 = df["price"].apply(lambda x: x*2)
print(df2)
```

上述 Lambda 表达式就是之前的 double() 函数，执行结果和之前完全相同。

12-5-4　DataFrame 的统计函数

Pandas 可以使用 describe() 函数显示指定字段的统计数据描述，或用字段套用函数来计算所需的统计数据。

✪ Pandas 的 describe() 函数

Ch12_5_4.py

Pandas 可以使用 describe() 函数显示 DataFrame 对象指定字段或 Series 对象的数据描述，代码如下：

```
print(df["price"].describe())
```

在读入 products3.csv 数据集后，可以调用 describe() 函数显示 price 字段的数据描述，执行结果如下：

```
count    9.000000
mean    46.501111
std     38.726068
min
25%     11.420000
15.950000
50%     23.500000
75%     66.250000
max     111.550000
Name: price, dtype: float64
```

上述数据依次是数据长度、平均值、标准偏差、最小值、25%、50%（中位数）、75% 和最大值。

✪ Pandas 的统计函数 ◀Ch12_5_4a.py▶

Pandas 的统计相关函数及说明见表 12–3。

表12–3 Pandas 的统计相关函数及说明

函 数	说 明
count()	非 NaN 值计数
mode()	众数
median()	中位数
quantile()	四分位数，分别是 quantile(q=0.25)、quantile(q=0.5)、quantile(q=0.75)
mean()	平均数
max()	最大值
min()	最小值
sum()	总和
var()	方差
std()	标准差
cov()	协方差
corr()	相关系数
cumsum()	累加和
cumprod()	累积连乘

12-6 Pandas 数据清理与转换

数据转换（Data Munging）是指数据转换和清理，以大数据来说，就是将数据转换和清理成可以用来可视化的数据，10-2 节说明的是爬取数据的数据清理，本节要说明 Pandas 的数据清理与转换。

12-6-1 处理遗漏值

数据清理的主要工作是处理 DataFrame 对象的遗漏值（Missing Data），因为这些数据无法运算，需要针对遗漏值进行特别处理。基本上，有两种方式来处理遗漏值，具体如下。

❈ 删除遗漏值：如果数据量够大，可以直接删除遗漏值。

❈ 补值：将遗漏值填补成固定值、平均值、中位数或随机数值等。

DataFrame 对象的域值如果是 NaN，表示此字段是遗漏值。Python 程序 Ch12_6_1.py 载入 missing_data.csv 文件建立 DataFrame 对象，代码如下：

```
df = pd.read_csv("missing_data.csv")
print(df)
```

上述代码读取 missing_data.csv 文件建立 DataFrame 对象后，显示数据内容，可以看到很多 NaN 域值的遗漏值，如图 12-46 所示。

	COL_A	COL_B	COL_C	COL_D
0	0.5	0.9	0.4	NaN
1	0.8	0.6	NaN	NaN
2	0.7	0.3	0.8	0.9
3	0.8	0.3	NaN	0.2
4	0.9	NaN	0.7	0.3
5	0.2	0.7	0.6	NaN
6	NaN	NaN	NaN	NaN

图12-46　有遗漏值的DataFrame

本小节准备使用上述资料说明如何处理遗漏值。

❖ 显示遗漏值的信息 〈Ch12_6_1a.py〉

使用 info() 函数显示每一个字段有多少个非 NaN 域值，代码如下：

```
df.info()
```

上述代码会列出每一列有多少个非 NaN 值，其执行结果如下：

执行结果

```
<class 'pandas.core.frame.DataFrame'>
RangeIndex: 7 entries, 0 to 6
Data columns (total 4 columns):
COL _ A  6 non-null float64
COL _ B  5 non-null float64
COL _ C  4 non-null float64
COL _ D  3 non-null float64
dtypes: float64(4)
memory usage: 304.0 bytes
```

上述每一个字段有 7 个数据，如果少于 7，就表示有 NaN 值。

✪ 删除 NaN 的数据   Ch12_6_1b.py

因为 NaN 不能进行运算，最简单的方式就是调用 dropna() 函数将它们都删除掉，代码如下：

```
df1 = df.dropna()
print(df1)
```

上述代码没有参数，表示删除全部有 NaN 的数据，也可以加上参数 how="any"，代码如下：

```
df2 = df.dropna(how="any")
print(df2)
```

上述 dropna() 函数的参数 how 值是 any，表示删除所有拥有 NaN 域值数据，其执行结果只剩下一行，如图 12-47 所示。

	COL_A	COL_B	COL_C	COL_D
2	0.7	0.3	0.8	0.9

图12-47　how=any

如果 dropna() 函数的 how 参数值是 all，表明全部域值都是 NaN 才会删除，代码如下：

```
df3 = df.dropna(how="all")
print(df3)
```

上述代码删除全部域值都是 NaN 的数据，所以会删除最后一行，剩下 6 行数据，如图 12-48 所示。

	COL_A	COL_B	COL_C	COL_D
0	0.5	0.9	0.4	NaN
1	0.8	0.6	NaN	NaN
2	0.7	0.3	0.8	0.9
3	0.8	0.3	NaN	0.2
4	0.9	NaN	0.7	0.3
5	0.2	0.7	0.6	NaN

图12-48　how=all

也可以用 subset 属性指定某些字段，只要有 NaN 就删除，代码如下：

```
df4 = df.dropna(subset=["COL_B", "COL_C"])
print(df4)
```

上述 dropna() 函数的参数 subset 值是列表，表示删除 COL_B 和 COL_C 栏有 NaN 值的数据，其执行结果剩下 3 行，如图 12-49 所示。

	COL_A	COL_B	COL_C	COL_D
0	0.5	0.9	0.4	NaN
2	0.7	0.3	0.8	0.9
5	0.2	0.7	0.6	NaN

图12-49　指定subset参数

☺ 填补遗漏值

《Ch12_6_1c.py》

如果不想删除有 NaN 域值的数据，可以填补这些遗漏值，将它指定成固定值、平均值或中位数等。例如，将 NaN 域值都改成固定值 1，代码如下：

```
df1 = df.fillna(value=1)
print(df1)
```

上述 fillna() 函数将 NaN 域值改为参数 value 的值 1，其执行结果如图 12-50 所示。

	COL_A	COL_B	COL_C	COL_D
0	0.5	0.9	0.4	1.0
1	0.8	0.6	1.0	1.0
2	0.7	0.3	0.8	0.9
3	0.8	0.3	1.0	0.2
4	0.9	1.0	0.7	0.3
5	0.2	0.7	0.6	1.0
6	1.0	1.0	1.0	1.0

图12-50　用固定值填补遗漏值

12

也可以使用 fillna() 函数将遗漏值填入平均数的 mean() 函数，代码如下：

```
df["COL_B"] = df["COL_B"].fillna(df["COL_B"].mean())
print(df)
```

上述代码将字段 "COL_B" 的 NaN 值填入字段 "COL_B" 的平均数，从其执行结果可以看到字段 "COL_B" 已经没有 NaN 值，如图 12-51 所示。

	COL_A	COL_B	COL_C	COL_D
0	0.5	0.90	0.4	NaN
1	0.8	0.60	NaN	NaN
2	0.7	0.30	0.8	0.9
3	0.8	0.30	NaN	0.2
4	0.9	0.56	0.7	0.3
5	0.2	0.70	0.6	NaN
6	NaN	0.56	NaN	NaN

图12-51 用平均数填补遗漏值

同样，可以将遗漏值填入中位数的 median() 函数，代码如下：

```
df["COL_C"] = df["COL_C"].fillna(df["COL_C"].median())
print(df)
```

上述代码是将字段 "COL_C" 的 NaN 值填入字段 "COL_C" 的中位数，从其执行结果可以看到字段 "COL_C" 已经没有 NaN 值，如图 12-52 所示。

	COL_A	COL_B	COL_C	COL_D
0	0.5	0.90	0.40	NaN
1	0.8	0.60	0.65	NaN
2	0.7	0.30	0.80	0.9
3	0.8	0.30	0.65	0.2
4	0.9	0.56	0.70	0.3
5	0.2	0.70	0.60	NaN
6	NaN	0.56	0.65	NaN

图12-52 用中位数填补遗漏值

12-6-2 处理重复数据

使用 DataFrame 对象的 duplicated() 和 drop_duplicates() 函数处理字段或数据的重复值。Python 程序 Ch12_6_2.py 载入 duplicated_data.csv 文件建立 DataFrame 对象，代码如下：

```
df = pd.read_csv("duplicated_data.csv")
print(df)
```

上述代码读取 duplicated_data.csv 文件建立 DataFrame 对象后，显示数据内容，可以看到很多数据和域值是重复的，如图 12-53 所示。

	COL_A	COL_B	COL_C	COL_D
0	0.7	0.3	0.8	0.9
1	0.8	0.6	0.4	0.8
2	0.7	0.3	0.8	0.9
3	0.8	0.3	0.5	0.2
4	0.9	0.3	0.7	0.3
5	0.7	0.3	0.8	0.9

图12-53　拥有重复数据的DataFrame

上述表格的第 0、2 和 5 行是重复的数据，各字段也有很多重复值，本小节使用上述数据说明如何处理重复数据。

☼ 删除重复数据　　　　　　　　　　　　　　　　　　　　　　　　◀Ch12_6_2a.py▶

DataFrame 对象可以用 drop_duplicates() 函数删除重复数据，代码如下：

```
df1 = df.drop_duplicates()
print(df1)
```

上述代码会删除重复的数据。请注意！不包含第一行数据，执行结果如图 12-54 所示。

	COL_A	COL_B	COL_C	COL_D
0	0.7	0.3	0.8	0.9
1	0.8	0.6	0.4	0.8
3	0.8	0.3	0.5	0.2
4	0.9	0.3	0.7	0.3

图12-54　删除重复数据

☼ 删除重复的域值　　　　　　　　　　　　　　　　　　　　　　　　◀Ch12_6_2b.py▶

在 drop_duplicates() 函数只需加上域名，就可以删除指定字段的重复值，代码如下：

```
df1 = df.drop_duplicates("COL_B")
print(df1)
```

上述代码删除字段 "COL_B" 的重复域值，预设保留第一行，其执行结果如图 12-55 所示。

	COL_A	COL_B	COL_C	COL_D
0	0.7	0.3	0.8	0.9
1	0.8	0.6	0.4	0.8

图12-55　删除重复的域值

因为预设保留第一行（即索引 0），如果想保留最后一行，请使用 keep 属性，代码如下：

```
df2 = df.drop_duplicates("COL_B", keep="last")
print(df2)
```

上述代码的 keep 属性值是 last（保留最后一行），若属性值为 first，则是保留第一行，其执行结果如图 12-56 所示。

	COL_A	COL_B	COL_C	COL_D
1	0.8	0.6	0.4	0.8
5	0.7	0.3	0.8	0.9

图12-56　保留最后一行

如果想删除所有的重复域值，一行都不留，keep 属性值为 False，代码如下：

```
df3 = df.drop_duplicates("COL_B", keep=False)
print(df3)
```

上述代码的执行结果不会保留任何一行有重复域值，如图 12-57 所示。

	COL_A	COL_B	COL_C	COL_D
1	0.8	0.6	0.4	0.8

图12-57　keep = False

12-6-3　转换分类数据

DataFrame 对象的字段数据如果是表示尺寸的 XXL、XL、L、M、S、XS，或性别 male、female 和 not specified 等，这些域值是分类的目录数据，并非数值，如果需要，可以将分类数据转换成数值数据。本小节的测试数据是 categorical_data.csv，其内容如图 12-58 所示。

	Gender	Size	Price
0	male	XL	800
1	female	M	400
2	not specified	XXL	300
3	male	L	500
4	female	S	700
5	female	XS	850

图12-58　分类数据

☢ 使用对应值转换表进行分类数据转换　◀ Ch12_6_3.py ▶

使用 Python 字典建立对应值转换表来将字段数据转换成数值，代码如下：

```
size_mapping = {"XXL": 5,
                "XL": 4,
                "L": 3,
                "M": 2,
                "S": 1,
                "XS": 0}

df["Size"] = df["Size"].map(size_mapping)
print(df)
```

　　上述代码建立尺寸对应值转换表的字典后，调用 map() 函数将域值转换成对应值，其执行结果如图 12-59 所示。

	Gender	Size	Price
0	male	4	800
1	female	2	400
2	not specified	5	300
3	male	3	500
4	female	1	700
5	female	0	850

图12-59　数据转换

习　题

1. 请说明什么是 Pandas。

2. 请简单说明 Pandas 的 Series 对象和 DataFrame 对象。

3. 请问 DataFrame 对象可以导入和导出为哪几种格式的文件？

4. 请举例说明 DataFrame 对象如何访问每一行数据。

5. 请问如何从 DataFrame 对象选出所需的行或列？ DataFrame 对象如何过滤和排序数据？如何套用函数？

6. 请写出 Python 程序，建立 Series 对象，内容是 1 ~ 10 的偶数。

7. 请写出 Python 程序，以下列列表建立两个 Series 对象，分别将两个 Series 对象乘 2 加 50 后，显示 Series 对象的内容，如下所示。

```
[2, 4, 6, 8, 10]
[1, 3, 5, 7, 9]
```

8. 请使用 7 题的两个列表，分别加上 even 偶数和 odd 奇数的键来建立字典，使用索引标签字母 a ~ e 建立 DataFrame 对象，并显示前 3 行数据。

9. 请写出 Python 程序，显示 8 题 DataFrame 对象的摘要信息。

10. 建立 Python 程序，导入 dists.csv 文件建立 DataFrame 对象 df 后，完成下列工作。

    · 显示 city 和 name 两个字段。

    · 过滤 population 域值大于 300000 的数据。

    · 选出第 4 ~ 5 行的 name 和 population 字段。

13
CHAPTER

Matplotlib 与
Pandas 数据可视化

13-1　Matplotlib 的基本使用

13-2　Matplotlib 的数据可视化

13-3　Pandas 的数据可视化

13-4　Matplotlib 的轴与子图表

13-1 Matplotlib 的基本使用

Matplotlib 是 Python 著名开源且跨平台的绘图函数库，可以绘制常用的图表来进行数据可视化。

13-1-1　图表的基本绘制

要在 Python 程序使用 Matplotlib，首先需要导入 Matplotlib 函数库的 pyplot 模块，代码如下：

```
import matplotlib.pyplot as plt
```

⭐ **绘制简单的折线图**　　　　　　　　　　　　　　　　　　　　◀Ch13_1_1.py▶

使用 Python 列表绘出第一个折线图（Line Charts），代码如下：

```
import matplotlib.pyplot as plt

data = [-1, -4.3, 15, 21, 31]
plt.plot(data)   # x轴是 0,1,2,3,4
plt.show()
```

上述代码导入 matplotlib.pyplot（别名 plt）后，创建 data 列表的数据，共有 5 个项目，这是 x 轴，然后调用 plot() 函数绘出图表，参数只有一个 data，即 y 轴，x 轴默认索引值 0.0 ~ 4.0（即数据个数），最后调用 show() 函数显示图表，其执行结果如图 13-1 所示。

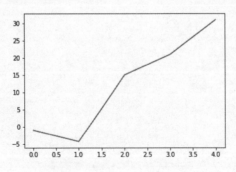

图13-1　简单的折线图

⭐ **绘制不同线条样式和色彩的折线图**　　　　　　　　　　　　◀Ch13_1_1a.py▶

我们准备修改 Ch13_1_1.py 折线图的线条外观，改为深蓝色虚线，并加上圆形标记，代码如下：

```
data = [-1, -4.3, 15, 21, 31]
plt.plot(data, "o--b")  # x轴是 0,1,2,3,4
plt.show()
```

上述 plot() 函数的第二个参数字符串 "o--b" 指定线条外观，在 13-1-2 小节有进一步的符号字符说明，其执行结果如图 13-2 所示。

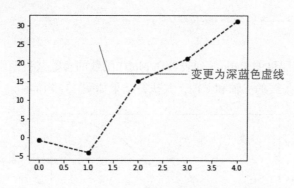

图13-2　更改线条外观

✪ 绘制每日气温的折线图

◀| Ch13_1_1b.py |▶

目前绘制图表的数据只提供 y 轴数据，提供完整的 x 轴和 y 轴数据来绘制每日气温的折线图，代码如下：

```
days = range(0, 22, 3)
celsius = [25.6, 23.2, 18.5, 28.3, 26.5, 30.5, 32.6, 33.1]
plt.plot(days, celsius)
plt.show()
```

上述代码创建 days（日）和 celsius（温度）列表，days 是 x 轴；celsius 是 y 轴，plot() 函数的两个参数依次是 x 轴和 y 轴，执行结果如图 13-3 所示。

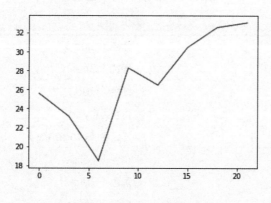

图13-3　每日气温折线图

使用 Matplotlib 在同一张图表中绘制出两条气温的折线，代码如下：

```
days = range(0, 22, 3)
celsius1 = [25.6, 23.2, 18.5, 28.3, 26.5, 30.5, 32.6, 33.1]
celsius2 = [15.4, 13.1, 21.6, 18.1, 16.4, 20.5, 23.1, 13.2]

plt.plot(days, celsius1, days, celsius2)
plt.show()
```

上述代码创建两组温度的 Python 列表，在 plot() 函数的参数共有两组数据，依次是第一条线的 x 轴和 y 轴，第二条线的 x 轴和 y 轴，其执行结果如图 13-4 所示。

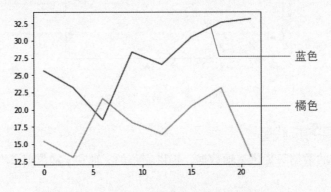

图13-4 在同一张图表中绘制两条折线

13-1-2 更改图表线条的外观和图形尺寸

Matplotlib 的 plot() 函数提供参数来更改线条外观，使用不同字符代表不同色彩、线型和标记符号。常用色彩字符的说明见表 13-1。

表13-1 常用色彩字符及说明

色彩字符	说　明
"b"	蓝色（Blue）
"g"	绿色（Green）
"r"	红色（Red）
"c"	青色（Cyan）
"m"	洋红色（Magenta）
"y"	黄色（Yellow）
"k"	黑色（Black）
"w"	白色（White）

常用线型字符的说明见表 13-2。

表13-2　常用线型字符及说明

线型字符	说　明
"-"	实线（Solid Line）
"--"	短画虚线（Dashed Line）
"."	点虚线（Dotted Line）
"-:"	短画点虚线（Dash-dotted Line）

常用标记符号字符的说明见表 13-3。

表13-3　常用标记符号字符及说明

标记符号字符	说　明
"."	点（Point）
","	像素（Pixel）
"o"	圆形（Circle）
"s"	方形（Square）
"^"	三角形（Triangle）

✪ 更改线条的外观 ◁Ch13_1_2.py▷

修改 Ch13_1_1c.py 的图表，为两条线指定不同的色彩、线型和标记符号，代码如下：

```
days = range(0, 22, 3)
celsius1 = [25.6, 23.2, 18.5, 28.3, 26.5, 30.5, 32.6, 33.1]
celsius2 = [15.4, 13.1, 21.6, 18.1, 16.4, 20.5, 23.1, 13.2]

plt.plot(days, celsius1, "r-o",
         days, celsius2, "g--")
plt.show()
```

上述代码中 plot() 函数的参数共有 6 个，分为两组，第 3 个和第 6 个参数是样式字符串，可以显示不同外观的线条，第一个字符串是红色实线加圆形标记符号，第二个是绿色虚线，没有标记符号，其执行结果如图 13-5 所示。

13

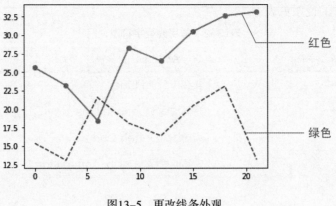

图13-5　更改线条外观

☆ 显示图表的格线

Ch13_1_2a.py

有时为了方便对照数据，可以用 grid() 函数显示图表的格线，代码如下：

```
days = range(0, 22, 3)
celsius1 = [25.6, 23.2, 18.5, 28.3, 26.5, 30.5, 32.6, 33.1]
celsius2 = [15.4, 13.1, 21.6, 18.1, 16.4, 20.5, 23.1, 13.2]

plt.plot(days, celsius1, "r-o",
         days, celsius2, "g--")
plt.grid(True)
plt.show()
```

上述代码调用 grid() 函数显示图表的水平和垂直格线（参数值 True），其执行结果如图 13-6 所示。

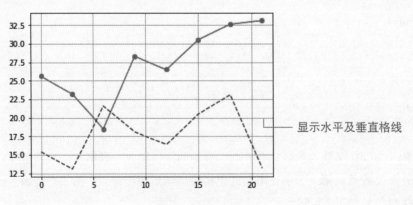

图13-6　显示格线

☆ 更改图形的尺寸

Ch13_1_2b.py

Matplotlib 可以使用 figure() 函数的 figsize 参数指定图形尺寸，参数值是元组（宽，高），单位是英寸，代码如下：

```
...
plt.figure(figsize=(8, 6))
plt.plot(days, celsius1, "r-o",
         days, celsius2, "g--")
plt.show()
```

上述执行结果可以看到一张尺寸比较大的图表。

13-1-3　在图表中显示标题和两轴标签

在图表中可以显示标题文字来说明这是什么图表，以及分别在 x 轴和 y 轴加上标签说明文字。

> 请注意！　Matplotlib 默认不支持中文字符串，只能使用英文字符串的标签说明和标题文字。

☆ 显示 x 轴和 y 轴的说明标签

在 x 轴和 y 轴可以分别使用 xlabel() 函数和 ylabel() 函数，来指定标签说明文字，代码如下：

```
days = range(0, 22, 3)
celsius = [25.6, 23.2, 18.5, 28.3, 26.5, 30.5, 32.6, 33.1]
plt.plot(days, celsius)
plt.xlabel("Day")
plt.ylabel("Celsius")
plt.show()
```

上述代码指定 x 轴的标签 "Day" 和 y 轴的标签 "Celsius"，其执行结果如图 13-7 所示。

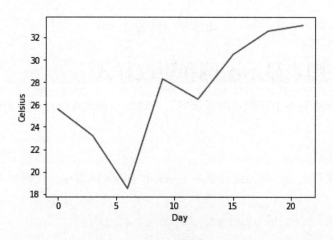

图13-7　显示x轴和y轴的标签

第13章　Matplotlib 与 Pandas 数据可视化

13

☻ 显示图表的标题文字

Ch13_1_3a.py

使用 title() 函数指定图表上方显示的标题文字，代码如下：

```
days = range(0, 22, 3)
celsius1 = [25.6, 23.2, 18.5, 28.3, 26.5, 30.5, 32.6, 33.1]
celsius2 = [15.4, 13.1, 21.6, 18.1, 16.4, 20.5, 23.1, 13.2]

plt.plot(days, celsius1, "r-o",
         days, celsius2, "g--")
plt.xlabel("Day")
plt.ylabel("Celsius")
plt.title("Home and Office Temperatures")
plt.show()
```

上述代码指定图表的标题文字 "Home and Office Temperatures"，其执行结果如图 13-8 所示。

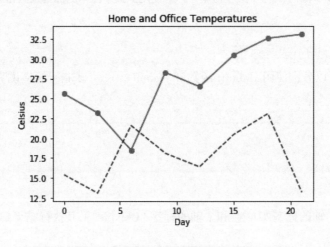

图13-8 显示标题

13-1-4 在图表显示图例和更改样式

如果在同一张图表有多个数据集的多条线，可以显示图例（Legend）来标示每一条线是属于哪一个数据集。

☻ 显示图表的图例

Ch13_1_4.py

在图表中显示图例来标示两条线分别是 Home 和 Office 的温度，代码如下：

```
days = range(0, 22, 3)
celsius1 = [25.6, 23.2, 18.5, 28.3, 26.5, 30.5, 32.6, 33.1]
celsius2 = [15.4, 13.1, 21.6, 18.1, 16.4, 20.5, 23.1, 13.2]
```

Python网络爬虫与数据可视化应用实战

```
plt.plot(days, celsius1, "r-o", label="Home")
plt.plot(days, celsius2, "g--", label="Office")
plt.legend()
plt.xlabel("Day")
plt.ylabel("Celsius")
plt.title("Home and Office Temperatures")
plt.show()
```

上述代码创建两个数据集的图表，并改用两个 plot() 函数来分别绘出两条线（因为参数很多，建议每一条线使用一个 plot() 函数来绘制），然后在 plot() 函数使用 label 参数指定每一条线的标签说明。

现在，可以调用 legend() 函数显示图例，即可显示标签说明、线条外观和色彩的图例，其执行结果如图 13-9 所示。

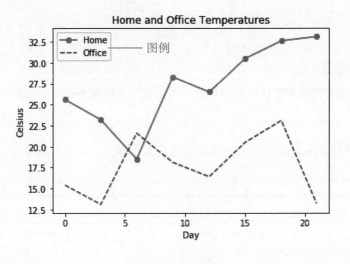

图13-9　显示图例

✪ 图表、图例的显示位置

《Ch13_1_4a~d.py》

图例默认是显示在左上角，利用 legend() 函数可以指定 loc 参数的显示位置，代码如下：

```
plt.legend(loc=1)
```

上述代码指定 loc 参数值 1 的位置值，参数值也可以使用位置字符串 "upper right"（右上角）来指定，代码如下：

```
plt.legend(loc="upper right")
```

关于 loc 参数值的位置字符串和整数值，其说明见表 13-4。

表13-4　loc参数值设定

字符串值	整数值	说　明
'best'	0	最佳位置
'upper right'	1	右上角
'upper left'	2	左上角
'lower left'	3	左下角
'lower right'	4	右下角
'right'	5	右边
'center left'	6	左边中间
'center right'	7	右边中间
'lower center'	8	下方中间
'upper center'	9	上方中间
'center'	10	中间

✪ 更改图表的样式 ⟨Ch13_1_4e.py⟩

Matplotlib 图表支持更改整体的显示样式，可以使用代码来查询可用的样式名称，代码如下：

```
print(plt.style.available)
```

上述代码的执行结果会显示可用的样式名称列表，即

执行结果

```
['bmh', 'classic', 'dark_background', 'fast', 'fivethirtyeight', 'ggplot',
'grayscale', 'seaborn-bright', 'seaborn-colorblind', 'seaborn-dark-palette',
'seaborn-dark', 'seaborn-darkgrid', 'seaborn-deep', 'seaborn-muted', 'seaborn-
notebook', 'seaborn-paper', 'seaborn-pastel', 'seaborn-poster', 'seaborn-talk',
'seaborn-ticks', 'seaborn-white', 'seaborn-whitegrid', 'seaborn', 'Solarize_Light2',
'_classic_test']
```

例如，使用 ggplot 样式来绘图，请在绘图前使用 style.use() 函数指定使用的样式名称，代码如下：

```
plt.style.use("ggplot")

plt.plot(days, celsius1, "r-o", label="Home")
plt.plot(days, celsius2, "g--", label="Office")
plt.legend(loc=4)
plt.xlabel("Day")
plt.ylabel("Celsius")
plt.title("Home and Office Temperatures")
plt.show()
```

13

上述代码指定使用 ggplot 样式名称来绘出 Ch13_1_4.py 的图表，如图 13-10 所示。

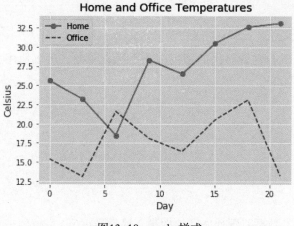

图13-10　ggplot样式

13-1-5　在图表中指定轴的范围

Matplotlib 默认自动使用数据来判断 x 轴和 y 轴的范围，以便显示 x 轴和 y 轴的刻度，当然，也可以自行指定 x 轴和 y 轴的范围。

⭐ 显示轴的范围　　　　　　　　　　　　　　　　　　　　◀ Ch13_1_5.py ▶

使用 axis() 函数显示 Matplotlib 自动计算出的轴范围，代码如下：

```
days = range(0, 22, 3)
celsius = [25.6, 23.2, 18.5, 28.3, 26.5, 30.5, 32.6, 33.1]
plt.plot(days, celsius)
print("轴范围: ", plt.axis())
plt.show()
```

上述代码在显示轴范围后才会绘制图表，其执行结果如图 13-11 所示。

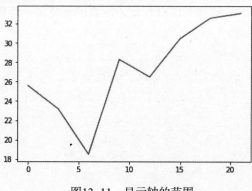

图13-11　显示轴的范围

在上述图表上方的文字是轴范围，依次是 x 轴的最小值、x 轴的最大值、y 轴的最小值和 y 轴的最大值。

Ch13_1_5a.py

✪ 指定轴的自定义范围

如果觉得 Matplotlib 自动计算出的轴范围并不符合预期，可以使用 axis() 函数自行指定 x 轴和 y 轴的范围，代码如下：

```
days = range(0, 22, 3)
celsius = [25.6, 23.2, 18.5, 28.3, 26.5, 30.5, 32.6, 33.1]
plt.plot(days, celsius)
xmin, xmax, ymin, ymax = -5, 25, 15, 35
plt.axis([xmin, xmax, ymin, ymax])

plt.show()
```

上述 axis() 函数的参数是范围列表，依次是 x 轴的最小值、x 轴的最大值、y 轴的最小值和 y 轴的最大值，其执行结果如图 13-12 所示。

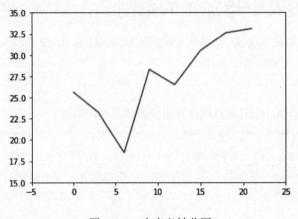

图13-12　自定义轴范围

Ch13_1_5b.py

✪ 指定多个数据集的轴范围

如果是多个数据集的图表，同样可以自行指定所需的轴范围，代码如下：

```
days = range(1, 9)
celsius_min = [25.6, 23.2, 18.5, 28.3, 26.5, 30.5, 32.6, 33.1]
celsius_max = [27.6, 26.1, 22.5, 30.4, 29.5, 31.5, 35.1, 39.4]
plt.plot(days, celsius_min, "r-o",
         days, celsius_max, "g--o")
plt.xlabel("Day")
plt.ylabel("Celsius")
plt.axis([0, 10, 15, 40])
plt.show()
```

13

上述代码使用 axis() 函数指定自定义的 x 轴和 y 轴范围，其执行结果如图 13-13 所示。

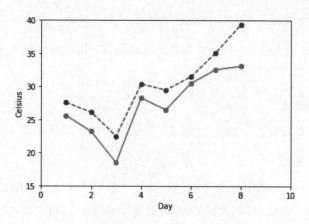

图13-13　指定多个数据集的轴范围

Matplotlib 除了使用 axis() 函数，还可以分别使用 xlim() 和 ylim() 函数来指定 x 轴和 y 轴的范围（Python 程序：Ch13_1_5c.py），代码如下：

```
# plt.axis([0, 10, 15, 40])
plt.xlim(0, 10)
plt.ylim(15, 40)
```

13-1-6　将图表存储成图片

Matplotlib 调用 plot() 函数绘制的图表可以使用 savefig() 函数存储成多种格式的图片，常用图片格式有 .png 和 .svg 等，也可以存储成 PDF 文件。

✪ 存储图表

Ch13_1_6~b.py

只需使用 savefig() 函数且指定参数的文件名称，即可以不同的后缀名来存储成不同格式的文件，代码如下：

```
days = range(1, 9)
celsius_min = [25.6, 23.2, 18.5, 28.3, 26.5, 30.5, 32.6, 33.1]
celsius_max = [27.6, 26.1, 22.5, 30.4, 29.5, 31.5, 35.1, 39.4]
plt.plot(days, celsius_min, "r-o",
         days, celsius_max, "g--o")
plt.xlabel("Day")
plt.ylabel("Celsius")
plt.axis([0, 10, 15, 40])
plt.savefig("Celsius.png")
plt.show()
```

上述 savefig() 函数参数是 "Celsius.png"，后缀名是 .png，也可以在函数指定 filename 和

format 参数，代码如下：

```
plt.savefig(filename="Celsius.png", format="png")
```

上述 filename 参数是文件名；format 参数是文件格式。Python 程序 "plt.savefig("Celsius.svg")" 是存储成 SVG 文件，如下所示。

```
plt.savefig("Celsius.svg")
```

Python 程序 "plt.savefig("Celsius.pdf")" 是存储成 PDF 文件，如下所示。

```
plt.savefig("Celsius.pdf")
```

上述执行结果中，会在 Python 程序的同一目录中新增 3 个文件：Celsius.png、Celsius.svg 和 Celsius.pdf。以 PDF 为例，可以使用 PDF 浏览工具来打开，如图 13-14 所示。

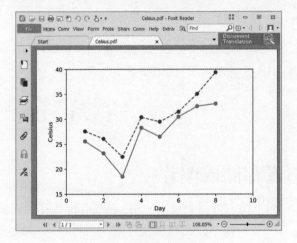

图13-14　存储为PDF文件

13-2 Matplotlib 的数据可视化

Matplotlib 支持数据可视化的常用图表，包括条形图（Bar Plots）、直方图（Histograms）、箱线图（Box Plots）、散点图（Scatter Plots）、饼图（Pie Charts）和折线图（Line Charts）等。

13-2-1 绘制条形图

条形图（Bar Plots）是使用条形色彩区块来可视化显示数据的量，可以方便比较和排序数据，用来显示分类数据和分类摘要信息，依方向可以分成水平或垂直条形图两种。

✪ NBA 球队各位置人数的垂直条形图　　　　　　　　　　　　◀Ch13_2_1.py▶

以 NBA 金州勇士队的球员阵容为例，显示各位置人数统计的条形图，首先使用 Pandas 载入 CSV 文件，代码如下：

```
import pandas as pd
import matplotlib.pyplot as plt

df = pd.read_csv("GSW_players_stats_2017_18.csv")
df_grouped = df.groupby("Pos")
position = df_grouped["Pos"].count()
```

上述代码使用 "Pos" 字段分组数据后，调用 count() 函数计算每一个位置的球员数，在下方调用 bar() 函数绘制条形图，第一个参数是 x 轴的数据，第二个是 y 轴的数据，代码如下：

```
plt.bar([1, 2, 3, 4, 5], position)
plt.xticks([1, 2, 3, 4, 5], position.index)
plt.ylabel("Number of People")
plt.xlabel("Position")
plt.title("NBA Golden State Warriors")
plt.show()
```

上述代码调用 xticks() 函数显示 x 轴的标尺，第一个参数是 x 轴的索引，对应第二个 labels 列表的标签，然后是 x 轴和 y 轴标签说明，以及标题文字，其执行结果默认是垂直显示的条形图，如图 13–15 所示。

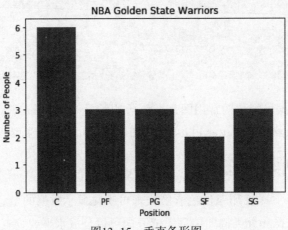

图13-15　垂直条形图

上述图中 x 轴的 C 是中锋位置；PF 是大前锋；PG 是控球后卫；SF 是小前锋；SG 是得分后卫。

★ NBA 球队各位置人数的水平条形图　◀Ch13_2_1a.py▶

Python 程序 Ch13_2_1.py 是绘制垂直条形图，改成 barh() 函数就可以绘制水平条形图，代码如下：

```
...
plt.barh([1, 2, 3, 4, 5], position)
plt.yticks([1, 2, 3, 4, 5], position.index)
plt.xlabel("Number of People")
plt.ylabel("Position")
plt.title("NBA Golden State Warriors")
plt.show()
```

上述 barh() 函数的参数和 bar() 函数相同，因为 x 轴和 y 轴交换，所以是调用 yticks() 函数指定 y 轴标签，xlabel() 函数显示 x 轴的标签说明，其执行结果如图 13-16 所示。

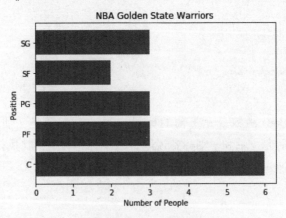

图13-16　水平条形图

✪ 绘制两个数据集的条形图

条形图也适合用来显示群组的摘要信息。例如，休斯敦火箭队各位置的得分或篮板的平均，可以在同一张条形图显示这两种摘要信息，代码如下：

```
df = pd.read_csv("HOU_players_stats_2017_18.csv")
df_grouped = df.groupby("Pos")
points = df_grouped["PTS/G"].mean()
rebounds = df_grouped["TRB"].mean()
```

上述代码使用 mean() 函数计算位置群组的得分 PTS/G 和篮板 TRB 字段的平均，在下方调用两次 bar() 函数，因为两次是绘制在相同的索引，所以显示的是堆栈条形图，因为有显示图例，所以有 label 参数，代码如下：

```
plt.bar([1, 2, 3, 4, 5], points, label="Points")
plt.bar([1, 2, 3, 4, 5], rebounds, label="Rebounds")
plt.xticks([1, 2, 3, 4, 5], points.index)
plt.legend()
plt.ylabel("Points and Rebounds")
plt.xlabel("Position")
plt.title("NBA Houston Rockets")
plt.show()
```

上述代码调用 legend() 函数显示图例，其执行结果如图 13-17 所示。

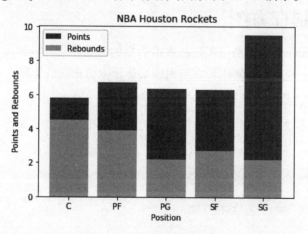

图13-17　堆栈条形图

因为有两个数据集，其绘制位置数共有 10 个，如果将索引列表数改为 10 个，就是并排显示两个数据集（Python 程序：Ch13_2_1c.py），代码如下：

```
index = range(1, 11)
plt.bar(index[0::2], points, label="Points")
```

```
plt.bar(index[1::2], rebounds, label="Rebounds")
plt.xticks(index[0::2], points.index)
...
```

上述代码使用 range() 函数创建 1 ~ 10 的索引列表，两个 bar() 函数是分别绘制在奇数和偶数的索引位置上，x 轴的标签说明是显示在奇数索引，如图 13-18 所示。

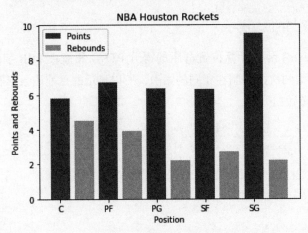

图13-18　并排显示数据集

13-2-2　绘制直方图

直方图（Histograms）主要是用来显示数值数据的分布，它是一种次数分配表，可以观察数值数据的分布状态。直方图是使用长方形面积来显示变量出现的频率，宽度是分割区间。

☆ 显示直方图的区间和出现次数　　　　　　　　　　　　　　　　　《Ch13_2_2.py》

使用整数列表（共 21 个元素）显示直方图的区间和出现次数（即每一个区间的次数分配表），代码如下：

```
x = [21,42,23,4,5,26,77,88,9,10,31,32,33,34,35,36,37,18,49,50,100]
num_bins = 5
n, bins, patches = plt.hist(x, num_bins)
print(n)
print(bins)
plt.show()
```

上述代码调用 hist() 函数绘制直方图，第一个参数是数据列表，第二个参数是分割成几个区间，本例是 5 个，函数返回的 n 是各区间的出现次数，bins 是分割成 5 个区间的值，其执行结果如图 13-19 所示。

```
[7. 9. 2. 1. 2.]
[ 4.    23.2   42.4   61.6   80.8 100. ]
```

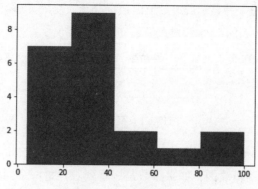

图13-19　直方图示例

　　上图的最上方有两个列表，第一个列表是 5 个区间的数据出现次数，第二个列表是从数据值 4 ～ 100 平均分割成 5 个区间的范围值。第一个区间是 4 ～ 23.2，出现 7 次；第二个区间是23.2 ～ 42.4，出现 9 次；第三个区间是 42.4 ～ 61.6，出现两次；第四个区间是 61.6 ～ 80.0，出现一次；最后是 80.8 ～ 100，出现两次。

★ 显示 NBA 球员的年薪分布的直方图 　　　　　　　　　　　　　　　Ch13_2_2a.py

　　使用 NBA 年薪前 100 位球员数据来显示 NBA 球员的年薪分布直方图，具体如下：

```
df = pd.read_csv("NBA_salary_rankings_2018.csv")
num_bins = 15
plt.hist(df["salary"], num_bins)
plt.ylabel("Frequency")
plt.xlabel("Salary")
plt.title("Histogram of NBA Top 100 Salary")
plt.show()
```

　　上述 hist() 函数的第一个参数是 salary 字段，第二个参数分割成 15 个区间，其执行结果如图 13-20 所示。

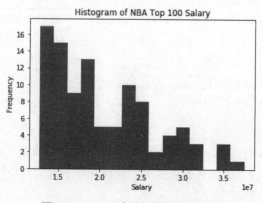

图13-20　NBA球员年薪分布直方图

13

13-2-3 绘制箱线图

箱线图（Box Plots）是一种显示群组数值的数据分布，使用方形箱子清楚地显示各群组数据的最小值、前 25%、中位数、前 75% 和最大值，如图 13-21 所示。

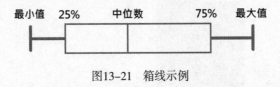

图13-21 箱线示例

Matplotlib 使用 boxplot() 函数绘制箱线图，其参数是列表或 Numpy 数组，可以依据此列表的数值分布来计算和绘制箱线图，如果参数是嵌套列表，每一个列表元素都会绘制出一个箱线图。

☆ NBA 前 100 名球员依位置年薪分布的箱线图 ◆Ch13_2_3.py◆

使用箱线图来显示 NBA 前 100 名球员的年薪，使用 5 个位置来显示群组数值的分布，首先，需要处理数据来创建绘制所需的嵌套列表，即：

```
df = pd.read_csv("NBA_salary_rankings_2018.csv")
df = df.sort_values("pos")
col = df.drop_duplicates(["pos"])
```

上述代码载入 CSV 文件后，首先使用位置 pos 字段排序，然后调用 drop_duplicates() 函数删除重复字段，即可找出球队的 5 个位置。而 col["pos"].values 则是取出 5 个位置的字符串列表，然后创建各位置薪水的嵌套列表，即：

```
data = []
for pos in col["pos"].values:
    d = df[(df.pos == pos)]
    data.append(d["salary"].values)
```

上述 for-in 循环用来取出每一个位置的字符串，然后使用条件 (df.pos == pos) 过滤出此位置的年薪数据，即可调用 append() 函数新增至 data 列表，最后，使用 data 嵌套列表来绘制 5 个箱线图，具体如下：

```
plt.boxplot(data)
plt.xticks(range(1,6), col["pos"], rotation=25)
plt.title("Box Plot of NBA Salary")
plt.show()
```

上述代码调用 boxplot() 函数绘制箱线图，xticks() 函数创建 5 个刻度，名称是已经删除重复值的位置字段 col["pos"]，因为名称是全名，所以使用 rotation 参数旋转 25° 来显示，其执行结果如图 13-22 所示。

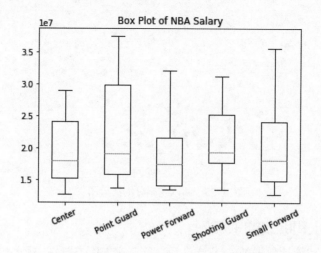

图13-22　NBA球员年薪箱线图

在图 13-22 中，箱子中间的线表示中位数，上缘是 75%，下缘是 25%，最上方的横线是最大值，最下方的横线是最小值，通过箱线图可以清楚地显示 5 个位置的年薪分布。

13-2-4　绘制散点图

散点图（Scatter Plots）是由两个变量分别为垂直 y 轴和水平 x 轴坐标来绘制出数据点，可以显示一个变量受另一个变量的影响程度，也就是识别出两个变量之间的关系。例如，使用 NBA 球员的薪水为 y 轴、得分为 x 轴绘制的散点图可以看出薪水和得分之间的关系。

❂ NBA 球员的薪水和得分的散点图　　　　　　　　　　　　◀Ch13_2_4.py▶

散点图基本上就是点的集合，在各点之间并没有连接成线，首先载入球员薪水和统计数据的 CSV 文件，然后绘出 NBA 球员的薪水和得分的散点图，具体如下：

```
df = pd.read_csv("NBA_players_salary_stats_2018.csv")
plt.scatter(df["PTS"], df["salary"])
plt.ylabel("Salary")
plt.xlabel("PTS")
plt.title("Scatter Plot of NBA Salary and PTS")
plt.show()
```

上述代码调用 scatter() 函数绘制散点图，两个参数依次是得分和薪水，其执行结果如图 13-23 所示。

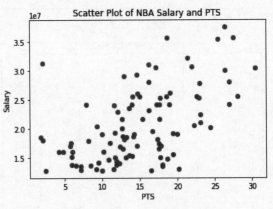

图13-23　薪水与得分的散点图

✪ NBA 球员的薪水和助攻的散点图　　◀Ch13_2_4a.py▶

在载入球员薪水和统计数据的 CSV 文件后，绘制出 NBA 球员的薪水和助攻的散点图，具体如下：

```
plt.scatter(df["AST"], df["salary"])
plt.ylabel("Salary")
plt.xlabel("AST")
plt.title("Scatter Plot of NBA Salary and AST")
plt.show()
```

上述代码调用 scatter() 函数绘制散点图，两个参数依次是助攻和薪水，其执行结果如图 13-24 所示。

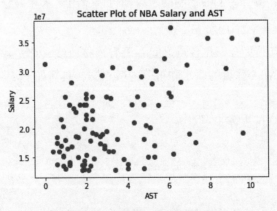

图13-24　薪水和助攻的散点图

13-2-5　绘制饼图

饼图（Pie Charts）也称为圆饼图（Circle Charts），是使用一个完整圆形来表示统计数据的图表，就像切圆形的蛋糕一样，以不同切片大小来表示数据的比例。

✪ NBA 球队各位置人数的饼图

◀ Ch13_2_5.py ▶

将 13-2-1 小节 NBA 球队各位置人数改绘制成饼图的代码如下：

```
df = pd.read_csv("GSW_players_stats_2017_18.csv")
df_grouped = df.groupby("Pos")
position = df_grouped["Pos"].count()
plt.pie(position, labels=position.index)
plt.axis("equal")
plt.title("NBA Golden State Warriors")
plt.show()
```

上述代码调用 pie() 函数绘制饼图，第一个参数是各位置的人数（需为整数），labels 参数指定标签文字，axis() 函数参数值 "equal" 是正圆，执行结果如图 13-25 所示。

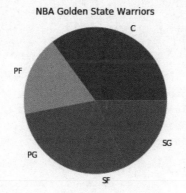

图13-25　球队各位置人数饼图

✪ 使用突增值表示饼图的切片

◀ Ch13_2_5a.py ▶

在饼图中可以使用突增值的元组或列表表示切片是否需要突出来强调显示，代码如下：

```
df = pd.read_csv("GSW_players_stats_2017_18.csv")
df_grouped = df.groupby("Pos")
position = df_grouped["Pos"].count()
explode = (0, 0, 0.2, 0, 0.2)
plt.pie(position, labels=position.index,
        explode=explode)
plt.axis("equal")
plt.title("NBA Golden State Warriors")
plt.show()
```

上述 explode 元组值是每一对应切片的突增值，在 pie() 函数中使用 explode 参数来指定突增值，其执行结果如图 13-26 所示。

13

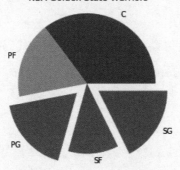

图13-26　突增值表示切片

★ 在饼图显示切片色彩的图例　　　　　　　　　　　Ch13_2_5b.py

同样，可以在饼图显示切片色彩的图例，代码如下：

```
df = pd.read_csv("GSW_players_stats_2017_18.csv")
df_grouped = df.groupby("Pos")
position = df_grouped["Pos"].count()
explode = (0, 0, 0.2, 0, 0.2)
patches, texts = plt.pie(position,
                         labels=position.index,
                         explode=explode)
plt.legend(patches, position.index, loc="best")
plt.axis("equal")
plt.title("NBA Golden State Warriors")
plt.show()
```

上述 pie() 函数获取返回值的 patches 色块对象，texts 是各标签文字的坐标和字符串，然后使用 legend() 函数显示图例，第一个参数是 patches 色块对象，第二个参数是标签说明，loc 参数值 "best" 是最佳显示位置，从其执行结果可以看到显示在右上角的图例，如图 13-27 所示。

图13-27　显示切片色彩的图例

13-2-6 绘制折线图

折线图（Line Chars）是最常使用的图表，它是通过使用直线连接一系列的数据点标记创建的图表。一般来说，折线图可以显示以时间为 x 轴的趋势（Trends）。例如，使用折线图显示 NBA 前著名球员 Kobe Bryant 职业生涯得分、助攻和篮板的趋势。

✪ NBA 球员职业生涯得分、助攻和篮板的折线图 ⟨Ch13_2_6.py⟩

从 Kobe Bryant 的球员统计数据 Kobe_stats.csv 文件，显示得分、助攻和篮板的折线图，代码如下：

```
df = pd.read_csv("Kobe_stats.csv")
df["Season"] = pd.to_datetime(df["Season"])
df = df.set_index("Season")
plt.plot(df["PTS"], "r-o", label="PTS")
plt.plot(df["AST"], "b-o", label="AST")
plt.plot(df["TRB"], "g-o", label="REB")
plt.legend()
plt.ylabel("Stats")
plt.xlabel("Season")
plt.title("Kobe Bryant")
plt.show()
```

上述代码首先使用 to_datetime() 函数将字段转换成日期时间，并指定索引，然后调用 3 次 plot() 函数来绘制 3 条折线图，可以在同一张图绘制得分、助攻和篮板的 3 条线，其执行结果如图 13-28 所示。

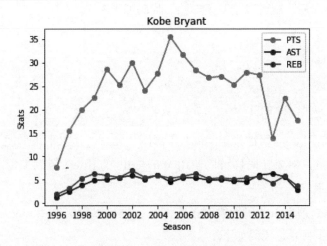

图13-28　球员统计数据折线图

13-3 Pandas 的数据可视化

除了使用 Matplotlib 绘制图表外，Pandas 已经整合 Matplotlib 的绘制图表功能，所以，数据可视化也可以直接使用 Series 或 DataFrame 对象的 plot() 函数来进行。

✪ 绘制条形图
◀ Ch13_3.py ▶

只需创建 DataFrame 或 Series 对象，就可以使用 plot() 函数绘制条形图。例如，绘制 NBA 火箭队各位置平均得分和篮板的条形图，代码如下：

```
import pandas as pd
import matplotlib.pyplot as plt

df = pd.read_csv("HOU_players_stats_2017_18.csv")
df_grouped = df.groupby("Pos")
points = df_grouped["PTS/G"].mean()
rebounds = df_grouped["TRB"].mean()
data = pd.DataFrame()
data["Points"] = points
data["Rebounds"] = rebounds
```

上述代码计算各位置的平均得分和篮板，这是 Series 对象，然后使用这两个 Series 对象创建 DataFrame 对象 data 后，就可以绘制条形图，代码如下：

```
points.plot(kind="bar")
plt.title("Points")

data.plot(kind="bar")
plt.title("Points and Rebounds")
```

上述 plot() 函数使用 kind 属性指定 "bar" 条形图（"barh" 是水平条形图），points 是 Series 对象，data 是 DataFrame 对象，同样可以使用 Matplotlib 的 title() 函数来指定标题文字，其执行结果如图 13-29 所示。

除了在 plot() 函数使用 kind 属性绘制条形图外，也可以直接调用 plot.bar() 函数，完整示例位于 \Ch13\Pandas 子目录，代码如下：

```
points.plot.bar()
data.plot.bar()
```

13

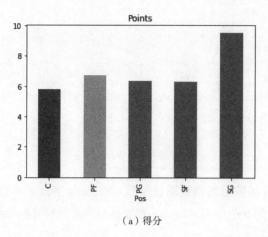

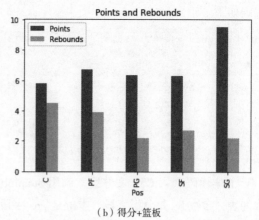

（a）得分　　　　　　　　　　　　　（b）得分+篮板

图13-29　各位置平均得分和篮板条形图

✪ 绘制直方图

Ch13_3a.py

将 Python 程序 Ch13_2_2a.py 的直方图改用 Pandas 来绘制，代码如下：

```
num_bins = 15
df["salary"].plot(kind="hist", bins=num_bins)
plt.ylabel("Frequency")
plt.xlabel("Salary")
plt.title("Histogram of NBA Top 100 Salary")
```

上述 plot() 函数指定 kind 属性值是 "hist" 直方图（也可以使用 plot.hist() 函数），bins 是分割区间，其执行结果如图 13-30 所示。

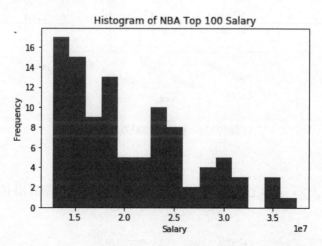

图13-30　Pandas绘制直方图

✪ 绘制箱线图

Ch13_3b.py

将 13-2-3 小节的箱线图改用 Pandas 来绘制，不需预先处理数据就可以立即绘出箱线图，

391

代码如下：

```
df = pd.read_csv("NBA_salary_rankings_2018.csv")

df.boxplot(column="salary",
           by="pos",
           figsize=(6,5))

plt.xticks(rotation=25)
plt.title("Box Plot of NBA Salary")
```

上述代码载入 CSV 文件后，调用 boxplot() 函数绘制箱线图，参数 column 是字段名称或名称列表，参数 by 是分组字段，本例是 pos 字段的 5 个位置，figsize 参数是指定图形尺寸的元组，其执行结果如图 13-31 所示。

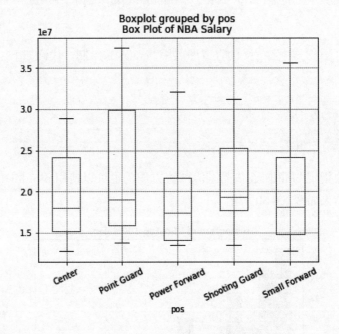

图13-31　Pandas绘制箱线图

✪ 绘制散点图

将 Python 程序 Ch13_2_4.py 的 NBA 球员薪水和得分的散点图改用 Pandas 的 plot() 函数来绘制，代码如下：

```
df = pd.read_csv("NBA_players_salary_stats_2018.csv")

df.plot(kind="scatter", x="PTS", y="salary",
        title="Scatter Plot of NBA Salary and PTS")
```

392

13

上述代码载入 CSV 文件创建 DataFrame 对象后，使用 plot() 函数绘出散点图，参数 kind 是 scatter（也可以使用 plot.scatter() 函数），x 参数是 x 轴的字段名称；y 参数是 y 轴的字段名称，title 参数是标题文字，其执行结果如图 13-32 所示。

图13-32　Pandas绘制散点图

✪ 绘制饼图

将 13-2-5 小节的饼图改用 Pandas 来绘制，只需创建 explode 列表的突增值，同样可以使用 plot() 函数绘制表示切片突出的饼图，代码如下：

```python
df = pd.read_csv("GSW_players_stats_2017_18.csv")
df_grouped = df.groupby("Pos")
position = df_grouped["Pos"].count()
explode = (0, 0, 0.2, 0, 0.2)
# 绘制饼图
position.plot(kind="pie",
              figsize=(6, 6),
              explode=explode,
              title="NBA Golden State Warriors")
plt.legend(position.index, loc="best")
```

上述 explode 列表是对应各切片的突增值，plot() 函数使用 kind 属性指定 "pie" 饼图（也可以使用 plot.pie() 函数），figsize 属性指定尺寸长宽相同，这是正圆，explode 属性是突增值，其执行结果如图 13-33 所示。

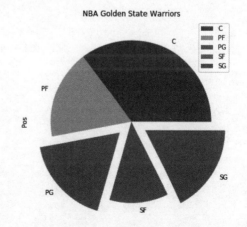

图13-33　Pandas绘制饼图

☆ 绘制折线图

◀ Ch13_3e.py ▶

修改 13-2-6 小节 Kobe Bryant 生涯得分、助攻和篮板的折线图，改用 Pandas 来绘制，代码如下：

```
df = pd.read_csv("Kobe_stats.csv")
data = pd.DataFrame()
data["Season"] = pd.to_datetime(df["Season"])
data["PTS"] = df["PTS"]
data["AST"] = df["AST"]
data["REB"] = df["TRB"]
data = data.set_index("Season")

data.plot(kind="line")
```

上述代码创建 DataFrame 对象 data，只保留 CSV 文件的 Season、PTS、AST 和 TRB 字段，plot() 函数使用 kind 属性指定 "line" 折线图（也可以使用 plot.line() 函数），其执行结果如图 13-34 所示。

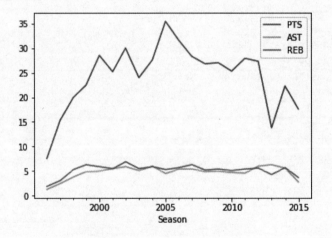

图13-34　Pandas绘制折线图

13-4 Matplotlib 的轴与子图表

Matplotlib 的 Figure 图形对象是一个容器，可以同时绘出多张图表，而每一张图表是绘在指定的轴（Axes）上，这就是子图表（Subplots）。

13-4-1 绘制子图表

Matplotlib 调用 subplot() 函数绘制子图表（Subplots），使用表格方式来分割绘图区域为多个子图表，可以指定每一张图表是绘在哪一个存储格，其语法如下：

```
plt.subplot(num_rows, num_cols, plot_num)
```

上述函数的前两个参数是分割绘图区域为几行（Rows）和几列（Columns）的表格，最后一个参数是显示第几张图表，其值是从 1 至最大存储格数 num_rows*num_cols，绘制方向是先水平再垂直。

⭐ 绘制两张垂直排列的子图表   ⟪Ch13_4_1.py⟫

垂直排列 2 张图表需要创建 2×1 表格，即 2 行和 1 列，第一行的编号是 1，依次的第二行的编号是 2，我们只需使用 subplot() 函数即可在指定存储格绘制子图表，具体如下：

```
x = [0,0.5,1,1.5,2,2.5,3,3.5,4,4.5,5,
     5.5,6,6.5,7,7.5,8,8.5,9,9.5,10]
sinus = [math.sin(v) for v in x]
cosinus = [math.cos(v) for v in x]
plt.subplot(2, 1, 1)
plt.plot(x, sinus, "r-o")
plt.subplot(2, 1, 2)
plt.plot(x, cosinus, "g--")
plt.show()
```

上述代码本来是在同一张图表绘制两个数据集，现在，改为调用两次 subplot() 函数，第一次的参数是（2, 1, 1），即绘在 2×1 表格（前两个参数）的第一行（第 3 个参数），第二次的参数是（2, 1, 2），即绘在 2×1 表格的第二行，其执行结果如图 13-35 所示。

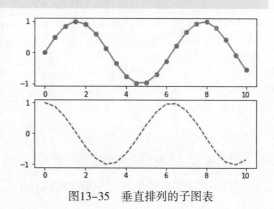

图13-35　垂直排列的子图表

> 请注意！如果 subplot() 函数的 3 个参数值都小于 10，使用一个整数值的参数来代替 3 个整数值的参数，原来的第一个参数值是百进位值；第二个参数值是十进位值；最后一个参数值是个位值，以本节示例来说，参数（2,1,1）和（2,1,2）可分别表示为 211 和 212，即：

```
plt.subplot(211)
...
plt.subplot(212)
```

✪ 绘制两张水平排列的子图表
Ch13_4_1a.py

水平排列两张图表需要创建 1×2 表格，即 1 行和 2 列，第一列编号是 1，依次的第二列编号是 2，只需使用 subplot() 函数即可在指定存储位置绘制子图表，代码如下：

```
x = [0,0.5,1,1.5,2,2.5,3,3.5,4,4.5,5,
     5.5,6,6.5,7,7.5,8,8.5,9,9.5,10]
sinus = [math.sin(v) for v in x]
cosinus = [math.cos(v) for v in x]
plt.subplot(1, 2, 1)
plt.plot(x, sinus, "r-o")
plt.subplot(1, 2, 2)
plt.plot(x, cosinus, "g--")
plt.show()
```

上述代码调用两次 subplot() 函数，第一次调用的参数是（1, 2, 1），即绘制在 1×2 表格的第一列，第二次调用的参数是（1, 2, 2），即绘制在 1×2 表格的第二列，其执行结果如图 13-36 所示。

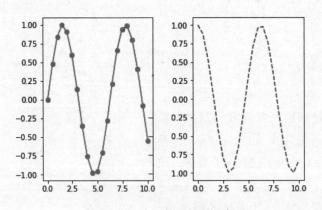

图13-36　水平排列的子图表

✪ 绘制 6 张表格排列的子图表
Ch13_4_1b.py

在同一张图形绘制 6 张三角函数 sin()、cos()、tan()、sinh()、cosh() 和 tanh() 的图表，可

13

以显示绘制顺序是先水平再垂直，代码如下：

```
x = [0,0.5,1,1.5,2,2.5,3,3.5,4,4.5,5,
     5.5,6,6.5,7,7.5,8,8.5,9,9.5,10]

plt.subplot(231)
plt.plot(x, [math.sin(v) for v in x])
plt.subplot(232)
plt.plot(x, [math.cos(v) for v in x])
plt.subplot(233)
plt.plot(x, [math.tan(v) for v in x])
plt.subplot(234)
plt.plot(x, [math.sinh(v) for v in x])
plt.subplot(235)
plt.plot(x, [math.cosh(v) for v in x])
plt.subplot(236)
plt.plot(x, [math.tanh(v) for v in x])
plt.show()
```

上述代码调用 6 次 subplot() 函数绘出 6 张图表，第一张参数是（2, 3, 1），即绘在 2×3 表格的第一行一列，第二张的参数是（2, 3, 2），即 2×3 表格的第一行二列，第三张是第一行三列，然后是第二行的第一至三列，其执行结果如图 13-37 所示。

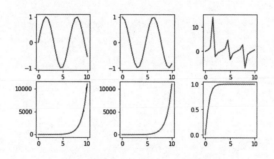

图13-37　2×3排列的子图表

13-4-2　使用轴绘制子图表

Matplotlib 的轴（Axes）和子图表（Subplots）是一体两面，Matplotlib 的 Figure 图形对象是一个容器，可以分割成多个面板的子图表，即轴，而事实上是在各轴上绘制子图表。

☆ 使用轴绘制子图表　　　　　　　　　　　　　　　　　　　　　　Ch13_4_2.py

接着，修改 Python 程序 Ch13_4_1a.py，改用两个轴来绘制子图表，即：

```
...
fig, axes = plt.subplots(1,2, figsize=(6,4))
```

```
axes[0].plot(x, sinus, "r-o")
axes[1].plot(x, cosinus, "g--")
plt.show()
```

上述 subplots() 函数指定一行两列，figsize 参数指定图形尺寸，函数的返回值是 Figures 对象和 Axes 轴列表，本例有两个轴，然后分别在 axes[0] 和 axes[1] 轴上绘出两张图表，即绘制两张子图表，执行结果如图 13–38 所示。

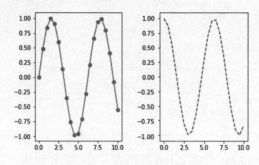

图13–38　使用轴绘制子图表

1. 请简单说明什么是 Matplotlib。

2. Matplotlib 可以绘制的图表类型有哪些？

3. 请问 Matplotlib 如何更改图形尺寸和轴的范围？

4. 请说明 Matplotlib 的子图表是什么，以及这些子图表如何排列。

5. Pandas 可以使用 _____ 函数绘制图表，DataFrame 对象是调用 _____ 函数绘制箱线图。

6. 目前数据的 x 轴是 1 ~ 50，y 轴是 x 轴的 3 倍，请写出 Python 程序，绘制一条线的折线图，标题文字是 Draw a Line。

7. 下面是两条线的坐标，请使用 Matplotlib 绘制出这两个数据集的折线图，并且显示图例，具体如下：

```
x1 = [10,20,30]
y1 = [20,40,10]
x2 = [10,20,30]
y2 = [40,10,30]
```

8. 现有某公司 5 天股价数据的 CSV 文件 stock.csv，请使用 Pandas 载入文件后，绘出 5 天股价的折线图。

9. 请使用 Pandas 载入 anscombe_i.csv 文件，然后使用 x 字段和 y 字段绘出散点图。

10. 请使用 Pandas 载入 iris.csv 文件，然后使用 petal_length 绘出箱线图。

14
CHAPTER

Seaborn 统计数据可视化

14-1　Seaborn 的基础与基本使用

14-2　数据集关联性的图表

14-3　数据集分布情况的图表

14-4　分类数据的图表

14-5　水平显示的宽图表

14-6　回归图表

14-1 Seaborn 的基础与基本使用

Seaborn 是 Python 除了 Matplotlib 函数库外，一套必学的数据可视化函数库，可以轻松地结合 Pandas 的数据来绘制统计图表。

14-1-1 认识 Seaborn 函数库

Seaborn 是一套功能强大的高阶数据可视化函数库，Anaconda 默认已经一并安装好了，如果没有安装，请打开 Anaconda Prompt 命令提示符窗口，输入下列指令安装 Seaborn 函数库。

```
(base) C:\Users\JOE>conda install seaborn            //按 Enter 键
```

✪ Seaborn 简介

Seaborn 是创建在 Matplotlib 函数库上的一套统计数据可视化函数库，其主要目的是补足和扩充 Matplotlib 的功能，并不是取代 Matplotlib。因为使用 Matplotlib 绘制漂亮图表需要指定大量参数，而 Seaborn 提供默认参数值的主题（Themes），并紧密整合 Pandas 数据结构，可以更容易绘制各种漂亮图表，特别适合绘制统计图表。

Seaborn 在数据可视化方面增强了以下功能。

❊ 提供默认图形美学的主题，可以快速绘制漂亮的图表。

❊ 支持定制化调色盘的图表色彩配置。

❊ 可以绘制漂亮和吸引人的统计图表。

❊ 能够使用多面向和弹性方式来显示数据分布。

❊ 紧密整合 Pandas 的 DataFrame 对象。

✪ Seaborn 图表函数

Seaborn 图表函数是扩充 Matplotlib 的图表函数，在 Matplotlib 的每一张图表是绘制在指定轴（Axes），即一张子图表（Subplots）上，多个子图表（轴）组合成一张图形（Figure），需要先创建图形，分割成表格的多个轴后才在指定轴上绘制子图表。

Seaborn 支持图形等级的图表函数，可以直接依据数据分类来绘制出多张子图表（不用自行绘制每一张子图表），帮助快速创建多面向数据可视化的图表。Seaborn 的图表函数分为两大类，具体如下。

❊ 轴等级的图表函数（Axes-level Functions）：对应 Matplotlib 的图表函数，可以在指定轴上绘制图表（单一轴），在各轴的图表是独立的，并不会影响同一张图形（Figure）位于其他轴的子图表。

❋ 图形等级的图表函数（Figure-level Functions）：紧密结合 Pandas 的 DataFrame 对象，可以在 Matplotlib 的图形（Figure）使用数据类来直接扩展绘制出跨多轴的多张子图表，优化数据探索和分析，而且可以使用 kind 属性指定图表种类。换句话说，轴等级的图表函数只能绘制一种图表，图形等级支持绘制多种图表。

14-1-2　使用 Seaborn 绘制图表

创建 Python 程序，使用 Seaborn 来绘制图表，需要在程序开头导入相关模块与包，代码如下：

```
import matplotlib.pyplot as plt
import seaborn as sns
import pandas as pd
```

上述代码导入 Matplotlib 和 Seaborn（别名 sns），如果使用 DataFrame，也需要导入 Pandas。

✪ 绘制轴等级的图表　　　　　　　　　　　　　　　◀Ch14_1_2.py▶

修改 13-4-2 小节的 Python 程序，改用 Seaborn 轴等级的绘图函数来绘制子图表，需要在程序开头导入模块和包，代码如下：

```
import matplotlib.pyplot as plt
import seaborn as sns
import math

x = [0,0.5,1,1.5,2,2.5,3,3.5,4,4.5,5,
     5.5,6,6.5,7,7.5,8,8.5,9,9.5,10]
sinus = [math.sin(v) for v in x]
cosinus = [math.cos(v) for v in x]

sns.set()
fig, axes = plt.subplots(1,2, figsize=(6,4))
ax1 = sns.lineplot(x=x, y=sinus, ax=axes[0])
ax2 = sns.scatterplot(x=x, y=cosinus, ax=axes[1])
plt.show()
```

上述代码使用 Python 列表作为数据来源，首先在创建数据后调用 set() 函数指定使用 Seaborn 默认主题，然后使用 subplots() 函数创建拥有两个存储格的图形，即在两个轴上绘制子图表，代码如下：

```
ax1 = sns.lineplot(x=x, y=sinus, ax=axes[0])
ax2 = sns.scatterplot(x=x, y=cosinus, ax=axes[1])
```

上述 lineplot() 函数是绘制折线图；scatterplot() 函数是绘制散点图，函数的返回值是轴，参数 ax 是指定绘在哪一个轴上，最后调用 show() 函数显示图表，其执行结果如图 14-1 所示。

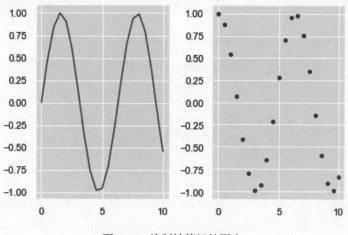

图14-1　绘制轴等级的图表

和 13-4-2 小节的图表比较，可以看出 Seaborn 图表比较漂亮，因为 Seaborn 有默认的主题。

✪ 绘制图形等级的图表   ◀ Ch14_1_2a.py ▶

使用相同数据改用图形等级的图表函数来绘制多张子图表。因为此等级的函数是与 Pandas 数据紧密结合的，需要先创建 DataFrame 对象后才能绘制图表。导入模块包和创建所需数据的 Python 列表，代码如下：

```python
import matplotlib.pyplot as plt
import seaborn as sns
import pandas as pd
import math

x = [0,0.5,1,1.5,2,2.5,3,3.5,4,4.5,5,
     5.5,6,6.5,7,7.5,8,8.5,9,9.5,10]
sinus = [math.sin(v) for v in x]
cosinus = [math.cos(v) for v in x]
```

上述代码导入包后，创建 3 个 Python 列表，将这 3 个列表创建成 DataFrame 对象，代码如下：

```python
df = pd.DataFrame()
df["x"] = x
df["sin"]= sinus
df["cos"] = cosinus
```

```
print(df.head())
```

上述代码创建空 DataFrame 对象后，依次新增 x、sin 和 cos 字段，其执行结果如图 14-2 所示。

	x	sin	cos
0	0.0	0.000000	1.000000
1	0.5	0.479426	0.877583
2	1.0	0.841471	0.540302
3	1.5	0.997495	0.070737
4	2.0	0.909297	-0.416147

图14-2　创建DataFrame对象

上述 DataFrame 对象共有 3 列，第一列是 x 轴，第二、三列是 y 轴（sin、cos）。请注意！Seaborn 图形等级图表函数的数据结构需要将每一列的 sin 和 cos 融合成同一列，使用新增的分类列来指明是 sin 或 cos 的 y 轴数据。使用 melt() 函数处理 DataFrame 对象，代码如下：

```
df2 = pd.melt(df, id_vars=['x'], value_vars=['sin', 'cos'])
print(df2.head())
```

上述代码创建 df2 对象，参数 id_vars 是 x 轴数据，value_vars 参数指定 sin 和 cos 两列表是欲融合的 y 轴数据，其转换结果如图 14-3 所示。

	x	variable	value
0	0.0	sin	0.000000
1	0.5	sin	0.479426
2	1.0	sin	0.841471
3	1.5	sin	0.997495
4	2.0	sin	0.909297

图14-3　融合结果

上述 variable 字段是分类字段，其值是两种 y 轴数据的 sin 和 cos，value 字段即原来两个 y 轴值融合成的列。最后，可以使用 DataFrame 对象 df2 作为数据来源绘出 Seaborn 图表，代码如下：

```
sns.set()
sns.relplot(x="x", y="value", kind="scatter", col="variable", data=df2)
plt.show()
```

上述 relplot() 函数是 Seaborn 图形等级的图表函数，最后的 data 参数指定使用 DataFrame 对象，因为已经指定 df2，所以参数 x 和 y 的值是字段名称字符串 "x" 和 "value"，kind 参数指定 "scatter" 散点图（默认值），值 "line" 是折线图，col 参数指定分类字段 "variable"，从其执行结果可以看到绘制出 sin 和 cos 分类的两张散点图，如图 14-4 所示。

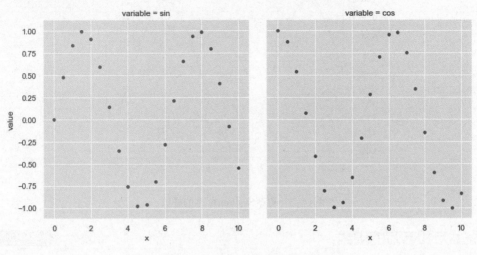

图14-4　sin和cos分类的散点图

可以看出 relplot() 函数自动依据 col 参数的 "variable" 字段值，将数据绘成 sin 和 cos 共两张子图表。

14-1-3　更改 Seaborn 图表的外观

Seaborn 图表在调用 set() 函数套用默认主题后，可以更改 Seaborn 图表的主题和样式，或是直接使用 Matplotlib() 函数来更改轴范围、显示标题文字和轴标签。

☆ 更改 Seaborn 图表的样式　　　　　　　　　　　　　　　◀Ch14_1_3.py▶

Seaborn 图表可以使用 set_style() 函数指定图表使用的主题，可用的参数值有 darkgrid（默认值）、whitegrid、dark、white 和 ticks 等，代码如下：

```
x = [0,0.5,1,1.5,2,2.5,3,3.5,4,4.5,5,
     5.5,6,6.5,7,7.5,8,8.5,9,9.5,10]
sinus = [math.sin(v) for v in x]


sns.set_style("whitegrid")
sns.lineplot(x=x, y=sinus)
plt.show()
```

上述代码创建 x 坐标和 sin(x) 值的列表后，调用 set_style() 函数指定 whitegrid 主题，其执行结果如图 14-5 所示。

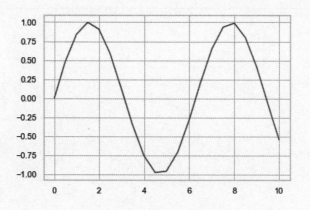

图14-5　更改Seaborn图表的样式

✪ 删除上方和右方的轴线　　　　　　　　　　　　　　⟨ Ch14_1_3a.py ⟩

当 Seaborn 图表使用 whitegrid 主题时，可以看到位于图表最上方和最右方显示出完整轴线，一般来说，只会显示最左方和最下方的轴线，此时，请使用 despine() 函数来删除这两条线，代码如下：

```
sns.set_style("whitegrid")
sns.lineplot(x=x, y=sinus)
sns.despine()
plt.show()
```

上述代码是在调用 lineplot() 函数后，再调用 despine() 函数来删除这两条线，其执行结果如图 14-6 所示。

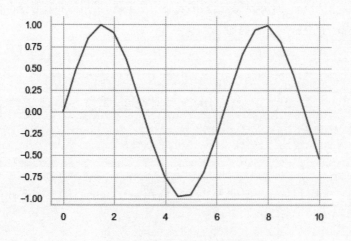

图14-6　删除上方和右方的轴线

✿ 更改 Seaborn 主题的样式

◀ Ch14_1_3b.py ▶

Seaborn 的 set_style() 函数可以在第二个参数使用字典来更改主题的细部样式，代码如下：

```
sns.set_style("darkgrid", {"axes.axisbelow": False})
sns.lineplot(x=x, y=sinus)
plt.show()
```

上述代码更改 axes.axisbelow 属性值为 False，表示轴线会显示在图表折线的上方，其执行结果如图 14-7 所示。

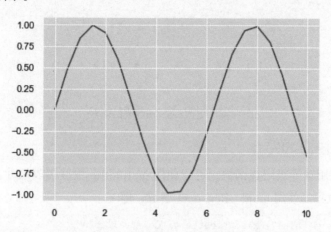

图14-7　更改Seaborn主题的样式

如果想知道可修改的主题属性有哪些，请调用 axe_style() 函数来显示目前主题的字典，这就是可以更改的属性，代码如下：

```
print(sns.axes_style())
```

✿ 更改 Seaborn 图表的外观

◀ Ch14_1_3c.py ▶

除了使用 Seaborn 图表的主题外，同样可以使用 Matplotlib 的函数来更改图表的外观，代码如下：

```
sns.set_style("darkgrid", {"axes.axisbelow": False})
sns.lineplot(x=x, y=sinus)
plt.title("Sinus Wave")
plt.xlim(-2, 12)
plt.ylim(-2, 2)
plt.xlabel("x")
plt.ylabel("sin(x)")
plt.show()
```

上述代码依次新增标题文字、更改 x 轴和 y 轴的范围并加上标签说明文字，其执行结果如图 14-8 所示。

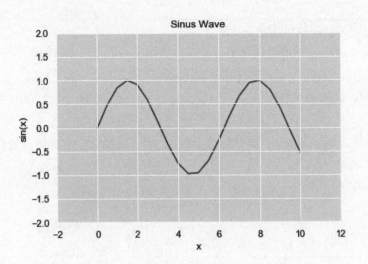

图14-8　更改Seaborn图表的外观

✪ 更改 Seaborn 图表的尺寸

Ch14_1_3d.py

Seaborn 如果使用轴等级图表函数，可以使用 Matplotlib 更改图表尺寸。如果是使用图形等级的图表函数，就只能使用 height 和 aspect 参数，即：

```
sns.relplot(x="x", y="value", kind="scatter", col="variable",
            height=4, aspect=1.2, data=df2)
```

上述 relplot() 函数的 height 参数是图表的高，单位是英寸，aspect 是长宽比，图表宽度就是 height × aspect。

14-1-4　载入 Seaborn 内置数据集

Seaborn 内置有一些数据集，可以在学习 Seaborn 数据可视化时，直接使用这些数据集来测试，事实上，这些数据集就是 Pandas 的 DataFrame 对象。

✪ 载入 Seaborn 内置的 tips 数据集

Ch14_1_4.py

Seaborn 内置的 tips 数据集是小费数据的数据集，可以使用 load_dataset() 函数来载入数据集，代码如下：

```
df = sns.load_dataset("tips")
print(df.head())
```

上述代码载入 tips 数据集后，因为是 DataFrame 对象，可以调用 head() 函数显示前 5 行，其执行结果如图 14-9 所示。

	total_bill	tip	sex	smoker	day	time	size
0	16.99	1.01	Female	No	Sun	Dinner	2
1	10.34	1.66	Male	No	Sun	Dinner	3
2	21.01	3.50	Male	No	Sun	Dinner	3
3	23.68	3.31	Male	No	Sun	Dinner	2
4	24.59	3.61	Female	No	Sun	Dinner	4

图14-9 tips数据集

☆ 显示 Seaborn 内置数据集列表 ⟨Ch14_1_4a.py⟩

调用 get_dataset_names() 函数来显示 Seaborn 内置数据集的 Python 列表，代码如下：

```
print(sns.get_dataset_names())
```

从上述代码的执行结果可以看到内置数据集列表，执行结果如下：

执行结果

```
['anscombe', 'attention', 'brain _ networks', 'car _ crashes', 'diamonds', 'dots',
'exercise', 'flights', 'fmri', 'gammas', 'iris', 'mpg', 'planets', 'tips', 'titanic']
```

本章 Python 程序使用的数据集有 anscombe、fmri、iris 和 tips。

14-2　数据集关联性的图表

统计分析（Statistical Analysis）是一个了解数据集中的变量是如何关联其他变量，即各变量之间是否拥有关联性的过程。基本上，通过图表来找出数据集中隐藏的模式（Patterns）和趋势（Trends）。

数据集关联性图表（Relational Plots）就是统计分析可视化，使用散点图了解数据集中两个变量之间的关联性，并使用折线图了解变量在连续时间下的趋势改变。

14-2-1　两个数值数据的散点图

统计可视化的重点就是绘制散点图，可以合并两个变量（数值数据）来描述数据点的分布情况，其每一个点代表数据集中的一个观察结果，可以用眼睛观察从数据点的分布来找出有意义的关联性或特定的模式。

Seaborn 的多种函数都能绘制散点图，其低层都是轴等级的 scatterplot() 函数，图形等级 relplot() 函数的 kind 参数默认绘制散点图。

☺ 使用 Seaborn 绘制散点图　◀Ch14_2_1.py▶

Seaborn 内置 tips 数据集是账单金额和小费数据，以及消费日是星期几、午餐/晚餐时段、是否吸烟等数据，代码如下：

```
df = sns.load_dataset("tips")
```

```
sns.set()
sns.relplot(x="total_bill", y="tip", data=df)
plt.show()
```

上述代码载入 tips 数据集后，调用 relplot() 函数绘制散点图，data 参数是 DataFrame 对象 df，参数 x 和 y 分别是 "total_bill" 总金额和 "tip" 小费，其执行结果如图 14-10 所示。

☺ 使用第三维的色调　◀Ch14_2_1a.py▶

散点图是使用两个数据作为 x 轴和 y 轴在二维平面绘出点，可以增加第三维的色彩，即使用分类字段来指定不同点的色调（Hue），代码如下：

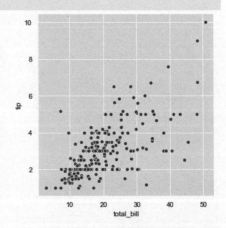

图14-10　tips数据集散点图

```
sns.relplot(x="total_bill", y="tip", hue="smoker", data=df)
```

上述 hue 参数值是 "smoker" 抽烟字段，字段值是分类数据 Yes 或 No，可以看到不同色彩绘出的两种数据点，其执行结果如图 14-11 所示。

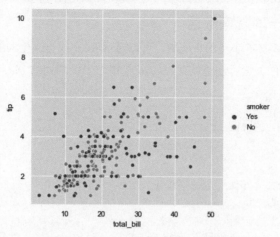

图14-11　使用第二维色彩表示分类数据

✪ 使用不同标记样式显示数据点 <inline>Ch14_2_1b.py</inline>

如果为了强调是否吸烟，可以使用不同标记样式来显示数据点。

```
sns.relplot(x="total_bill", y="tip", hue="smoker",
            style="smoker", data=df)
```

上述 style 参数是点样式，除了不同色彩外，还可以看到不吸烟的点标记也不同，其执行结果如图 14-12 所示。

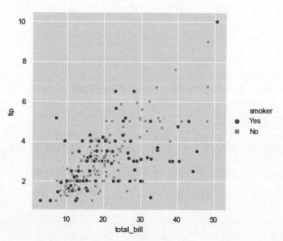

图14-12　使用不同标记样式显示数据点

14-2-2　时间趋势的折线图

如果想了解的是数据集的时间趋势，散点图就没有作用了，需要使用轴等级的 lineplot() 函数来绘制折线图，relplot() 函数绘制折线图的 kind 参数值是 "line"。

☻ 一个时间点只有一项观察数据　　　　　　　　　　　　　　　　⟨Ch14_2_2.py⟩

改用 Seaborn 绘制 13-2-6 小节的折线图，可以显示 Kobe Bryant 生涯的平均每场得分趋势，首先载入 Kobe_stats.csv 文件，然后创建只有 "Season" 和 "PTS" 两列的 DataFrame 对象，代码如下：

```
df = pd.read_csv("Kobe_stats.csv")
data = pd.DataFrame()
data["Season"] = pd.to_datetime(df["Season"])
data["PTS"] = df["PTS"]

sns.set()
sns.relplot(x="Season", y="PTS", data=data, kind="line")
plt.xlim("1995", "2015")
plt.show()
```

上述 relplot() 函数的 data 参数是新建的 DataFrame 对象 data，x 参数是 "Season" 字段；y 参数是 "PTS"，kind 参数是 "line"，其执行结果如图 14-13 所示。

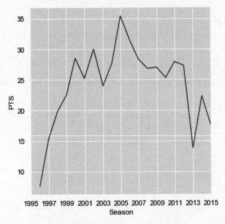

图14-13　Season-PTS折线图

☻ 一个时间点有多项观察数据　　　　　　　　　　　　　　　　⟨Ch14_2_2a.py⟩

如果一个时间点有多项观察数据，Seaborn 的 relplot() 函数在绘制折线图时，就会自动计算多个数据的平均值（Mean）和 95% 置信区间（Confidence Interval）后，才绘制出折线图。例如，Seaborn 内置 fmri 数据集是 FMRI 功能性磁共振造影数据，每一个时间点都有多项观察数据，代码如下：

```
df = sns.load_dataset("fmri")
```

```
sns.relplot(x="timepoint", y="signal", data=df, kind="line")
```

上述 relplot() 函数的参数 x 值是 "timepoint" 时间点；y 值是 "signal" 信号值，其执行结果如图 14-14 所示。

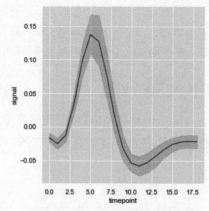

图14-14 平均值+置信区间折线图

上图的阴影部分是置信区间，可以使用 ci 参数取消显示置信区间，或改为计算显示标准差（Standard Deviation），代码如下：

```
sns.relplot(x="timepoint", y="signal", ci=None, data=df, kind="line")
sns.relplot(x="timepoint", y="signal", ci="sd", data=df, kind="line")
```

上述函数的 ci 参数值 None 表示不绘出，"sd" 表示绘出标准差。如果加上 estimator=None 参数就不执行统计估计，即：

```
sns.relplot(x="timepoint", y="signal",
            estimator=None, data=df, kind="line")
```

上述函数有 estimator 参数值 None，可以看到同一时间点的观察值是一个范围，不再只是单一的统计值，其执行结果如图 14-15 所示。

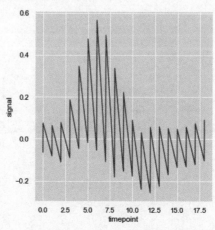

图14-15 时间点-信号值折线图

14-3 数据集分布情况的图表

当获取数据集后，分析数据集最需要了解的就是数据集的数据如何分布，Seaborn 提供多种函数可以绘出数据集中单变量、双变量和各字段配对的数据分布情况。

14-3-1 数据集的单变量分布

数据集的单变量分布（Univariate Distribution）是数据集中指定单一数值字段数据的数据分布，可以使用直方图和核密度估计图来绘制单变量分布图，在 Seaborn 是使用 distplot() 函数。

★ 使用直方图 ◈Ch14_3_1.py▶

直方图（Histogram）是在数据范围使用指定的区间数来进行切割，然后计算每一个区间的观察次数来查看数据的分布，Matplotlib 使用 hist() 函数绘制；Seaborn 使用 distplot() 函数绘制，代码如下：

```
df = sns.load_dataset("tips")

sns.set()
sns.distplot(df["total_bill"], kde=False)
plt.show()
```

上述代码载入内置 tips 数据集后，调用 distplot() 函数，参数 kde 的值是 False，表示不会同时绘出核密度估计图，其执行结果如图 14-16 所示。

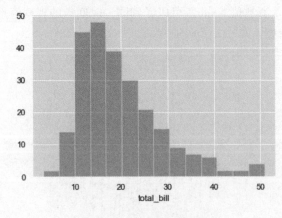

图14-16　tips数据直方图

✪ 自定义区间数的直方图

Ch14_3_1a.py

基本上，distplot() 函数会自动依据数据判断最佳的区间数，当然也可以自行使用 bins 参数来指定区间数，代码如下：

```
sns.distplot(df["total_bill"], kde=False)
sns.distplot(df["total_bill"], kde=False, bins=20)
sns.distplot(df["total_bill"], kde=False, bins=30)
```

上述函数使用 bins 参数分别指定区间数为 20 和 30，从其执行结果可以看到绘制出重叠的直方图如图 14-17 所示。

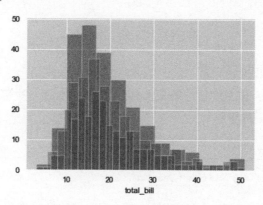

图14-17　自定义区间数的直方图

✪ 使用核密度估计图

Ch14_3_1b.py

对于很多统计问题来说，需要从样本数据去估计整体的概率分布，核密度估计（Kernel Density Estimation，KDE）是一种常用的非参数（Non-parametric）估计方法，简单地说，不用先假设整体的概率分布，就可以从样本数据去估计出整体的概率分布。

直方图和核密度估计图都是用来表示数据的概率分布，因为核密度估计图就是平滑化的直方图，其每一个观察值是此值的一条高斯曲线。

事实上，直方图是在计算每一个间距次数的频率，即此值被观察到的概率（由区间数和起始值决定）；核密度估计图也是使用相同观念，观察到此值的概率是由相近点来决定，如果相近点出现得多，概率高，就表示观察值的出现概率也高；反之概率低。

Seaborn 的 distplot() 函数同时支持绘制直方图和核密度估计图，代码如下：

```
sns.distplot(df["total_bill"], hist=False)
```

上述 distplot() 函数的参数 hist 值是 False，表示不会同时绘出直方图，其执行结果如图 14-18 所示。

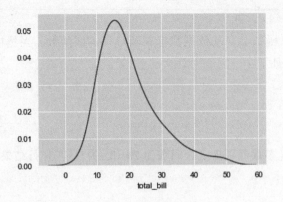

图14-18　核密度估计图

✪ 自定义频宽的核密度估计图

Ch14_3_1c.py

　　如同直方图的区间数，核密度估计图是由频宽（Bandwidth）决定，则改用 kdeplot() 函数来绘制核密度估计图的代码如下：

```
sns.kdeplot(df["total_bill"])
sns.kdeplot(df["total_bill"], bw=2, label="bw: 2")
sns.kdeplot(df["total_bill"], bw=5, label="bw: 5")
```

　　上述 kdeplot() 函数指定参数 bw 的频宽，label 是图例的标签名称，其执行结果如图 14-19 所示。

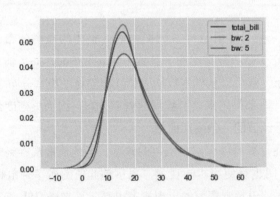

图14-19　自定义频宽的核密度估计图

✪ 拟合参数分布

Ch14_3_1d.py

　　拟合（Fitting）是为获取数据集吻合一个连续函数（即曲线）。事实上，distplot() 函数就是在可视化数据集的参数分布，即拟合参数分布（Fitting Parametric Distribution），代码如下：

```
sns.distplot(df["total_bill"])
```

上述 displot() 函数默认绘出直方图和拟合的核密度估计图的曲线，如图 14-20 所示。

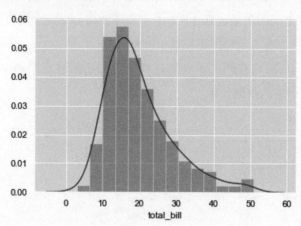

图14-20　直方图和拟合的核密度估计图

⭐ 使用地毯图显示实际值

Ch14_3_1e.py

地毯图（Rug Plots）可以实际在 x 轴上显示每一笔数据点，看到实际值的密度或频率，代码如下：

```
sns.distplot(df["total_bill"], rug=True)
```

上述 distplot() 函数参数 rug 的值是 True，即可在 x 轴显示如同地毯般的实际值，形成的地毯图如图 14-21 所示。

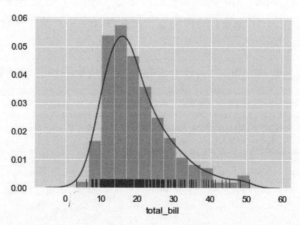

图14-21　地毯图

14-3-2 数据集的双变量分布

数据集的双变量分布（Bivariate Distribution）是数据集中两个数值字段数据的数据分布，可以帮助了解两个变量之间的关系，在14-2-1小节是使用relplot()函数绘制散点图，本小节改用jointplot()函数，可以整合多种图表来显示数据分布。

Seaborn的jointplot()函数在同一图表结合双变量分析的散点图和单变量分析的直方图，可以从不同角度了解数据集的数据分布。

☻ 认识鸢尾花数据集   ◁Ch14_3_2.py▷

Seaborn内置的iris鸢尾花数据集是Setosa、Versicolour和Virginica这3类鸢尾花的花瓣（Petal）和花萼（Sepal）尺寸数据，代码如下：

```
df = sns.load_dataset("iris")
print(df.head())
```

上述代码导入iris数据集后，显示前5行数据，如图14-22所示。

	sepal_length	sepal_width	petal_length	petal_width	species
0	5.1	3.5	1.4	0.2	setosa
1	4.9	3.0	1.4	0.2	setosa
2	4.7	3.2	1.3	0.2	setosa
3	4.6	3.1	1.5	0.2	setosa
4	5.0	3.6	1.4	0.2	setosa

图14-22　iris数据集

上述sepal_length和sepal_width字段分别是花萼（Sepal）的长和宽，单位是cm，petal_length和petal_width是花瓣（Petal）的长和宽，最后的species是3种鸢尾花。

☻ 使用散点图   ◁Ch14_3_2a.py▷

使用iris鸢尾花数据集的花瓣（Petal）长和宽来绘出散点图，在两轴分别显示长和宽的直方图的代码如下：

```
sns.jointplot(x="petal_length", y="petal_width", data=df)
```

上述jointplot()函数使用data参数指定数据来源的DataFrame对象，参数x是花瓣的长，y是花瓣的宽，其执行结果如图14-23所示。

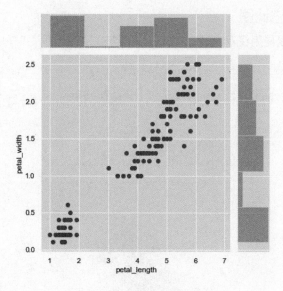

图14-23　散点图+直方图

⊙ 使用六角形箱图

Ch14_3_2b.py

如果数据集的数据量十分庞大且分散，使用散点图绘制的点将十分分散，可以改用六角形箱图（Hexbin Plots）来显示双变量分布，代码如下：

```
sns.jointplot(x="petal_length", y="petal_width", kind="hex", data=df)
```

上述 jointplot() 函数的 kind 参数是 "hex"，就是六角形箱图，如图 14-24 所示。

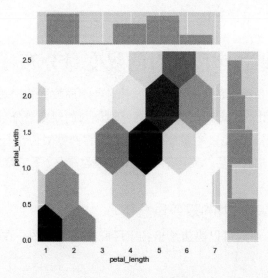

图14-24　六角形箱图

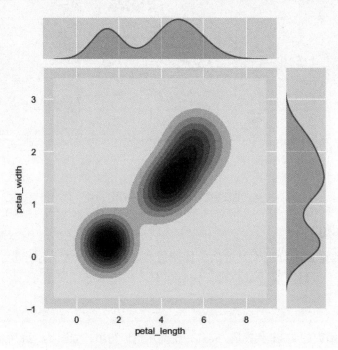

✪ 双变量的核密度估计图 〈Ch14_3_2c.py〉

核密度估计图也可以使用在双变量，此时会使用绘制等高线的方式来呈现，代码如下：

```
sns.jointplot(x="petal_length", y="petal_width", kind="kde", data=df)
```

上述 jointplot() 函数的 kind 参数是 "kde"，其执行结果如图 14-25 所示。

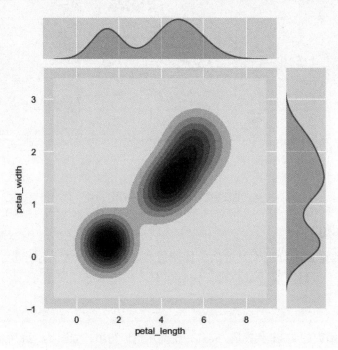

图14-25　双变量的核密度估计图

14-3-3　数据集各字段配对的双变量分布

当数据集包含多个数值数据的字段时，可以针对各字段数据的配对来了解各种不同组合的双变量分布，Seaborn 使用 pairplot() 函数创建各字段配对的双变量分布。

pairplot() 函数是使用 PairGrid 对象创建多图表，将数据对应至行和列分割的多个格子来创建轴（此格子的行列数相同）后，使用轴等级图表函数在上 / 下三角形区域绘出双变量分布，并在对角线绘出指定图表。

✪ 鸢尾花数据集各字段配对的双变量分布 〈Ch14_3_3.py〉

Seaborn 的 pairplot() 函数可以快速绘出各字段配对的散点图，在对角线默认是绘出直方图，代码如下：

```
sns.pairplot(df)
```

上述 pairplot() 函数的参数是数据集的 DataFrame 对象，从其执行结果可以看到 4×4 共16 张子图表，如图 14-26 所示。

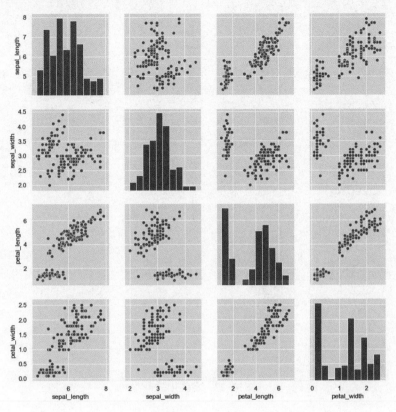

图14-26　iris数据集各字段配对的双变量分布

⭐ 定制化 pairplot() 函数绘制的图表 ⟨Ch14_3_3a.py⟩

Seaborn 的 pairplot() 函数可以指定图表是 scatter 散点图或 req 回归图，对角线显示 hist 直方图或 kde 核密度估计图，代码如下：

```
sns.pairplot(df, kind="scatter", diag_kind="kde",
             hue="species", palette="husl")
```

上述 pairplot() 函数的 kind 参数是 "scatter"，diag_kind 参数的对角线是 "kde"，hue 参数是 "species"，并且指定 palette 调色盘是 "husl"（调色盘的值有：deep、muted、bright、pastel、dark、colorblind、coolwarm、hls 和 husl 等），其执行结果如图 14-27 所示。

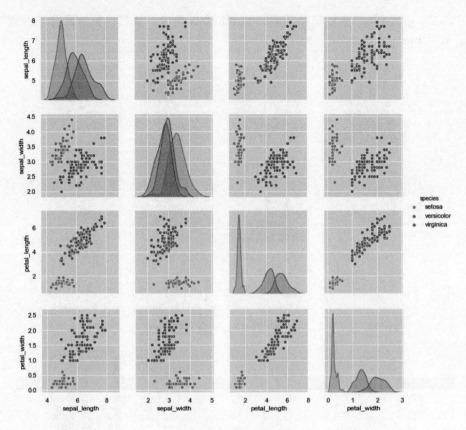

图14-27　定制化图表

14-4 分类数据的图表

当数据集拥有分类的字段数据时，如鸢尾花数据集的 species 字段是 3 种鸢尾花，该字段是一种分类数据（Categorical Data），可以将数据集以此字段进行分类，分别绘出各分类的图表。

14-4-1 绘出分类的数据图表

如果数据集的字段有分类数据，Seaborn 可以用 stripplot() 和 swarmplot() 函数绘制出分类数据的图表。简单地说，就是以分类方式来绘出数据集的数据分布。

✪ 绘制分类散点图（一）

Ch14_4_1.py

如果 x 轴是使用分类数据的字段，Seaborn 的 stripplot() 函数可以使用 x 轴字段进行分类，绘制出 y 轴数据分布的分类散点图（Categorical Scatter Plots），代码如下：

```
sns.stripplot(x="species", y="sepal_length", data=df)
```

上述代码是用 iris 鸢尾花数据集，stripplot() 函数的 x 参数是 "species"，y 参数是 "sepal_length"，因为 species 字段是分类数据，所以绘出的是 3 种鸢尾花的分类散点图，其执行结果如图 14-28 所示。

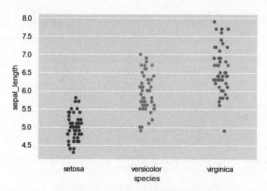

图14-28 花萼长度分类散点图

上述分类散点图因为函数的 jitter 参数的默认值是 True，默认会沿着分类轴随机水平抖动数据来观察数据分布，所以数据点不会重叠在同一条线上，这是数据可视化观察数据密度的常用方法。

如果将 stripplot() 函数的 jitter 参数设为 False，数据就会重叠显示在同一条线（Python程序：Ch14_4_1a.py），代码如下：

```
sns.stripplot(x="species", y="sepal_length", jitter=False, data=df)
```

上述函数有指定 jitter 参数值为 False，其执行结果如图 14-29 所示。

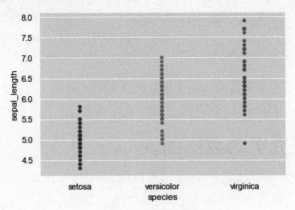

图14-29　jitter=False

⭐ 绘制分类散点图（二）

Seaborn 的 swarmplot() 函数类似 stripplot() 函数，可以将分类数据分散显示来绘出分类散点图，代码如下：

```
sns.swarmplot(x="species", y="sepal_length", data=df)
```

上述 swarmplot() 函数的 x 参数是 "species" 字段，y 参数是 "sepal_length"，其执行结果如图 14-30 所示。

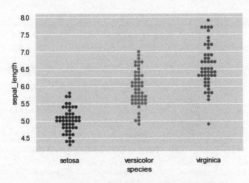

图14-30　分散显示的分类散点图

14-4-2　分类数据的离散情况

14-4-1 小节的分类散点图只能观察数据密度的分布，其提供的信息十分有限，如果想比较不同分类的离散情况，可以使用 boxplot() 函数的箱线图或 violinplot() 函数的小提琴图（Violin Plots）。

⭐ 绘制分类箱线图

与 14-4-1 小节相同，改用 boxplot() 函数绘出分类的箱线图，可以显示各群组数据的最小值、前 25%、中间值、前 75% 和最大值，代码如下：

```
sns.boxplot(x="species", y="petal_length", data=df)
```

上述代码改用 boxplot() 函数，其执行结果如图 14-31 所示。

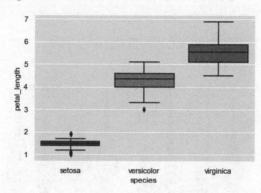

图14-31 iris数据集的箱线图

✪ 绘制分类小提琴图

◆ Ch14_4_2a.py ▶

Seaborn 还可以使用 violinplot() 函数绘出分类的小提琴图，这是一种结合箱线图和核密度估计图的图表，代码如下：

```
sns.violinplot(x="day", y="total_bill", data=df)
```

上述代码是使用 tips 小费数据集和 violinplot() 函数，参数 x 的值 "day" 字段是分类数据，其执行结果如图 14-32 所示。

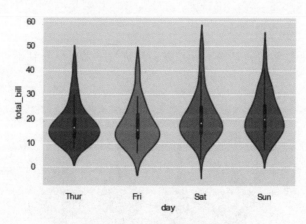

图14-32 tips数据集小提琴图

图 14-32 显示每日（day，星期几）的账单总金额（total_bill），小提琴外形是核密度估计图，中间是箱线图的最小值、前 25%、中间值、前 75% 和最大值。

✪ 使用第三维色调的分类小提琴图

Seaborn 的 violinplot() 函数除了使用 "day" 字段进行分类外，还可以增加 hue 色调参数的第三维度来绘制分类的小提琴图，代码如下：

```
sns.violinplot(x="day", y="total_bill", hue="sex", data=df)
```

上述 violinplot() 函数新增参数 hue 色调的值是 "sex" 字段，其执行结果如图 14-33 所示。

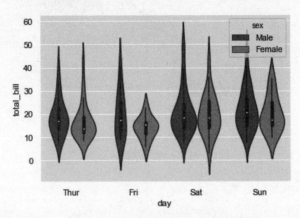

图14-33　增加色调的小提琴图

图 14-33 除了 day 分类外，再将 sex 性别分成 Male 和 Female，并且分别绘出独立的小提琴图，因为性别只有两种，还可以进一步简化小提琴图，即在两边分别显示不同性别的核密度估计图（Python 程序：Ch14_4_2c.py），代码如下：

```
sns.violinplot(x="day", y="total_bill", hue="sex",
               split=True, data=df)
```

上述 violinplot() 函数新增 split=True 参数，其执行结果可以看到不对称的分类小提琴图，如图 14-34 所示。

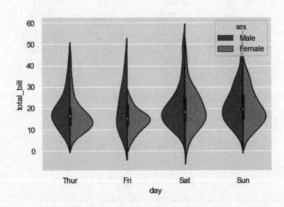

图14-34　不对称的分类小提琴图

14-4-3 分类数据的集中情况

对于分类数据来说，除了希望了解各分类的数据离散情况外，也需要了解各分类的数据集中情况，即所谓的统计估计（Statistical Estimation）。例如，计算和显示平均值和中位数等数据的集中趋势。

Seaborn 是使用 barplot() 函数和 countplot() 函数的条形图与 pointplot() 函数的点图来可视化分类数据的集中趋势。

✪ 绘出分类条形图（一） ◀Ch14_4_3.py▶

通过 tips 小费数据集，使用性别分类来显示每日账单总金额的平均数，代码如下：

```
sns.barplot(x="sex", y="total_bill", hue="day", data=df)
```

上述 barplot() 函数的 x 参数值是分类字段 "sex"，hue 参数的值是第三维的 "day" 字段，其执行结果如图 14-35 所示。

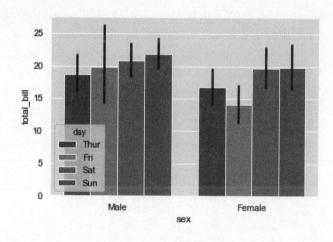

图14-35　分类条形图

从图 14-35 可以看到分成 Male 和 Female 两大类，在两大类别中，显示每日（day）账单总金额（total_bill）的平均。

✪ 绘出分类条形图（二） ◀Ch14_4_3a.py▶

除了计算字段的平均值外，有时需要计算字段出现的次数，使用的是 countplot() 函数，代码如下：

```
sns.countplot(x="sex", data=df)
```

上述 countplot() 函数的 x 参数值是分类字段 "sex"，从其执行结果可以显示 Male 和 Female 的人数，如图 14-36 所示。

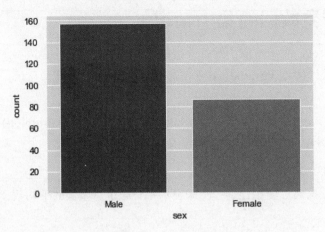

图14-36　计数条形图

✪ 绘出分类点图

Ch14_4_3b.py

在 Seaborn 除了 barplot() 函数的条形图外，还可以使用 pointplot() 函数的点图来刷新 Ch14_4_3.py 的条形图，代码如下：

```
sns.pointplot(x="sex", y="total_bill", hue="day", data=df)
```

上述 pointplot() 函数的参数和 Ch14_4_3.py 的 barplot() 函数完全相同，如图 14-37 所示。

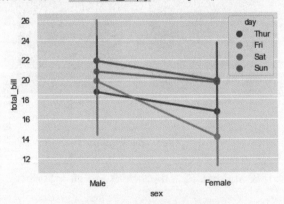

图14-37　使用点图更新条形图

图 14-37 是使用圆点代表 hue 参数的平均值，而且自动连接相同 hue 类别的点，来看出之间的高低变化。

14-4-4　多面向的分类数据图表

到目前为止，在 14-4 节说明的 Seaborn 图表函数都是轴等级图表函数，本节准备说明 catplot() 函数（旧版名为 factorplot()），这个图形等级图表函数可以创建多面向的分类数据图表。

基本上，catplot() 函数是使用 FacetGrid 对象创建多面向图表，可以将数据对应至行和列格子的矩形面板，让一个图表看起来成为多个图表，特别适合用来分析两个分类数据的各种组合。

✪ 使用 catplot() 绘制指定分类数据的图表 ◀Ch14_4_4.py▶

Seaborn 的 catplot() 函数如果没有使用 col 参数，就只是一个通用型的图表函数，可以使用 kind 参数指定绘制 14-4-1 至 14-4-3 小节的各种图表，代码如下：

```
sns.catplot(x="day", y="total_bill", data=df,
            kind="bar", hue="sex")
```

上述 catplot() 函数是使用 tips 小费数据集，kind 参数值 "bar" 指定绘制条形图，可用的参数值有：strip（默认）、swarm、box、violin、point、bar 和 count，同时使用第三维的 hue 参数，其执行结果如图 14-38 所示。

因为使用 hue 参数，所以同一日分割成 Male 和 Female 两个条形图。

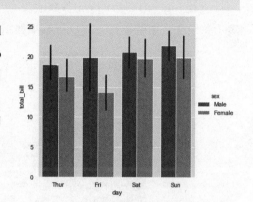

图14-38 指定分类数据的图表

✪ 使用 catplot() 创建多面向图表 ◀Ch14_4_4a.py▶

当 catplot() 函数使用 hue 参数创建第三维时，只是合并多张图表在同一张图表显示，catplot() 函数可以使用 col 参数创建多面向图表来绘制出多张图表，代码如下：

```
sns.catplot(x="day", y="total_bill", data=df,
            kind="bar", col="sex")
```

上述 catplot() 函数将 hue 参数改为 col 参数值 "sex"，因为此字段是分类数据，值有两种，所以 catplot() 函数一共绘出两张图表，分别是 Male 和 Female，其执行结果如图 14-39 所示。

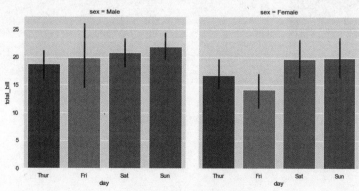

图14-39 多面向图表

✪ 使用 catplot() 指定矩阵格子列数 Ch14_4_4b.py

Python 程序 Ch14_4_4a.py 只有两个分类值，两张图表默认是横向排列成一行，如果将 col 参数值换成 4 个分类值的 "day" 字段，绘制出的 4 张图表默认仍是排成一行，可以指定 col_wrap 参数来换行，超过就换至下一行来显示，代码如下：

```
sns.catplot(x="sex", y="total_bill", data=df,
            kind="bar", col="day", col_wrap=2)
```

上述 catplot() 函数的 col 参数值改为 "day"，因为共有 4 种值，所以加上 col_wrap 参数值 2，表示每绘 2 张图就换行，其执行结果如图 14-40 所示。

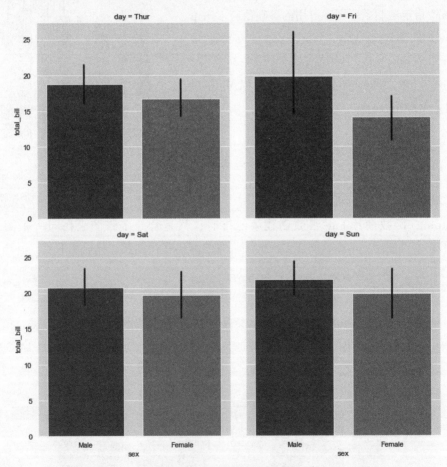

图14-40　指定矩阵格子列数

14-5 水平显示的宽图表

到目前为止，使用 Seaborn 绘制的都是垂直显示的图表，但是因为数据集的关系，可能需要绘制水平显示的图表，本节说明如何使用 Seaborn 图表函数来绘制水平显示的宽图表。

✪ 绘制水平显示图表（一）　　　　　　　　　　　　　　　　◀ Ch14_5.py ▶

如果 Seaborn 图表函数有参数 x 和 y，只需对调字段名称，即可绘出水平显示图表。例如，修改 Ch14_4_2.py 的箱线图，代码如下：

```
sns.boxplot(x="petal_length", y="species", data=df)
```

上述函数的参数 x 和 y 字段已经对调，其执行结果可以看到水平显示的图表，如图 14-41 所示。

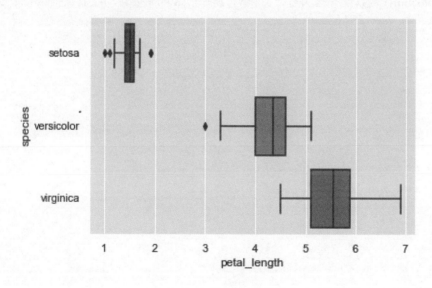

图14-41　水平显示的图表

✪ 绘制水平显示图表（二）　　　　　　　　　　　　　　　　◀ Ch14_5a.py ▶

如果 Seaborn 图表函数只有指定数据来源的 data 参数，并没有指定参数 x 和 y，可以使用 orient 参数指定图表显示方向，代码如下：

```
sns.boxplot(data=df, orient="h")
```

上述 boxplot() 函数指定数据来源的 DataFrame 对象 df 后，使用 orient 参数值 "h" 指定绘

14

431

制水平方向显示的图表，其执行结果如图 14-42 所示。

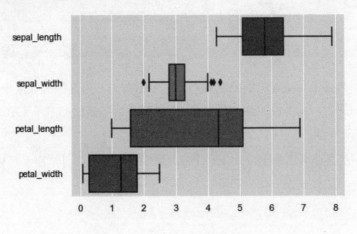

图14-42 指定图表显示方向

因为 boxplot() 函数没有指明参数 x 和 y，所以 Seaborn 会自动绘制数据集 4 个数值字段的箱线图。

14-6　回归图表

对于数据集中的多个数值数据，除了显示关联性和双变量的数据分布外，还可以找出数据之间的线性关系，即回归线（Regression Lines）。

14-6-1　绘出线性回归线

在统计中的回归分析（Regression Analysis）是通过某些已知信息来预测未知变量，基本上，回归分析是一个大家族，包含多种不同的分析模式，其中最简单的就是线性回归（Linear Regression）。

✪ 认识回归线

基本上，预测数据的走向时都会使用散点图以图表方式来呈现数据点，如图 14-43 所示。

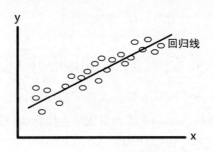

图14-43　回归线示例

从上述图例可以看出众多点是分布在一条直线的周围，这条线可以使用数学公式来表示和预测点的走向，称为回归线（Regression Lines）。

✪ 使用 Seaborn 绘出线性回归线　◀ Ch14_6_1.py ▶

Seaborn 可以使用 regplot() 函数和 lmplot() 函数绘出线性回归线，代码如下：

```
sns.regplot(x="total_bill", y="tip", data=df)
sns.lmplot(x="total_bill", y="tip", data=df)
```

上述 lmplot() 函数只能使用 DataFrame 对象的数据来源，regplot() 函数可以使用 Serial 对象等其他数据来源（Python 程序：Ch14_6_1a.py），即：

```
sns.regplot(x=df["total_bill"], y=df["tip"])
sns.lmplot(x="total_bill", y="tip", data=df)
```

14

上述 regplot() 函数是使用 Serial 对象，lmplot() 函数不允许，其执行结果（左图是 regplot()，线下阴影是置信区间）如图 14-44 所示。

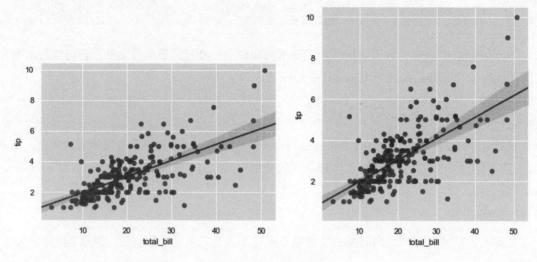

图14-44　线性回归线

14-6-2　拟合各种类型数据集的回归模型

14-6-1 小节的数据集很容易可以看出拟合线性回归模型，但是，很多情况的数据集是非线性（Non-linear）的，无法使用 Seaborn 图表函数绘出拟合这种数据集的线性回归线。

✪ 绘制安斯库姆四重奏数据集的回归线　◀Ch14_6_2.py▶

使用 11-2-3 小节安斯库姆四重奏（Anscombe's Quartet）的数据集绘制回归线，在 Seaborn 是名为 anscombe 的数据集，代码如下：

```
sns.lmplot(x="x", y="y", col="dataset", hue="dataset", data=df,
          col_wrap=2, ci=None, height=4)
```

上述代码载入 anscombe 数据集后，调用 lmplot() 函数绘出回归线，col 参数值是 "dataset"，可以绘出 4 张图表，参数 col_wrap=2，所以每绘制两张图表就会换行，ci=None 不绘制出置信区间，其执行结果如图 14-45 所示。

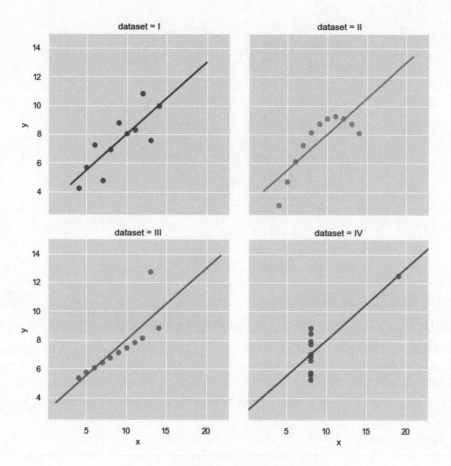

图14-45　anscombe数据集回归模型

上述左上角图表的数据集很明显是拟合线性回归模型，右上角图表可看出数据集并不是线性，这是多项式回归模型（Polynomial Regression Model），位于左下角图表有异常值，可以使用残差图来显示此异常值。

✪ 多项式回归模型

Seaborn 的 lmplot() 函数可以使用 order 参数，当参数值大于 1 时，就会使用 Numpy 的 ployfit() 函数绘出多项式回归线，代码如下：

```
sns.lmplot(x="x", y="y", data=df.query("dataset=='II'"), order=2)
```

上述函数的 data 参数使用 query() 函数取出第二张图表的数据集，order 参数值是 2，所以执行结果为拟合多项式回归模型，如图 14-46 所示。

第 14 章　Seaborn　统计数据可视化

14

435

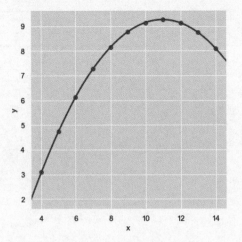

图14-46　多项式回归模型

✪ 使用残差图找出异常值

Ch14_6_2b.py

对于线性回归来说，异常值（Outlier）严重影响其正确性，因此可以使用残差图（Residual Plots）找出数据中的异常值，代码如下：

```
sns.residplot(x="x", y="y", data=df.query("dataset=='III'"))
```

上述 residplot() 函数可以绘出残差图，其执行结果明显看到上方有一个突出的异常值，如图 14-47 所示。

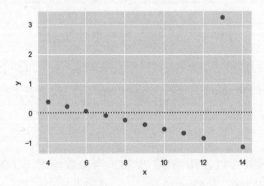

图14-47　残差图

1 什么是 Seaborn 函数库?

2 请问 Seaborn 图表函数可以分为哪两种?

3 请简单说明什么是核密度估计图、地毯图、六角形箱图和小提琴图。

4 请举例说明什么是回归线和残差图。

5 请使用 Seaborn 内置 iris 鸢尾花数据集，创建 Python 程序绘出 petal_length 字段的直方图和核密度估计图。

6 请使用 Seaborn 内置 tips 数据集，创建 Python 程序绘出数据集各字段配对的双变量分布，并且指定 hue 参数值为 sex 字段，palette 参数为 coolwarm。

7 请使用 Seaborn 内置 tips 数据集，创建 Python 程序绘出数据集的分类散点图。x 参数是 day 字段；y 参数是 total_bill 字段；hue 参数是 sex 字段。

8 请使用 Seaborn 内置 tips 数据集，创建 Python 程序绘出数据集的分类箱线图。x 参数是 day 字段；y 参数是 total_bill 字段；hue 参数是 smoker 字段。

9 请使用 Seaborn 内置 iris 鸢尾花数据集，创建 Python 程序绘出 sepal_length 字段的分类条形图。

10 请使用 Seaborn 内置 iris 数据集，创建 Python 程序绘出 3 种分类 sepal_length 和 sepal_width 字段的线性回归线（指定 hue 参数）。

15
CHAPTER

Bokeh互动图表与仪表盘

15-1　Bokeh 的基础与用法

15-2　互动绘图

15-3　界面元件

15-4　布局模块与仪表盘

15-5　互动图表

15-6　创建 Bokeh 应用程序

15-1 Bokeh 的基础与用法

Bokeh 是 Python 互动可视化函数库（Interactive Visualization Library），可以快速创建多样化互动和数据驱动的互动图表。

15-1-1 认识 Bokeh 函数库

Python 可视化函数库 Matplotlib 和 Seaborn 创建的图表都属于静态图表（Static Plots），这些图表内容无法改变，也无法与用户进行互动。

Bokeh 函数库的功能一样是绘制图表，不过 Bokeh 绘制的是一种互动图表（Interactive Plots），当用户与图表进行互动时，图表内容就会随之改变。

✪ 认识 Bokeh

Bokeh 是 Python 语言的一套高阶绘图函数库，可以使用 Python 程序创建在 Web 浏览器显示的互动图表，如图 15-1 所示。

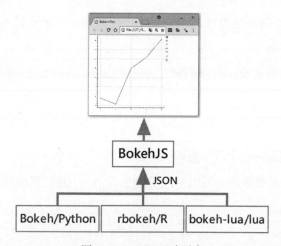

图15-1 Bokeh互动图表

从图 15-1 可以看出 Bokeh 支持 Python、R 和 lua 等多种程序语言，在前端使用 JavaScript 函数库 BokehJS 在浏览器绘出图表和创建互动功能，其传递的数据是 JSON 数据。事实上，Bokeh 将 Python 程序自动转换成 HTML 5+JavaScript 程序的绘图代码，然后在浏览器绘制互动图表。

不仅如此，因为 Bokeh 支持多种界面元件，可以轻松整合多种图表来创建仪表盘（Dashboard）和数据应用程序（Data Applications）。

✪ Bokeh 函数库的模块界面

Bokeh 函数库的模块界面是高度定制化的应用程序界面 API，如图 15-2 所示。

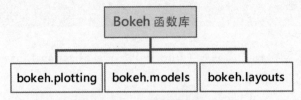

图15-2　Bokeh函数库模块界面

Bokeh 函数库的模块说明如下（旧版 bokeh.charts 模块已不再更新）。

✿ 绘图模块（bokeh.plotting）：提供基本图表模板（如轴线），可以以最大弹性，使用基本绘图元素的线、圆、矩形来绘制所需图表，在 Bokeh 称为图像（Glyphs）。

✿ 模型模块（bokeh.models）：提供制作图表所需的基本绘图功能和界面元件来创建互动图表。

✿ 布局模块（bokeh.layouts）：提供编排图表和界面元件的函数，可以水平、垂直或以表格方式编排多张图表或界面元件。

15-1-2　Bokeh 的基本使用

在了解 Bokeh 函数库后开始编写 Python 程序，使用 Bokeh 来绘制第一张互动图表。

✪ 安装 Bokeh 函数库

Anaconda 默认没有安装 Bokeh 函数库，打开 Anaconda Prompt 命令提示符窗口，输入下列指令来安装 Bokeh。

```
(base) C:\Users\JOE>conda install bokeh                //按 Enter 键
```

✪ 使用 Bokeh 创建第一张互动图表　　　　　　　　　　　　　　◀Ch15_1_2.py▶

当成功安装 Bokeh 函数库后，可以使用 Ch13_1_1.py 的数据来绘出第一张折线图的互动图表，代码如下：

```python
from bokeh.plotting import figure, output_file, show

x = [0, 1, 2, 3, 4]
y = [-1, -4.3, 15, 21, 31]

output_file("Ch15_1_2.html")

p = figure()
p.line(x, y, line_width=2)

show(p)
```

上述代码创建互动图表的步骤，具体如下：

Step 1：导入bokeh.plotting的figure类、output_file()和show()函数。
Step 2：使用Python列表准备绘图所需的x轴和y轴数据。
Step 3：调用output_file()函数指定输出至HTML文件。
Step 4：创建Figure对象。
Step 5：调用line()函数绘出直线，参数line_width是线宽。
Step 6：调用show()函数显示互动图表，参数是Figure对象。

执行 Python 程序可以在同一目录创建 Ch15_1_2.html 的 HTML 网页文件，并启动浏览器显示网页内容的互动图表，如图 15-3 所示。

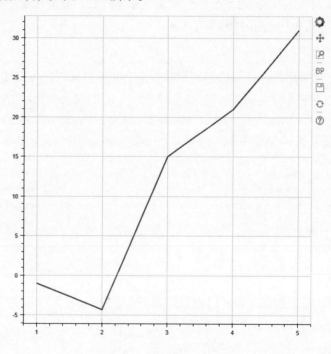

图15-3　折线图互动图表

上述图表不仅仅显示图表，在右边垂直工具栏还提供按钮，可以拖拉、缩放、使用鼠标滚轮缩放、存储图片和重设图表。

15-2 互动绘图

Bokeh 的 bokeh.plotting 绘图模块可以使用图像（Glyphs）来绘制图表，图像是 Bokeh 基本绘图元素的线、圆、矩形和其他形状，使用这些图像在图形上绘图来创建图表。

15-2-1 使用绘图模块绘制图表

Bokeh 的 bokeh.plotting 绘图模块已经创建图表基本外观，只需绘出图像即可创建折线图、条形图、散点图和补丁图（Patch Plots）等图表。

⭐ 绘制折线图 ◀Ch15_2_1.py▶

Bokeh 的折线图是调用 line() 函数绘制出数据点之间的直线，还可以使用 cross() 函数在数据点绘出十字标记，代码如下：

```
x = [0, 1, 2, 3, 4]
y = [5, 10, 15, 21, 31]

output_file("Ch15_2_1.html")

p = figure()
p.line(x, y, line_width=2)
p.cross(x, y, size=10)

show(p)
```

上述代码准备好图表数据 x 和 y 列表后，调用 output_file() 函数指定输出文件为 Ch15_2_1. html，然后创建 Figure 对象，接着使用 line() 函数绘出数据点之间的直线；cross() 函数绘出十字标记，参数 size 是尺寸，从其执行结果可以看到折线图和数据点上的十字标记，如图 15-4 所示。

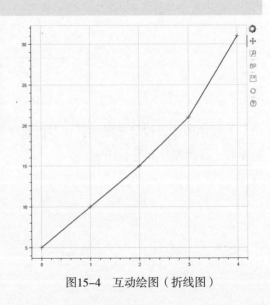

图15-4 互动绘图（折线图）

✪ 绘制条形图

◁ Ch15_2_1a.py ▷

Bokeh 调用 vbar() 函数绘出垂直条形图，代码如下：

```
p.vbar(x, top=y, color="blue", width=0.5)
```

上述 vbar() 函数的 top 参数是 y 轴数据，color 是色彩，width 是长方形的宽度，其执行结果如图 15-5 所示。

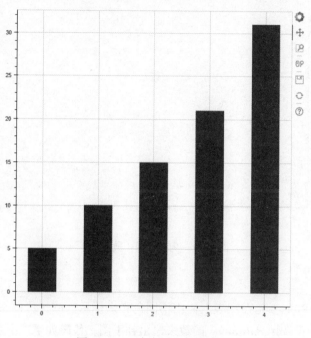

图15-5　互动绘图（条形图）

只需使用 Figure 对象的 hbar() 函数，就可以绘制水平条形图（Python 程序：Ch15_2_1b.py），代码如下：

```
p.hbar(x, right=y, color="blue", height=0.5)
```

上述 hbar() 函数的 right 参数是 y 轴数据，height 是长方形的高度。

✪ 绘制散点图

◁ Ch15_2_1c.py ▷

Bokeh 的散点图是调用 circle() 函数在数据点上绘出圆形标记，代码如下：

```
p.circle(x, y, color="red", size=20)
```

上述 circle() 函数中 x 和 y 是数据点坐标，color 参数是色彩，size 是圆形大小，其执行结果如图 15-6 所示。

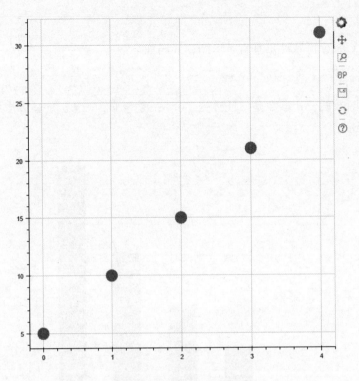

图15-6 互动绘图（散点图）

✪ 绘制补丁图

◀ Ch15_2_1d.py ▶

补丁图（Patch Plots）是在图表上使用不同色彩来标示区域，可以指出此区域或群组拥有相似的特点，Bokeh 是调用 patches() 函数来绘出补丁图，代码如下：

```
x_region = [[2,1,2],[3,2,3],[3,4,5,4]]
y_region = [[2,4,6],[4,6,7],[3,4,7,8]]

output_file("Ch15_2_1d.html")

p = figure()
p.patches(x_region, y_region, fill_color=["yellow","red","green"],
          line_color="black")

show(p)
```

上述代码首先创建绘图数据局部的 x 坐标和 y 坐标，patches() 函数的前两个参数是各区域 x 坐标和 y 坐标的嵌套列表，共有 3 个区域，fill_color 参数分别是 3 个局部的填满色彩，line_color 是外框线色彩，其执行结果如图 15-7 所示。

15

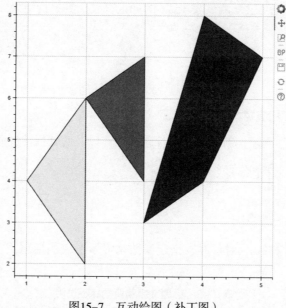

图15-7 互动绘图（补丁图）

15-2-2 定制化图像与图表

Bokeh 的 bokeh.plotting 绘图模块提供多种函数和参数来定制化图像与图表，如图表的标题文字、图例、色彩配置和轴范围等。

☆ 在数据点绘出标记

Ch15_2_2.py

15-2-1 小节已经使用过 cross() 函数显示十字标记；circle() 绘出圆形标记，Figure 对象的标记函数说明见表 15-1。

表15-1　Figure对象的标记函数

函　数	说　明
cross()	十字标记
x()	X 字标记
diamond()	钻石菱形标记
diamond_cross()	钻石菱形和十字标记
circle()	圆形标记
circle_x()	圆形和十字标记
triangle()	三角形标记
inverted_triangle()	倒三角形标记
square()	正方形标记
asterisk()	星形标记

Python 程序 Ch15_2_2.py 测试表 15-1 的标记符号，其执行结果如图 15-8 所示。

图15-8　标记符号

✪ 图表的标题文字和两轴标签说明　　　　　　　　　　　　　◀Ch15_2_2a.py▶

修改 Ch15_2_1.py 程序，新增图表的标题文字，以及两轴标签说明文字，代码如下：

```
p = figure(title="Bakeh的折线图",
            title_location="above",
            x_axis_label="X轴",
            y_axis_label="Y轴")
```

上述代码是在创建 Figure 对象时，指定参数来显示图表的标题文字和两轴的标签说明文字，其说明见表 15-2。

表15-2　标题文字和两轴标签说明

参　　数	说　　明
title	图表的标题文字
title_location	标题文字的位置，其值可以是 above、left、right 和 below
x_axis_label	x 轴的标签说明文字
y_axis_label	y 轴的标签说明文字

Python 程序的执行结果可以在上方显示标题文字，以及在两轴显示标签说明文字（因为是网页，所以支持中文），如图 15-9 所示。

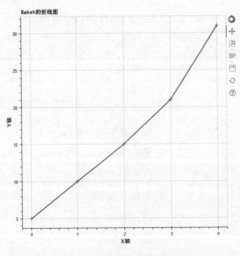

图15-9　标题文字和两轴标签说明

✿ 图表 x 和 y 轴范围和图例

修改 13-2-6 小节 Kobe Bryant 球员统计数据的折线图，改用 Bokeh 来绘制。首先导入相关模块和函数，代码如下：

```
from bokeh.plotting import figure, output_file, show
import pandas as pd
from datetime import datetime

df = pd.read_csv("Kobe_stats.csv")
data = pd.DataFrame()
data["Season"] = pd.to_datetime(df["Season"])
data["PTS"] = df["PTS"]
data["AST"] = df["AST"]
data["REB"] = df["TRB"]
output_file("Ch15_2_2b.html")
```

上述代码从 CSV 文件获取所需字段创建 DataFrame 对象 data 后，指定输出成 Ch15_2_2b.html 的 HTML 文件。然后在下方创建 Figure 对象，代码如下：

```
p = figure(title="Kobe Bryant的生涯得分、助攻和篮板",
           title_location="above", x_axis_label="年份",
           y_axis_label="得分、助攻和篮板",
           x_axis_type="datetime", y_range=(0, 40),
           x_range=(datetime(1995,1,1),datetime(2016,1,1)))
p.line(data["Season"], data["PTS"], legend="PTS", color="red")
p.line(data["Season"], data["AST"], legend="AST", color="green")
p.line(data["Season"], data["REB"], legend="REB", color="blue")

show(p)
```

上述 figure() 函数使用 x_range 和 y_range 参数指定两轴范围，x_axis_type 参数指定轴类型，值 datetime 是时间轴；log 是 Log 轴，然后在 3 个 line() 函数指定 legend 参数的图例，并且指定不同 color 参数的色彩，即可显示不同色彩线的图例，其执行结果如图 15-10 所示。

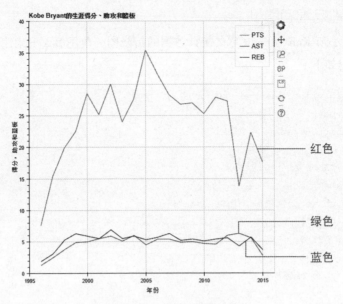

图15-10　坐标轴范围和图例

✪ 图表的色彩地图

Ch15_2_2c.py

　　如果是分类型数据，Bokeh 支持创建色彩地图（Color Maps），可以使用字段值对应显示不同色彩。例如，鸢尾花数据集使用 target 字段的 3 种类别来对应不同色彩，代码如下：

```
from bokeh.plotting import figure, output_file, show
from bokeh.models import CategoricalColorMapper
import pandas as pd

df = pd.read_csv("iris.csv")
output_file("Ch15_2_2c.html")
```

　　上述代码导入 CategoricalColorMapper 创建色彩地图，在使用 Pandas 读取 iris.csv 文件后，指定输出的 HTML 网页文件名。在下方创建色彩地图，factors 参数是 target 字段的 3 种鸢尾花名称，palette 是各种名称对应的 3 种色彩，即蓝色、绿色和红色，代码如下：

```
c_map = CategoricalColorMapper(
        factors=["setosa","virginica","versicolor"],
        palette=["blue","green","red"]
)
p = figure(title="鸢尾花数据集")

p.circle(x="sepal_length", y="sepal_width", source=df, size=15,
        color={"field": "target", "transform": c_map})

show(p)
```

上述 circle() 函数的数据改用 source 参数指定数据来源是 DataFrame 对象 df，此时的 x 和 y 参数值是 DataFrame 对象的字段名称，color 参数值是字典，field 是分类型字段 target，transform 是转换的色彩地图 c_map，可以将 3 种类别对应显示 3 种色彩，其执行结果如图 15-11 所示。

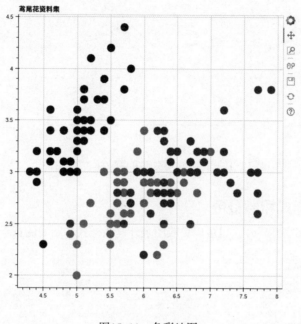

图15-11　色彩地图

✪ 图表的标题文字和两轴标签说明样式　　　　　　　　◀Ch15_2_2d.py▶

Python 程序 Ch15_2_2a.py 是在 figure() 使用参数指定两轴的标签说明，修改程序改用属性方式来指定，并更改标题文字和两轴标签说明的色彩样式，代码如下：

```
p = figure(title="Bakeh的折线图",
           title_location="above")
p.title.text_color = "red"
p.title.text_font_style = "bold"
p.xaxis.axis_label = "X轴"
p.xaxis.axis_label_text_color = "green"
p.yaxis.axis_label = "Y轴"
p.yaxis.axis_label_text_color = "blue"
```

上述 figure() 函数只有指定 title 和 title_localtion 参数，接着使用 title 的 text_color 和 text_font_style 属性指定标题文字的色彩和粗体样式，然后依次是 x 轴和 y 轴的标签说明和色彩，其执行结果如图 15-12 所示。

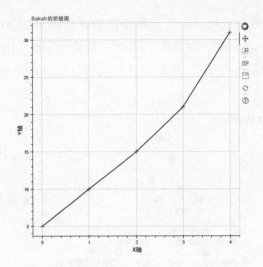

图15-12 指定标题文字和两轴标签说明样式

✪ 图表的外框线样式和背景色

Ch15_2_2e.py

除了设置图表的文字样式外，也可以更改图表外框线样式和图表的背景色，代码如下：

```
p.background_fill_color = "yellow"
p.background_fill_alpha = 0.3
p.outline_line_width = 8
p.outline_line_alpha = 0.8
p.outline_line_color = "brown"
```

上述代码首先指定背景色是黄色，透明度是0.3，然后指定外框线的宽度、透明度和色彩，其执行结果如图15-13所示。

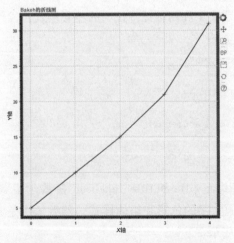

图15-13 指定外框线样式和背景色

15-3 界面元件

Bokeh 的 bokeh.models 模型模块提供制作图表互动功能所需的界面元件，在 Bokeh 称为小工具（Widgets），可以在图表中新增各种界面元件来创建互动图表。

☀ 创建按钮元件

◀ Ch15_3.py ▶

按钮元件（Button）可以让用户单击按钮来执行所需功能。例如，新增名为"下一页"的按钮，代码如下：

```
from bokeh.models.widgets import Button
from bokeh.plotting import output_file, show
from bokeh.layouts import widgetbox

output_file("Ch15_3.html")

btn = Button(label="下一页")
box = widgetbox(btn)
show(box)
```

上述代码导入 Button 和布局的 widgetbox 后，使用 Button() 创建按钮元件，参数 label 是标题文字，在新增至布局 widetbox 对象（用来编排界面元件，各元件都是固定尺寸）后，即可显示网页内容，其执行结果如图 15-14 所示。

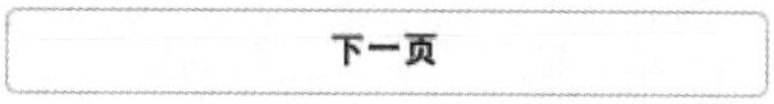

图15-14 "下一页"按钮

☀ 创建文字输入框元件

◀ Ch15_3a.py ▶

文字输入框元件（Text Input Box）可以让用户输入文字内容，例如，新增输入最大值的文字输入框，代码如下：

```
from bokeh.models.widgets import TextInput
from bokeh.plotting import output_file, show
from bokeh.layouts import widgetbox

output_file("Ch15_3a.html")

txt = TextInput(title="请输入最大值:", value="100")
box = widgetbox(txt)
show(box)
```

上述代码使用 TextInput() 创建文字输入框元件，参数 title 是说明文字，value 是初值，其执行结果如图 15-15 所示。

请输入最大值：
100

图15-15　文字输入框元件

☼ 创建复选框元件

Ch15_3b.py

复选框元件（Checkbox）可让用户勾选选项，这是一种复选的选择功能元件。例如，新增勾选鸢尾花数据集 3 种分类的复选框，代码如下：

```
from bokeh.models.widgets import CheckboxGroup
from bokeh.plotting import output_file, show
from bokeh.layouts import widgetbox

output_file("Ch15_3b.html")

ckb = CheckboxGroup(labels=["setosa","virginica","versicolor"],
                    active=[1, 2])
box = widgetbox(ckb)
show(box)
```

上述代码使用 CheckboxGroup() 创建一组复选框元件，参数 labels 是选项的标题文字，active 是默认选项（从 0 开始），其执行结果如图 15-16 所示。

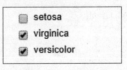

图15-16　复选框元件

☼ 创建选项按钮元件

Ch15_3c.py

选项按钮元件（Radio Buttons）可以显示多个选项让用户选择，这是一种单选题。例如，新增勾选鸢尾花数据集 3 种分类的选项按钮，代码如下：

```
from bokeh.models.widgets import RadioGroup
from bokeh.plotting import output_file, show
from bokeh.layouts import widgetbox

output_file("Ch15_3c.html")

rdb = RadioGroup(labels=["setosa","virginica","versicolor"],
                 active=1)
box = widgetbox(rdb)
show(box)
```

上述代码使用 RadioGroup() 创建一组选项按钮元件，参数 labels 是选项的标题文字，active 是默认选项（从 0 开始），其执行结果如图 15-17 所示。

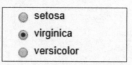

图15-17　选项按钮元件

✪ 创建下拉式菜单元件
Ch15_3d.py

下拉式菜单元件（Drop-down Menus）可以让用户选择多个选项之一，需要单击向下箭头来显示菜单，这是一种单选题。例如，新增选取鸢尾花数据集 3 种分类的下拉式菜单元件，代码如下：

```
from bokeh.models.widgets import Dropdown
from bokeh.plotting import output_file, show
from bokeh.layouts import widgetbox

output_file("Ch15_3d.html")

menu = [("setosa","1"),("virginica","2"),("versicolor","3")]

mnu = Dropdown(label="鸢尾花种类", menu=menu)
box = widgetbox(mnu)
show(box)
```

上述代码创建菜单 menu 列表后，使用 Dropdown() 创建下拉式菜单元件，参数 label 是菜单名称，menu 是菜单的选项，其执行结果如图 15-18 所示。

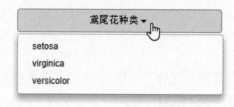

图15-18　下拉式菜单元件

✪ 创建滑块元件
Ch15_3e.py

滑块元件（Sliders）可以使用拖拉方式来更改输入值，而不用自行输入数据值。例如，新增滑块元件来输入值 0 ~ 50，代码如下：

```
from bokeh.models.widgets import Slider
from bokeh.plotting import output_file, show
```

```
from bokeh.layouts import widgetbox

output_file("Ch15_3e.html")

sld = Slider(start=0, end=50, value=25,
             title="输入0~50", step=5)
box = widgetbox(sld)
show(box)
```

上述代码使用 Slider() 创建滑块元件，参数 start 是最小值，end 是最大值，value 是目前值，title 是滑块元件的标题文字，step 是增量，其执行结果如图 15-19 所示。

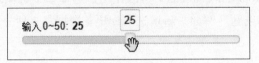

图15-19　滑块元件

☀ 创建选择元件   ◀ Ch15_3f.py ▶

选择元件（Select）的功能和下拉式菜单元件相同，其显示外观是 HTML 表单的 <select> 标签，需要单击最右边的向下箭头来显示选项，这是一种单选题。例如，新增选择鸢尾花 Petal 或 Sepal 的选择元件，代码如下：

```
from bokeh.models.widgets import Select
from bokeh.plotting import output_file, show
from bokeh.layouts import widgetbox

output_file("Ch15_3f.html")

sel = Select(options=["petal", "sepal"], value="petal", title="iris")
box = widgetbox(sel)
show(box)
```

上述代码使用 Select() 创建选择元件，参数 options 是菜单的选项，value 参数是目前值，title 是元件名称，其执行结果如图 15-20 所示。

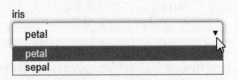

图15-20　选择元件

仪表盘（Dashboard）是将多种信息整合在同一个使用界面，可以快速访问常用信息，Bokeh 可以使用布局模块的版面配置来编排图表，帮助编排显示多张图表和界面元件的仪表盘。

15-4-1　认识布局函数和 ColumnDataSource 对象

布局（Layouts）也称为版面配置，对于 Bokeh 来说，就是在版面上如何编排多张图表，为了方便管理多张图表的数据来源，可以使用 ColumnDataSource 对象创建各图表共用的数据来源。

✪ Bokeh 布局模块的函数

Bokeh 的 bokeh.layouts 模块提供多种函数来编排图表和界面元件，在 15-3 节已经使用 widgetbox()，布局函数的说明见表 15-3。

表15-3　布局函数

函　数	说　明
column()	使用相同尺寸垂直排列参数的多个 Figure 图表和界面元件
row()	使用相同尺寸水平排列参数的多个 Figure 图表和界面元件
gridplot()	创建多行多列的格子来排列多个 Figure 图表和界面元件
widgetbox()	创建 WidgetBox 对象使用相同尺寸来排列界面元件

✪ ColumnDataSource 对象

ColumnDataSource 对象是 Bokeh 的基础数据结构，可以对应字段名称至 Pandas 的 Series、Numpy 数组或列表，作为图表的数据来源，代码如下：

```
data = ColumnDataSource(data={
    "x": [1,2,3,4],
    "y": df["target"]
})
```

上述代码创建 ColumnDataSource 对象 data，data 参数值是字典，即绘制图表所需 x 轴数据和 y 轴数据。也可以直接使用 Pandas 的 DataFrame 对象来创建 ColumnDataSource 对象，代码如下：

```
data = ColumnDataSource(df)
```

15-4-2　同时绘制多张图表

在 15-2 节和 15-3 节都只绘制单一图表，事实上，只需使用布局函数，即可在同一行、同一列或使用表格方式来绘制多张图表。

✪ 在同一行绘制多张图表　◀Ch15_4_2.py▶

修改 Python 程序 <u>Ch15_2_2c.py</u>，使用鸢尾花数据集创建 ColumnDataSource 对象，以便在同一行绘制两张图表并加上图例，代码如下：

```
from bokeh.plotting import figure, output_file, show
from bokeh.models import CategoricalColorMapper
from bokeh.plotting import ColumnDataSource
from bokeh.layouts import row
import pandas as pd

df = pd.read_csv("iris.csv")
output_file("Ch15_4_2.html")

c_map = CategoricalColorMapper(
        factors=["setosa","virginica","versicolor"],
        palette=["blue","green","red"]
)
```

上述代码导入相关模块和函数后，载入 iris.csv 文件，即可创建色彩地图。在下方使用 DataFrame 对象的字段来创建 ColumnDataSource 对象，代码如下：

```
data = ColumnDataSource(data={
        "x": df["sepal_length"],
        "y": df["sepal_width"],
        "x1": df["petal_length"],
        "y1": df["petal_width"],
        "target": df["target"]
})

p1 = figure(title="鸢尾花数据集-花萼")
p1.circle(x="x", y="y", source=data, size=15,
        color={"field": "target", "transform": c_map},
        legend="target")
p2 = figure(title="鸢尾花数据集-花瓣")
p2.circle(x="x1", y="y1", source=data, size=15,
        color={"field": "target", "transform": c_map},
        legend="target")
layout = row(p1, p2)
show(layout)
```

上述代码创建图表 p1 和 p2，并且加上 legend 参数来显示图例，即可调用 row() 函数水平排列两张图表，其执行结果如图 15-21 所示。

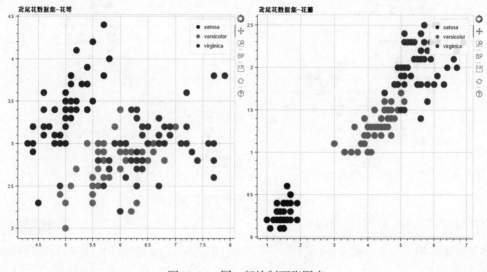

图15-21　同一行绘制两张图表

☺ 在同一列绘制多张图表

Ch15_4_2a.py

只需修改 Python 程序 Ch15_4_2.py，改用 column() 函数即可在同一列绘制多张图表，代码如下：

```
layout = column(p1, p2)
```

上述代码的执行结果是垂直排列两张图表。

☺ 在多行多列绘制多张图表

Ch15_4_2b.py

对于复杂的版面配置，可以嵌套调用 column() 和 row() 函数来使用多行多列绘制多张图表。例如，修改 Python 程序 Ch15_4_2a.py，新增下拉式菜单元件来编排两张图表和一个界面元件，代码如下：

```
menu = [("setosa","1"),("virginica","2"),("versicolor","3")]
mnu = Dropdown(label="鸢尾花种类", menu=menu)

layout = column(mnu, row(p1, p2))
```

上述代码创建名为 menu 的下拉式菜单元件后，调用 column() 垂直编排界面元件，row() 函数水平编排两张图表，其执行结果如图 15-22 所示。

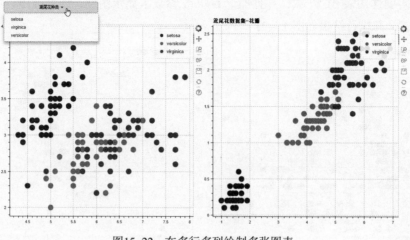

图15-22　在多行多列绘制多张图表

☆ 使用格子布局绘制多张图表

Ch15_4_2c.py

除了嵌套调用 column() 和 row() 函数，还可以使用 gridplot() 函数使用格子布局绘制多张图表（即使用表格编排），在此直接将 Python 程序 Ch15_4_2b.py 改用 gridplot() 函数来编排，代码如下：

```
layout = gridplot([mnu, None], [p1, p2])
```

上述代码创建 2×2 的表格，所以参数是两个 Python 列表，第一个参数的列表因为只有一个界面元件，所以列表第二项是 None，其执行结果如图 15-23 所示。

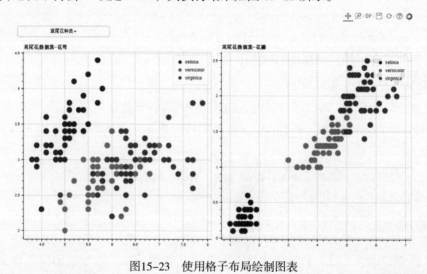

图15-23　使用格子布局绘制图表

15-4-3　标签页

如果多张图表和界面元件需要分组显示，可以使用 Bokeh 标签页来编排多组图表或使用界面。

458

✪ 标签页

修改 Python 程序 Ch15_4_2c，改用标签页编排两个下拉式菜单和两张图表。请注意！标签页不是布局函数，而是一种小工具（Widgets），代码如下：

```
from bokeh.models.widgets import Dropdown, Tabs, Panel
```

上述代码导入 Tabs 和 Panel 对象，因为每一页标签页需要使用 Panel 元件来分组元素，而且 Panel 分组的图表或元件并不能重复，所以，共创建两个下拉式菜单 mnu1 和 mnu2，代码如下：

```
menu = [("setosa","1"),("virginica","2"),("versicolor","3")]
mnu1 = Dropdown(label="鸢尾花种类", menu=menu)
mnu2 = Dropdown(label="鸢尾花种类", menu=menu)

tab1 = Panel(child=column(mnu1,p1), title="花萼")
tab2 = Panel(child=column(mnu2,p2), title="花瓣")
tabs = Tabs(tabs=[tab1, tab2])

show(tabs)
```

上述代码先创建两个 Panel 对象 tab1 和 tab2，child 参数是分组的图表和元件，一样可以调用布局函数，title 参数是标签名称，然后创建 Tabs 对象，tabs 参数是 Panel 对象列表，最后 show() 函数显示 Tabs 对象，从其执行结果可以看到两页标签页，如图 15-24 所示。

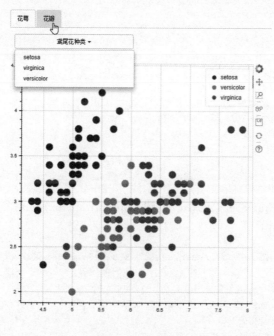

图15-24　标签页

15-5 互动图表

对于布局编排的多个图表来说，可能需要联动多张图表来方便查看数据，或在单击和选取图表时，提供更多信息和使用不同色彩来标识选取的区域。

15-5-1 联动多张图表

一般来说，如果同时绘制多张图表，可能需要联动这些图表来创建互动功能，具体如下：

❈ 当在散点图表选取指定局部的数据点时，同时更新其他图表的显示范围。

❈ 当缩放一张图表时，同时联动缩放其他图表来方便进行相同 x 轴或 y 轴区域的比较。

⭐ **联动图表选取和 x 轴缩放**　　　　　　　　　　　　　　　◀ Ch15_5_1.py ▶

修改 Python 程序 Ch15_2_2b.py 的 Kobe Bryant 球员统计数据的折线图，分成两张水平排列的折线图，并且联动图表选取和 x 轴缩放，代码如下：

```
from bokeh.plotting import figure, output_file, show
from bokeh.models import ColumnDataSource
from bokeh.layouts import gridplot
import pandas as pd

df = pd.read_csv("Kobe_stats.csv")

output_file("Ch15_5_1.html")

data = ColumnDataSource(data={
        "x": pd.to_datetime(df["Season"]),
        "y": df["PTS"],
        "y1": df["AST"],
        "y2": df["TRB"]
})
```

上述代码使用 DataFrame 对象的字段创建 ColumnDataSource 对象后，创建下方字符串的工具栏功能列表，代码如下：

```
TOOLS = "pan,wheel_zoom,box_zoom,reset,save,box_select,lasso_select"

p1 = figure(title="Kobe Bryant的生涯得分", tools=TOOLS,
            title_location="above", x_axis_label="年份",
            y_axis_label="得分",
            x_axis_type="datetime")
p1.circle(x="x", y="y", source=data, color="red")
```

上述代码是第一张 Figure 对象的图表，参数 tools 指定显示的工具栏，主要是新增两种选取功能。

> 请注意！用来选取的图表需要是散点图，所以使用 circle() 函数创建散点图，参数 source 是数据来源的 ColumnDataSource 对象 data。

在下方是第二张 Figure 对象的两条折线图，p1.circle() 和 p2.line() 都是使用相同的 x 轴数据，代码如下：

```
p2 = figure(title="Kobe Bryant的生涯助攻和篮板", tools=TOOLS,
            title_location="above", x_axis_label="年份",
            y_axis_label="助攻和篮板",
            x_axis_type="datetime")
p2.line(x="x", y="y1", source=data, legend="AST", color="green")
p2.line(x="x", y="y2", source=data, legend="REB", color="blue")

p1.x_range = p2.x_range
layout = gridplot([[p1,p2]])

show(layout)
```

上述代码指定 p1 和 p2 拥有相同的 x_range，然后使用 gridplot() 函数编排两张图表和共享工具栏，即可调用 show() 函数显示图表，其执行结果如图 15-25 所示。

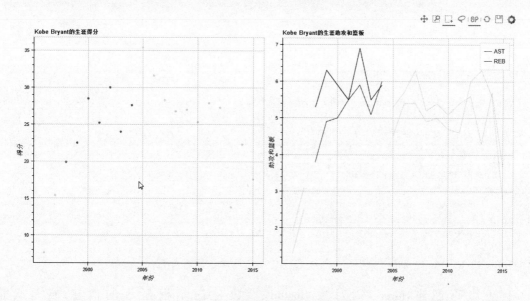

图15-25　联动图表选取和x轴缩放

在上述左边散点图使用选取工具选取区域，可以看到右边也联动只显示选取局部的图表，如果是缩放图表，可以看到两张图表同步缩放。

☉ 联动图表的 y 轴缩放 ◀ Ch15_5_1a.py ▶

Python 程序 Ch15_5_1.py 是 x 轴的范围相同，两张图表是同步缩放 x 轴的范围，只需指定相同 y_range，即可同步缩放 y 轴的范围，代码如下：

```
p1.y_range = p2.y_range
```

15-5-2　在图表新增更多的互动功能

在 Bokeh 的工具栏中可以新增 hovor_tool 和 box_select（上一小节已经使用过）工具为图表新增更多互动功能，具体如下。

✽ 悬停工具提示框（Hover Tooltip）：当鼠标光标移至数据点时，就会显示浮动提示框来提供进一步信息。

✽ 标识选取区域（Selection）：在图表选取区域时，使用不同色彩来标识选取区域。

☉ 悬停工具提示框 ◀ Ch15_5_2.py ▶

修改 Python 程序 Ch15_2_2b.py 的 Kobe Bryant 球员统计数据的折线图，加上悬停工具（Tooltip）提示框，代码如下：

```
hover_tool = HoverTool(tooltips = [
            ("得分", "@PTS"),
            ("助攻", "@AST"),
            ("篮板", "@REB")
])

data2 = ColumnDataSource(data)

p = figure(title="Kobe Bryant的生涯得分、助攻和篮板",
           title_location="above", x_axis_label="年份",
           y_axis_label="得分、助攻和篮板",
           x_axis_type="datetime", tools=[hover_tool])
p.line(x="Season", y="PTS", source=data2,
       legend="PTS", color="red")
p.line(x="Season", y="AST", source=data2,
       legend="AST", color="green")
p.line(x="Season", y="REB", source=data2,
       legend="REB", color="blue")

show(p)
```

上述代码创建 Hover_Tool 对象，tooltips 参数是提示框显示的信息，@ 是对应 ColumnDataSource 对象的字段，然后在 figure() 函数使用 tools 参数指定使用悬停工具提示框，其执行结果为当鼠标光标移至数据点时，就会显示浮动提示框来提供进一步信息，如图 15-26 所示。

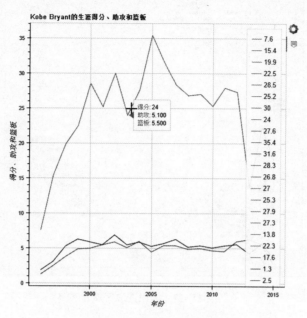

图15-26　悬停工具提示框

◀ Ch15_5_2a.py ▶

✪ 标示选取区域

修改 Python 程序 Ch15_2_2c.py 鸢尾花数据集的散点图，同时加上悬停工具提示框和标识选取区域，代码如下：

```
hover_tool = HoverTool(tooltips = [
            ("花瓣长度", "@petal_length"),
            ("花瓣宽度", "@petal_width"),
            ("种类", "@target")
])
data = ColumnDataSource(df)

p = figure(title="鸢尾花数据集", tools=["box_select", hover_tool])

p.circle(x="petal_length", y="petal_width", source=data, size=15,
        color={"field": "target", "transform": c_map}, legend="target",
        selection_color="green", nonselection_fill_alpha=0.3,
        nonselection_fill_color="grey")
```

上述代码在 figure() 函数的 tools 参数新增 box_select 和 hover_tool，然后在 circle() 函数指定选取区域色彩是绿色；没有选取局部的色彩是灰色，透明度是 0.3，其执行结果如图 15-27 所示。

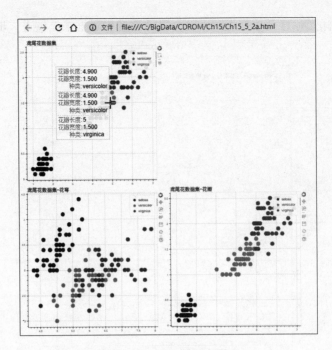

图15-27　标识选取区域

Python网络爬虫与数据可视化应用实战

15-6 创建 Bokeh 应用程序

目前绘制的 Bokeh 图表都是输出成 HTML 文件后在本机浏览器显示互动图表，事实上，需要创建 Bokeh 应用程序，才能整合界面元件与图表来定制化用户互动。

15-6-1 认识 Bokeh 服务器

Bokeh 应用程序简单来说是一种 Web 应用程序，它是一个轻量级生产 Bokeh 文件（Bokeh Documents）的工厂，当用户启动浏览器连接 Bokeh 服务器时，服务器就会先执行 Bokeh 应用程序产生专属新文件，然后回传至浏览器来显示。

☻ Bokeh 服务器简介

Bokeh 服务器是通过执行 Python 语言的 Bokeh 应用程序来产生 Bokeh 文件，而不用自行编写客户端 JavaScript 代码，如图 15-28 所示。

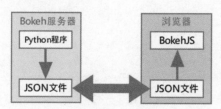

图15-28　Bokeh服务器工作过程

图 15-28 中的 Bokeh 文件就是 JSON 格式的文件，Python 程序会将互动图表转换成 JSON 文件，在回传至浏览器后，使用 BokehJS 函数库依据 JSON 文件来显示互动图表，并且与用户进行互动。

☻ 创建 Bokeh 应用程序的基本步骤

使用 Bokeh 函数库创建 Bokeh 应用程序的基本步骤如图 15-29 所示。

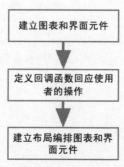

图15-29　创建Bokeh应用程序的基本步骤

首先编写创建图表和界面元件的 Python 程序代码，然后针对界面元件定义选择或改变时调用的回调函数（Callback Functions），最后，可以使用布局函数来编排多个图表和使用界面，同样，也可以编排创建仪表盘（Dashboard）。

15-6-2 创建 Bokeh 应用程序

使用 Python 程序创建 Bokeh 应用程序，此程序不是在 Spyder 执行，而是需要启动 Bokeh 服务器来执行 Python 程序。

❂ 使用滑块的点数随机数产生散点图 ◁Ch15_6_2.py▷

整合滑块元件和散点图，初始随机数产生 100 个数据点，当用户拖动滑块增加数据点数时，同时也会更新散点图显示随机数产生的数据点数（请注意！在 Python 程序不可使用中文标题、标签和选项），代码如下：

```python
from bokeh.models import Slider, ColumnDataSource
from bokeh.io import curdoc
from bokeh.layouts import column
from bokeh.plotting import figure
import random

num_of_points = 100
data = ColumnDataSource(data = {
        "x": random.sample(range(0,600),num_of_points),
        "y": random.sample(range(0,600),num_of_points)
})
```

上述代码首先导入 curdoc 的目前 Bokeh 文件函数，然后创建 ColumnDataSource 对象使用随机数产生 100 个 0 ~ 599 的 x 和 y 值。在下方调用 circle() 函数绘制出散点图并创建 Slider 对象，代码如下：

```python
p = figure(title="Random Scatter Plot")
p.circle(x="x", y="y", source=data, color="blue")
sld = Slider(start=0, end=500, step=10, value=num_of_points,
            title="Slide to Increase Number of Points")

def callback(attr, old, new):
    points = sld.value
    data.data = {"x": random.sample(range(0,600),points),
                "y": random.sample(range(0,600),points)
}
sld.on_change("value", callback)

layout = column(sld, p)
curdoc().add_root(layout)
```

上述 callback() 函数是 Slider 对象的回调函数，在使用 sld.value 获取最新滑块值的点数后，重新使用随机数产生最新点数的 x 和 y 值，接着调用 on_change() 函数注册此回调函数，这是当第一个参数元件的 value 值改变时，就触发调用第二个参数的 callback() 函数（on_click() 函数是注册选择元件时触发的回调函数），即可使用 column() 函数垂直编排界面元件和散点图，最后调用 curdoc().add_root() 函数新增 layout 至目前的 Bokeh 文件。

打开 Anaconda Prompt 命令提示符窗口，输入下列指令：

```
(base) C:\BigData\Ch15>bokeh serve --show Ch15_6_2.py          //按 Enter 键
```

执行 Bokeh 应用程序 Ch15_6_2.py，如图 15-30 所示。

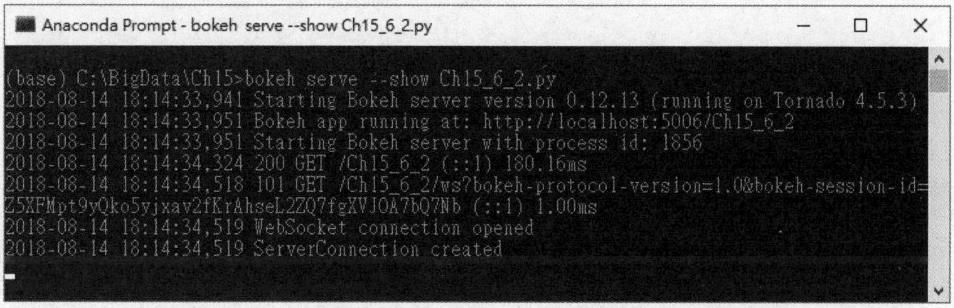

图15-30　执行Bokeh应用程序

当成功启动 Bokeh 服务器时，就会启动浏览器来显示 Bokeh 应用程序的互动图表，如图 15-31 所示。

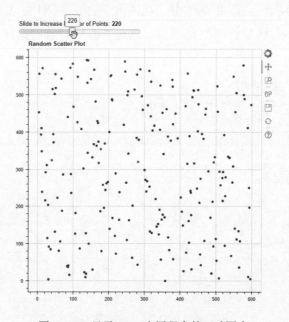

图15-31　显示Bokeh应用程序的互动图表

拖动左上角的滑块更改点数后，可以立即看到下方散点图的点数也同步增加。

✪ 选择花瓣或花萼绘制鸢尾花数据集的散点图　　Ch15_6_2a.py

整合 Python 程序 Ch15_3f.py 和 Ch15_4_2b.py，可以使用 Select 选择元件选择花瓣或花萼，即可切换显示鸢尾花长和宽的散点图，代码如下：

```python
from bokeh.plotting import figure
from bokeh.models import CategoricalColorMapper, Select
from bokeh.plotting import ColumnDataSource
from bokeh.layouts import column
from bokeh.io import curdoc
import pandas as pd

df = pd.read_csv("iris.csv")

c_map = CategoricalColorMapper(
        factors=["setosa","virginica","versicolor"],
        palette=["blue","green","red"]
)

data = ColumnDataSource(data={
        "x": df["petal_length"],
        "y": df["petal_width"],
        "target": df["target"]
})
```

上述代码使用 DataFrame 对象创建 ColumnDataSource 对象 data，拥有数据 x、y 和 target，然后使用 circle() 函数绘制散点图后，创建 Select 对象的选择元件，选项是 petal 和 sepal，代码如下：

```python
p = figure(title="IRIS DataSet")
p.circle(x="x", y="y", source=data, size=15,
        color={"field": "target", "transform": c_map},
        legend="target")

sel = Select(options=["petal", "sepal"], value="petal", title="iris")
def callback(attr, old, new):
    if sel.value == "petal":
        data.data = {
                "x": df["petal_length"],
                "y": df["petal_width"],
                "target": df["target"]
}
    else:
        data.data = {
                "x": df["sepal_length"],
```

```
            "y": df["sepal_width"],
            "target": df["target"]
}
sel.on_change("value", callback)

layout = column(sel, p)
curdoc().add_root(layout)
```

上述 callback() 函数是 Select 元件的回调函数，首先使用 sel.value 判断是花瓣还是花萼，然后重新使用 DataFrame 对象创建 ColumnDataSource 对象 data，即可调用 on_change() 函数注册 callback() 函数，最后使用 column() 函数垂直编排界面元件和散点图，并调用 curdoc().add_root() 函数新增 layout。

请打开 Anaconda Prompt 命令提示符窗口，输入执行 Bokeh 应用程序的指令如下：

```
(base) C:\BigData\Ch15>bokeh serve --show Ch15_6_2a.py          //按 Enter 键
```

当成功启动 Bokeh 服务器后，就会启动浏览器来显示 Bokeh 应用程序的互动图表，显示花瓣（Petal）尺寸的散点图，如图 15-32 所示。

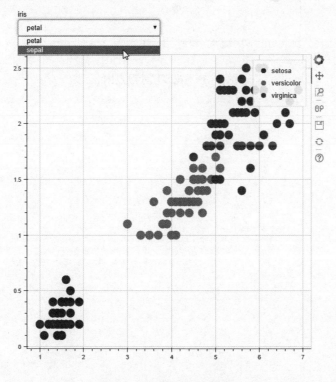

图15-32　花瓣尺寸散点图

在上方的下拉菜单中选择 sepal，可以马上在下方显示花萼（Sepal）尺寸的散点图，如图 15-33 所示。

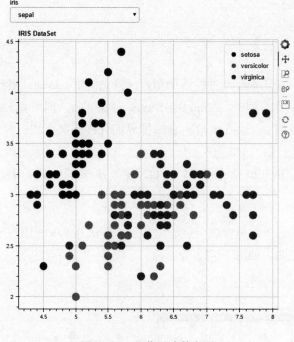

图15-33　花萼尺寸散点图

1. 请问什么是静态图表和互动图表？

2. 请问 Bokeh 函数库是什么？其模块界面有哪些？

3. 请简单说明 Bokeh 创建互动图表的基本步骤。

4. 请问什么是 Bokeh 服务器？创建 Bokeh 应用程序的基本步骤是什么？

5. 目前数据的 x 轴是 1 ~ 50；y 轴是 x 轴的 3 倍，请写出 Python 程序使用 Bokeh 绘出折线图，标题文字是 Draw a Line。

6. 现有某公司 5 天股价数据的 CSV 文件 stock.csv，请创建 Python 程序使用 Pandas 载入文件，使用 Bokeh 绘出 5 天股价的折线图。

7. 请创建 Python 程序，使用 Pandas 载入 anscombe_i.csv 文件，使用 Bokeh 以 x 和 y 字段绘出散点图。

8. 请创建 Python 程序，使用 Pandas 载入 iris.csv 文件后，使用 Bokeh 以 petal_length 和 petal_width 字段绘出散点图。

Python数据可视化
实操案例

16-1　执行数据可视化

16-2　找出数据之间的关联性

16-3　探索性和解释性数据分析

16-4　数据可视化实操案例

16-1 执行数据可视化

数据可视化（Data Visualization）是使用图形化方式呈现信息和数据，通过图表传达数据的故事，所以，每一个人的数据可视化效果可能都不同。

本节将说明执行数据可视化的一些技巧和注意事项，可以帮助读者正确地执行数据可视化。

16-1-1 问对问题

数据可视化最重要的步骤是问对问题，因为数据可视化的目的是制作图表来回答问题，而这些问题的答案就是通过绘制数据可视化的图表找到的。

所以，在决定进行数据可视化之前，请先询问自己一些问题，如果下列有任何一个问题的答案为"是"，就表示你需要数据可视化，具体如下：

✳ 你是否相信数据可视化可以让你说出数据中隐藏的故事？

✳ 你是否需要找出两个数据特征之间的关系？是否有关联性？

✳ 你是否需要找出数据中规律且相似的行为模式？

✳ 你是否需要从数据中找出分组或集群，并且抽出可能的数据？

✳ 你是否需要观察数据中指定字段的数据分布情况？

✳ 你是否希望显示在一段时间内的数据走向和趋势？

✳ 你是否怀疑数据中可能有异常值，而且除非使用数据可视化，无法找出此异常值。

16-1-2 选对图表

实际上，简报数据时有 4 种基本呈现类型（Basic Presentation Types），具体如下：

✳ 比较（Comparison）。

✳ 分布（Distribution）。

✳ 关联性（Relationship）。

✳ 组成（Composition）。

上述 4 种呈现类型各自拥有适合的图表，换句话说，当你知道需要使用哪一种呈现类型时，就知道使用哪些图表来呈现数据。

✪ 如果你需要比较数据

数据可视化常常需要排行和比较数据，如果数据集有时间字段，还需要时间性的数据趋势比较，其适用图表见表 16–1。

表16-1　比较数据适用的图表

呈现类型	适用图表
排行和比较数据	水平和垂直条形图（Bar Plots）
时间性的数据趋势比较	折线图（Line Chars）

✪ 如果你需要了解数据的分布

对于数据集中的数值数据，数据可视化一般来说都需要了解数据分布情况，其适用图表见表 16-2。

表16-2　了解数据分布适用的图表

呈现类型	适用图表
单变量分布	直方图（Histograms）
双变量分布	散点图（Scatter Plots）
数据庞大且分散的双变量分布	六角形箱图（Hexbin Plots）

如果在数据集有非数值的分类字段，就需要进一步了解分类的数据分布，其适用图表见表 16-3。

表16-3　适合有非数值分类数据的图表

呈现类型	适用图表
分类数据的分布	箱线图（Box Plots）
需要核密度估计图的分类数据分布	小提琴图（Violin Plots）

✪ 如果你需要进一步了解数据之间的关联性

如果数据集有多个数值字段，数据可视化需要找出两个数值数据之间的关联性，其适用图表见表 16-4。

表16-4　了解数据关联性适用的图表

呈现类型	适用图表
两个数值数据之间的关联性	散点图（Scatter Plots）

✪ 如果你需要了解数据的组成

数据可视化除了比较外，另一种呈现是数据的组成，其适用图表见表 16-5。

表16-5　了解数据的组成适用的图表

呈现类型	适用图表
数据的组成	饼图（Pie Charts）或堆栈条形图（Stacked Bar Plots）

16-2 找出数据之间的关联性

数据可视化是将大数据使用图形抽象化成易于阅读者吸收的内容，通过图表来识别出数据中的模式（Patterns）、趋势（Trends）和关联性（Relationships）。

基本上，从数据中识别出模式和时间趋势需要经验和对数据本身背景知识的了解，不过，数据关联性的识别有多种方法，可以绘制出两个数值字段的数据分布，即散点图，或使用 Pandas 的 corr() 函数计算两个变量的相关系数来找出数据之间的关联性。

16-2-1 使用散点图

只需将两个变量的数据绘制成散点图，即可从图表观察出 x 和 y 两轴变量之间的关联性。例如，手机使用时间和工作效率的数据见表 16-6。

表16-6　手机使用时间和工作效率的数据

使用时间/h	0	0	0	1	1.3	1.5	2	2.2	2.6	3.2	4.1	4.4	4.4	5
工作效率/min	87	89	91	90	82	80	78	81	76	85	80	75	73	72

上述是手机使用的小时数和工作效率的分数（满分 100 分），可以依据数据绘制散点图（Python 程序：Ch16_2_1.py），代码如下：

```
hours_phone_used = [0,0,0,1,1.3,1.5,2,2.2,2.6,3.2,4.1,4.4,4.4,5]
work_performance = [87,89,91,90,82,80,78,81,76,85,80,75,73,72]

df = pd.DataFrame({"hours_phone_used":hours_phone_used,
                   "work_performance":work_performance})

df.plot(kind="scatter", x="hours_phone_used", y="work_performance")
```

上述代码创建两个 Python 列表后，创建 DataFrame 对象并调用 plot() 函数绘出散点图，如图 16-1 所示。

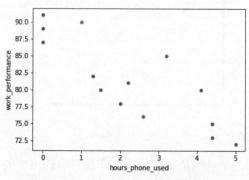

图16-1　手机使用时长与工作效率散点图

上述散点图的数据点可以找出 x 轴和 y 轴数据之间是正相关、负相关还是无相关，其说明如下。

✽ 正相关（Positive Relation）：图表显示当一轴增加，同时另一轴也增加，数据排列成一条往右斜向上的直线。例如，身高增加，体重也同时增加，如图 16-2 所示。

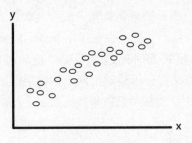

图16-2　正相关

✽ 负相关（Negative Relation）：图表显示当一轴增加，同时另一轴却减少，数据排列成一条往右斜向下的直线。例如，打游戏的时间增加，读书的时间就会减少，如图 16-3 所示。

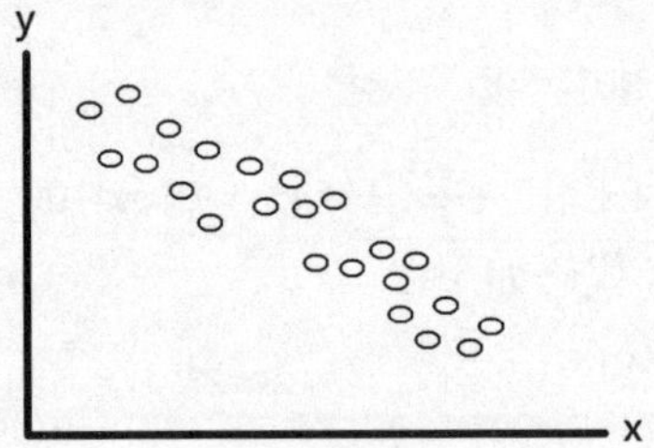

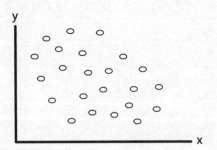

图16-3　负相关

✽ 无相关（No Relation）：图表显示的数据点十分分散，看不出有任何直线的趋势。例如，学生身高和期中考试成绩，如图 16-4 所示。

图16-4　无相关

观察上述散点图的数据点是在找出两个数据之间是否呈现出一条直线关系，这种关系就是线性关系，即 14-6-1 小节的回归线。

16-2-2　使用相关系数

相关系数（Correlation Coefficient）可以计算两个变量的线性相关性有多强（其值的范围是 –1 ~ 1）。不过，在说明相关系数之前，需要先了解什么是相关性，何谓因果关系。

✪ 因果关系和相关性

基本上，如果两个变量之间有因果关系，表示一定有相关性；反之，有相关性，并不表示两个变量之间有因果关系，具体如下。

✳ **相关性（Correlation）**：量化相关性的值范围为 –1 ~ 1，即**相关系数**，可以使用相关系数的值来测量两个变量的走势如何相关及其强度。例如，相关系数的值接近 1，表示一个变量增加，另一个变量也增加；相关系数的值接近 –1，表示一个变量增加，另一个变量减少。

✳ **因果关系（Causation）**：一个变量真的影响另一个变量，也就是说，一个变量真的可以决定另一个变量的值。

简单地说，如果变量 X 影响变量 Y，相关性只是 X 导致 Y 的原因之一（可能还有其他原因），因果关系是指变量 X 是变量 Y 的决定因素，至于要如何证明两个变量之间的因果关系，就需要使用统计学的检验。

✪ 计算 DataFrame 对象的相关系数　　　　　◁Ch16_2_2.py▷

因为相关系数可以测量两个变量之间线性关系的强度和方向，在 DataFrame 对象可以使用 corr() 函数计算每列之间的相关系数，代码如下：

```
df = pd.DataFrame({"hours_phone_used":hours_phone_used,
                   "work_performance":work_performance})
print(df.corr())
```

上述代码使用列表创建 DataFrame 对象后，调用 corr() 函数计算各字段之间的相关系数，如图 16–5 所示。

	hours_phone_used	work_performance
hours_phone_used	1.000000	-0.838412
work_performance	-0.838412	1.000000

图16–5　相关系数

可见，左上至右下的对角线值是 1.000000，因为是与本身计算的相关系数，其他是各字段之间互相计算的相关系数，可以看到值是 –0.838412，属于高度负相关，相关系数的判断标准见表 16–7。

表16-7　相关系数的判断标准

相关性	相关系数值
完美（Perfect）	接近 +1 或 -1，这是完美的正相关和负相关
高度（High）	在 0.5 ~ 1 和 -1 ~ -0.5 之间，表示有很强的相关性
中等（Moderate）	在 0.3 ~ 0.49 和 -0.49 ~ -0.3 之间，表示中等相关性
低度（Low）	在 -0.29 ~ 0.29 之间，表示有一些相关性
无（No）	值是 0，表示无相关

16-3　探索性和解释性数据分析

在进行数据可视化时，需要先了解什么是探索性数据分析和解释性数据分析，说明如下。

❋ 探索性数据分析（Exploratory Data Analysis）：一种数据分析的步骤和观念，一个使用数据可视化找出数据中隐藏信息的过程，其目的是理解数据，判断有什么东西值得强调，需要使用各种可能的假说，并使用不同角度来广泛地查看数据。

❋ 解释性数据分析（Explanation Data Analysis）：用来解释数据，叙述你从数据中找到的故事，其内容是你的听众需要知道的东西。简单地说，探索性数据分析是找出故事的过程；解释性数据分析是将数据叙述成听众可以了解的信息，因为很多听众只对结果感兴趣，所以并不用了解你找出故事的过程。

实际上，探索性数据分析是依据各种可能的假说创建大量和各种角度的可视化图表，从大量图表中找出数据中的隐藏信息，分析出有什么信息值得注意，可以告诉他人和与他人分享。如同在大量牡蛎中找珍珠，可能需要打开上百颗牡蛎，才能找到一颗珍珠。

解释性数据分析的图表有助于解释数据，你需要思考如何使用图表来与听众分享信息，而且，只要不是听众想看的图表，就不应该出现在最后的报告结果中。如同听众对那上百颗打开的牡蛎不会有兴趣，他们有兴趣的只有那一颗珍珠。

总之，探索性数据分析创建的图表是为数据分析者探索数据所用，其目的是找出数据之间的隐藏关系。请注意！这些关系不一定对最后的分析结果有帮助，可能只是另一个假说的线索。

解释性数据分析的图表使用在最后的报告结果中，这些图表是为了让听众能够了解你的分析结果，并不是为了展示发现结果的过程。

16

16-4 数据可视化实操案例

使用第 13 ~ 15 章说明的 Matplotlib、Pandas、Seaborn 和 Bokeh 函数库来实操一些数据集案例的数据可视化图表。

16-4-1　Matplotlib 与 Pandas 数据可视化

在 9-4-1 小节已经使用 Scrapy 爬取 Tutsplus 网站的教学文件信息，本小节使用 Matplotlib 与 Pandas 函数库来执行 tutsplus.csv 数据集的数据可视化。

⭐ 探索 tutsplus.csv 数据集　　　　　　　　　　　　　　　　　　　　〈Ch16_4_1.py〉

首先，需要使用 Pandas 读取 tutsplus.csv 文件，先来探索一下，看看数据是什么，代码如下：

```
import pandas as pd

df = pd.read_csv("tutsplus.csv", encoding="utf-8")
```

上述代码导入 Pandas 包后，调用 read_csv() 函数读取 CSV 格式的文件成为 DataFrame 对象 df，然后调用 info() 函数显示数据集的相关信息，代码如下：

```
print(df.info())
```

从上述 info() 函数的执行结果可以看到共 3582 行数据，执行结果如下：

执行结果

```
<class 'pandas.core.frame.DataFrame'>
RangeIndex: 3582 entries, 0 to 3581
Data columns (total 4 columns):
author      3582 non-null object
category    3582 non-null object
date        3582 non-null object
title       3582 non-null object
dtypes: object(4)
memory usage: 112.0+ KB
None
```

上述信息显示数据集有 4 个字段，每个字段都是 3582 行，所以没有遗漏值。然后显示前 5 行来实际查看数据内容，代码如下：

16

480

```
print(df.head())
```

上述代码调用 head() 函数显示前 5 行数据，如图 16-6 所示。

	author	category	date	title
0	Jeremy McPeak	Cloud Services	16 Aug 2018	Get Started With Pusher: Client Events
1	Sajal Soni	PHP	16 Aug 2018	How to Do User Authentication With the Symfony...
2	Esther Vaati	Angular 2+	15 Aug 2018	How to Deploy an App to Firebase With Angular CLI
3	Chike Mgbemena	Android SDK	14 Aug 2018	Android Architecture Components: Using the Pag...
4	Andrew Blackman	Machine Learning	14 Aug 2018	New Course: Machine Learning With Google Tenso...

图16-6　tutsplus前5行数据

上述每一行数据是一篇教学文件信息，依次是作者（author）、分类（category）、日期（date）和标题文字（title），可以看到没有任何数值字段、有日期和分类数据字段、可视化分类数据的计数，因为有日期字段，可以绘出图表来显示每一个月新增的教学文件数。

❀ 前 10 大教学文件类别的条形图　　　　　　　　Ch16_4_1a.py

在初步探索数据集后，使用 category 字段来分组计算各分类的教学文件数，显示前 10 大教学文件类别的条形图，代码如下：

```
print(df["category"].value_counts().head(10))
```

上述代码显示前 10 大教学文件数的分类类别，其执行结果如下：

执行结果
```
WordPress            251
Web Development      240
News                 233
PHP                  204
Android SDK          182
HTML & CSS           144
JavaScript           144
Python               122
Roundups             118
ActionScript         108
Name: category, dtype: int64
```

上述执行结果中，最多的类别是 WordPress；第二名是 Web Development。可以绘制出前 10 大教学文件类别的条形图，代码如下：

```
df["category"].value_counts().head(10).plot(kind="barh")
plt.title("Top 10 Categories")
```

上述 plot() 函数的 kind 参数值是 "barh"，可绘制出水平条形图，如图 16-7 所示。

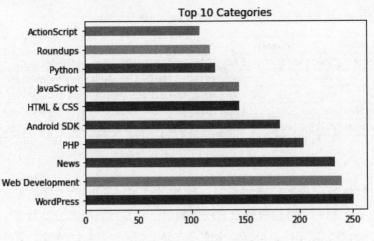

图16-7　前10大教学文件类别条形图

✪ 前 5 大作者教学文件数的条形图 ◀ Ch16_4_1b.py ▶

同理，使用 author 作者字段计算每一位作者发表的教学文件数，并显示前 5 大作者教学文件数的条形图，代码如下：

```
print(df["author"].value_counts().head(5))
```

上述代码显示发表教学文件数的前 5 大作者，其执行结果如下：

执行结果

```
Jeffrey Way         361
Andrew Blackman     160
Jeff Reifman        106
Monty Shokeen        94
Carlos Yanez         81
Name: author, dtype: int64
```

绘制出前 5 大作者教学文件数的条形图，代码如下：

```
df["author"].value_counts().head(5).plot(kind="barh")
plt.title("Top 5 Authors")
```

上述 plot() 函数的 kind 参数值是 "barh"，绘制出水平条形图，如图 16-8 所示。

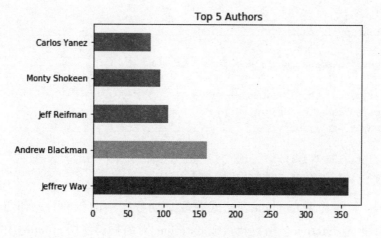

图16-8　前5大作者教学文件数条形图

✪ 转换英文日期数据

Ch16_4_1c.py

在 tutsplus.csv 数据集中虽然有 date 日期字段，问题是，日期值是英文日期 16 Aug 2018，需要解析成 2018-08-16 这样的形式，才能使用此字段来显示每月新增教学文件数的折线图。

Python 语言可以使用 dateparser 模块来解析英文日期，首先打开 Anaconda Prompt 命令提示符窗口，输入指令安装 dateparser 模块，代码如下：

```
(base) C:\Users\JOE>pip install dateparser          //按 Enter 键
```

在成功安装模块后，可以调用 parse() 函数解析英文日期数据，请在 Python 程序先导入 dateparser 模块，代码如下：

```
import pandas as pd
import dateparser

df = pd.read_csv("tutsplus.csv", encoding="utf-8")

df["date"] = df["date"].apply(dateparser.parse)
df.to_csv("tutsplus2.csv", index=False, encoding="utf-8")
print("存入tutsplus2.csv")
```

上述代码载入 tutsplus.csv 文件后，调用 DataFrame 对象的 apply() 函数执行 parse() 函数来解析英文日期，即可存储成 tutsplus2.csv 文件。

✪ 显示每月新增教学文件数的折线图

Ch16_4_1d.py

读取 tutsplus2.csv 文件，使用日期字段分组数据，即可计算和显示每月新增教学文件数的折线图，首先载入 tutsplus2.csv 文件，代码如下：

```
import pandas as pd
import matplotlib.pyplot as plt

df = pd.read_csv("tutsplus2.csv", encoding="utf-8")

df["date"] = df["date"].apply(lambda m: m[0:7])
df["date"] = pd.to_datetime(df["date"])
df2 = df.groupby("date").count()

df2["title"].plot(kind="line")
plt.title("Number of Courses per Month")
```

上述 apply() 函数套用 Lambda 表达式获取日期数据中的年和月，如 2018-08-16 中的 2018-08，在调用 to_datetime() 函数转换成 datetime 对象后，使用 groupby() 函数分组日期，调用 count() 函数计算各月份新增的教学文件数，即可绘出折线图，如图 16-9 所示。

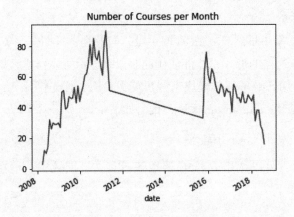

图16-9　每月新增文件数的折线图

从上述折线图可以明显看出数据集中少了 2012 ~ 2015 年的教学文件数据。只需使用数据可视化，即可清楚地看出数据集的缺失，接着就可以回到网站再爬取这几年的数据或剪裁数据集，如只分析 2016 年之后的教学文件数据。

✿ 2016 年之后每月新增教学文件数的折线图　Ch16_4_1e.py

只取出 tutsplus2.csv 数据集在 2016 年之后的数据来绘制每月新增教学文件数的折线图，代码如下：

```
df["date"] = df["date"].apply(lambda m: m[0:7])
df["year"] = df["date"].apply(lambda y: y[0:4])
```

上述代码可以分别获取只有月份和只有年份的日期数据，然后即可过滤出 2016 年后的记录数据，代码如下：

```
df = df[df["year"] >= "2016"]
df["date"] = pd.to_datetime(df["date"])
df2 = df.groupby("month").count()

df2["title"].plot(kind="line")
plt.title("Number of Courses per Month")
```

上述 DataFrame 对象 df 只有 2016 年之后的数据，现在可以分组日期字段计算各月份新增的教学文件数来绘出折线图，如图 16-10 所示。

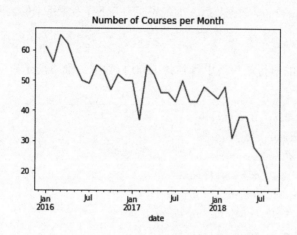

图16-10　2016年之后的每月新增文件数

从上述图表可以看到新增教学文件数的趋势是在逐渐减少中，从 2018 年 7 月开始，减少的趋势增快了不少。

16-4-2　Seaborn 数据可视化

在 9-4-2 小节已经使用 Scrapy 爬取 WallPaper Abyss 的精选壁纸网站的图片文件和张贴的图片数，本节准备使用 Seaborn 函数库执行 wallpaper.json 数据集的数据可视化。

⊙ 探索 wallpaper.csv 数据集　　　　　　　　　　　　　　　　　　◁Ch16_4_2.py▷

因为在原始 wallpaper.json 文件的数据集中有不需要的字段，所以需要先使用 Pandas 来清理数据集，并且用 for 循环计算并创建出图片的 X、Y 与像素列，代码如下：

```
df = pd.read_json("wallpaper.json", encoding="utf-8")

ppi,x,y = [],[],[]
for res in df["img_resolution"]:
    x.append(int(res.split('x')[0]))
    y.append(int(res.split('x')[1]))
    ppi.append(int(res.split('x')[0])*int(res.split('x')[1]))
```

```
df.insert(4, 'x', x)
df.insert(5, 'y', y)
df.insert(6, 'ppi', ppi)
df = df.drop(["preview_src",'img_title'], axis=1)
df.to_csv("wallpaper2.csv", index=False, encoding="utf-8")
print("存入wallpaper2.csv")
```

上述代码读取 wallpaper.json 文件后，删除列名为 preview_src 的列，接着通过 for 循环计算出图片的 PPI，创建 wallpaper2.csv 文件。

当成功创建 wallpaper2.csv 数据集后，准备先探索一下，看看手上的数据是什么，代码如下：

```
print(df.info())
```

从上述 info() 函数的执行结果可以看到共 1500 行数据，如下所示。

执行结果

```
<class 'pandas.core.frame.DataFrame'>
RangeIndex: 1500 entries, 0 to 1499
Data columns (total 7 columns):
img_id          1500 non-null int64
img_type        1500 non-null object
img_resolution  1500 non-null object
x               1500 non-null int64
y               1500 non-null int64
ppi             1500 non-null int64
download_src    1500 non-null object
dtypes: int64(4), object(3)
memory usage: 82.2+ KB
```

上述信息显示共有 7 个字段，因为每个字段都是 1500 行，所以没有遗漏值。然后，显示前 5 行来实际查看数据内容，代码如下：

```
print(df.head())
```

上述代码调用 head() 函数显示前 5 行数据，如图 16-11 所示。

	img_id	img_type	img_resolution	x	y	ppi	download_src
0	72270	jpg	1680x1050	1680	1050	1764000	https://initiate.alphacoders.com/download/wallpaper/72270/images2/jpg
1	103147	jpg	2560x1600	2560	1600	4096000	https://initiate.alphacoders.com/download/wallpaper/103147/images3/jpg
2	97548	jpg	2000x1333	2000	1333	2666000	https://initiate.alphacoders.com/download/wallpaper/97548/images4/jpg
3	356154	jpg	2560x1600	2560	1600	4096000	https://initiate.alphacoders.com/download/wallpaper/356154/images7/jpg
4	83704	jpg	1920x1080	1920	1080	2073600	https://initiate.alphacoders.com/download/wallpaper/83704/images4/jpg

图16-11　前5行数据

上述每一行数据是一张图片信息，img_id 是 id，image_type 是图片类型，img_resolution 是图片分辨率，x、y 是图片横纵值，ppi 是像素，download_src 是下载链接。

✪ wallpaper PPI 数据的直方图 ‹Ch16_4_2a.py›

在初步探索数据集后，绘制直方图来显示 PPI 数据的分布，代码如下：

```
sns.distplot(df["ppi"], kde=False)
plt.title("Number of PPI")
plt.xlabel("Number of PPI")
plt.ylabel("Number of Pictures")
plt.show()
```

上述代码使用 distplot() 函数绘出 PPI 字段的直方图，可以看出像素密度大多在 0 ~ 20000000 之间，如图 16-12 所示。

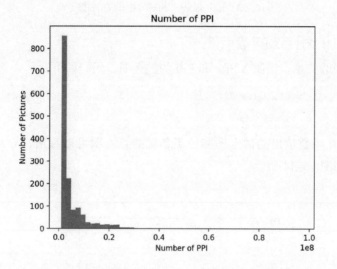

图16-12　wallpaper PPI数据的直方图

✪ wallpaper X Size 数据的直方图 ‹Ch16_4_2b.py›

同理，使用直方图显示贴图数的数据分布，代码如下：

```
sns.distplot(df["x"], kde=False)
plt.title("Number of X Size")
plt.xlabel("Number of X Size")
plt.ylabel("Number of Pictures")
plt.show()
```

上述 distplot() 函数绘出 X 字段的直方图，可以看出各图片的 X 轴像素多在 2000 和 4000 档位，证明图片分辨率多为 2K 与 4K，如图 16-13 所示。

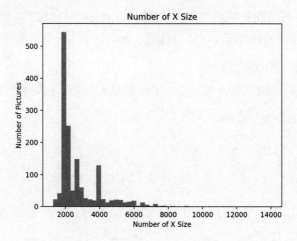

图16-13 wallpaper X Size数据的直方图

★ wallpaper X Size 和 PPI 的散点图

◆Ch16_4_2c.py◆

找出各字段之间的关系，绘制 X Size 和 PPI 的散点图，代码如下：

```
sns.jointplot(x="x", y="ppi", data=df)
plt.show()
```

从上述 joinplot() 函数绘出的散点图和位于各轴的直方图可以看出，X Size 和 PPI 之间有明显的线性关系，如图 16-14 所示。

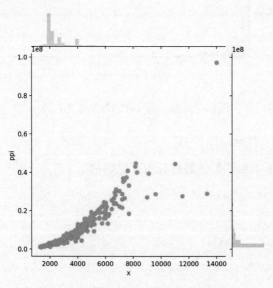

图16-14 wallpaper X Size和PPI的散点图

✿ wallpaper X Size 和 Y Size 的散点图

Ch16_4_2d.py

同理，绘出 X Size 和 Y Size 的散点图，代码如下：

```
sns.jointplot(x="x", y="y", data=df)
plt.show()
```

从上述 joinplot() 函数绘出的散点图和位于各轴的直方图可以看出，X Size 和 Y Size 之间也有明显的线性关系，证明壁纸的 X、Y 比例在大多数情况下是固定的，如图 16-15 所示。

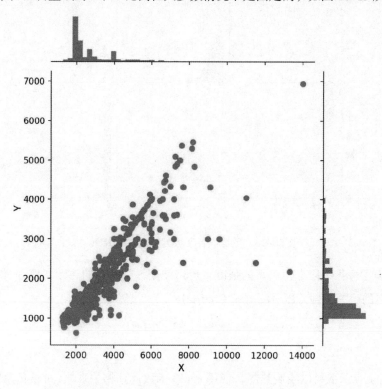

图16-15   wallpaper X Size和Y Size的散点图

✿ 数据集各字段配对的数据分布

Ch16_4_2e.py

因为 wallpaper2.csv 数据集有多个数值数据字段，可以针对各字段数据的配对来了解各种不同组合的数据分布，清除无规则的 img_id 字段后执行 pairplot() 函数，代码如下：

```
df = df.drop(['img_id'], axis=1)
sns.pairplot(df, kind="scatter", diag_kind="hist")
plt.show()
```

上述 pairplot() 函数创建各字段配对的散点图，对角线是直方图，如图 16-16 所示。

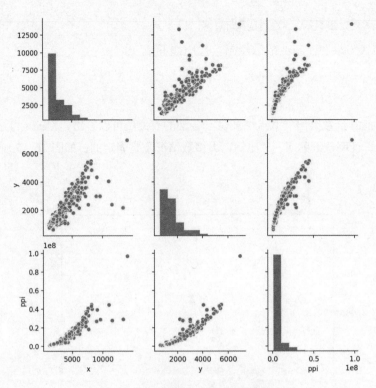

图16-16　数据集各字段配对的数据分布

为了进一步了解各字段之间关系的强度，可以使用 Seaborn 的热图（Heat Map）来显示各配对字段计算出的相关系数（Correlation Coefficient），代码如下：

```
sns.heatmap(df.corr(), annot=True, fmt=".2f")
plt.show()
```

上述 heatmap() 函数可以绘制热图，使用 corr() 函数计算相关系数，annot 参数值 True 表示在图块显示相关系数值，fmt 参数是数值格式，显示小数点后两位的浮点数，如图 16-17 所示。

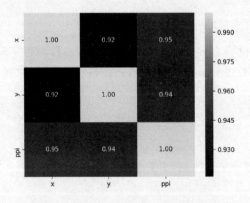

图16-17　相关系数热图

16-4-3 Bokeh 数据可视化

在美国 Yahoo 财经网站可以下载股票的历史数据，其网址为 https://finance.yahoo.com/ quote/2330.TW，2330 是台积电的股票代码，.TW 是中国台湾股市，如图 16-18 所示。

图16-18　Yahoo财经网站页面

请在上述网页单击 Historical Data 标签，在下方选择时间范围，单击 Apply 按钮显示股票的历史数据，然后单击 Download Data 按钮下载以股票名称为名的 CSV 文件。在 \Ch16\stocks 目录已经有一些 2017 年美股和台股个股整年股价的历史数据。

⊙ 探索 stocks\2330.TW.csv 数据集　　　　　　　　　　　　　　　◀Ch16_4_3.py▶

当使用 Pandas 读取 stocks\2330.TW.csv 文件后，先来探索一下，看看手上的数据是什么，代码如下：

```
df = pd.read_csv("stocks\\2330.TW.csv", encoding="utf-8")

print(df.info())
```

从上述 info() 函数的执行结果可以看到共 245 行数据，执行结果如下：

执行结果

```
<class 'pandas.core.frame.DataFrame'>
RangeIndex: 245 entries, 0 to 244
Data columns (total 7 columns):
Date          245 non-null object
Open          243 non-null float64
High          243 non-null float64
```

```
Low          243 non-null float64
Close        243 non-null float64
Adj Close    243 non-null float64
Volume       243 non-null float64
dtypes: float64(6), object(1)
memory usage: 13.5+ KB
None
```

上述信息显示共有 7 个字段，其中 6 个字段是 243，表示有遗漏值。调用 dropna() 函数删除这些有遗漏值的数据，代码如下：

```
df = df.dropna()
```

接着显示前 5 行数据来实际查看数据内容，代码如下：

```
print(df.head())
```

上述代码调用 head() 函数显示前 5 行数据，如图 16-19 所示。

	Date	Open	High	Low	Close	Adj Close	Volume
0	2017-01-03	181.5	183.5	181.0	183.0	183.0	22630000.0
1	2017-01-04	183.0	184.0	181.5	183.0	183.0	24369000.0
2	2017-01-05	182.0	183.5	181.5	183.5	183.5	20979000.0
3	2017-01-06	184.0	184.5	183.5	184.0	184.0	22443000.0
4	2017-01-09	184.0	185.0	183.0	184.0	184.0	18569000.0

图16-19 股价信息前5行数据

上述每一行数据是台积电一日的股价，依次是日期（Date）、开盘价（Open）、最高价（High）、最低价（Low）、收盘价（Close）、调整后的收盘价（Adj Close）和成交量（Volume）。

✪ 台积电的收盘价与成交量的散点图 ◈Ch16_4_3a.py◈

在初步探索数据集后，使用 Bokeh 函数库绘出散点图来看一看收盘价与成交量的数据分布，代码如下：

```
from bokeh.plotting import figure, output_file, show
from bokeh.plotting import ColumnDataSource
import pandas as pd

df = pd.read_csv("stocks\\2330.TW.csv", encoding="utf-8")
df = df.dropna()

output_file("Ch16_4_3a.html")
```

上述代码导入 CSV 文件且删除有遗漏值的数据后，指定输出的 HTML 文件名称，然后在下方创建数据来源的 ColumnDataSource 对象，使用 "Close""Volume" 两个字段，代码如下：

```
data = ColumnDataSource(data={
        "close": df["Close"],
        "volume": df["Volume"]
})

p = figure(title="台积电的收盘价与成交量",
            plot_height=400, plot_width=700,
            x_range=(min(df.Close), max(df.Close)),
            y_range=(min(df.Volume), max(df.Volume)))
p.diamond(x="close", y="volume", source=data)
p.xaxis.axis_label = "2017年收盘价"
p.yaxis.axis_label = "2017年成交量"

show(p)
```

上述代码创建 Figure 对象的图形后，调用 diamond() 函数绘出两列数据分布的散点图，如图 16-20 所示。

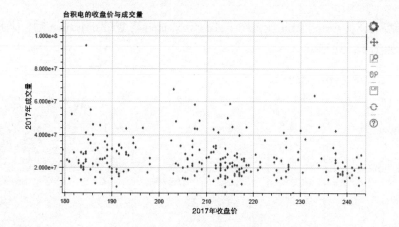

图16-20　收盘价与成交量的散点图

✪ 台积电的股价走势

接着，绘出折线图来查看台积电 2017 年的股价走势，代码如下：

```
df = pd.read_csv("stocks\\2330.TW.csv", encoding="utf-8")
df = df.dropna()
```

第 16 章　Python 数据可视化实操案例

```
df["Date"] = pd.to_datetime(df["Date"])

output_file("Ch16_4_3b.html")
```

上述代码导入 CSV 文件且删除有遗漏值的数据后，将 "Date" 字段转换成 datetime 对象，即可指定输出的 HTML 文件名称，然后在下方创建数据来源的 ColumnDataSource 对象，使用 "Date""Close" 两个字段，代码如下：

```
data = ColumnDataSource(data={
        "date": df["Date"],
        "close": df["Close"]
})

p = figure(title="台积电2017年的每日收盘价",
            plot_height=400, plot_width=700,
            x_axis_type="datetime",
            x_range=(min(df.Date), max(df.Date)),
            y_range=(min(df.Close), max(df.Close)))
p.line(x="date", y="close", source=data)
p.diamond(x="date", y="close", source=data)
p.xaxis.axis_label = "2017年"
p.yaxis.axis_label = "收盘价"

show(p)
```

上述代码创建 Figure 对象的图形，并且指定 x 轴的类型是 datetime 后，调用 line() 函数绘出折线图，如图 16-21 所示。

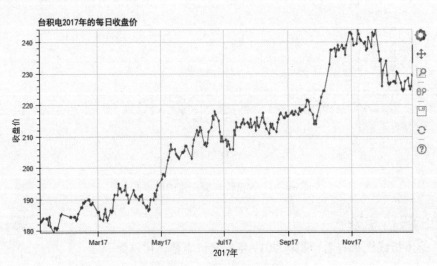

图16-21　股价走势折线图

☻ 连接多个 CSV 文件的数据集 ◀Ch16_4_3c.py▶

因为准备绘制多档苹果概念科技股的收盘价与成交量的散点图，因此需要将多个 CSV 文件先连接成单一数据集，并且新增 "Name" 字段的股票名称，代码如下：

```
df1 = pd.read_csv("stocks\\2330.TW.csv", encoding="utf-8")
df1 = df1.dropna()
df1["Name"] = "台积电"
df2 = pd.read_csv("stocks\\2317.TW.csv", encoding="utf-8")
df2 = df2.dropna()
df2["Name"] = "鸿海"
df3 = pd.read_csv("stocks\\2382.TW.csv", encoding="utf-8")
df3 = df3.dropna()
df3["Name"] = "广达"
df4 = pd.read_csv("stocks\\2454.TW.csv", encoding="utf-8")
df4 = df4.dropna()
df4["Name"] = "联发科"
df5 = pd.read_csv("stocks\\4938.TW.csv", encoding="utf-8")
df5 = df5.dropna()
df5["Name"] = "和硕"

data = pd.concat([df1, df2, df3, df4, df5])
```

上述代码共读取 5 只股票数据，并新增 "Name" 字段，只需指定成名称字符串，即可创建整列同名的 "Name" 字段，最后调用 concat() 函数连接成同一个 DataFrame 对象，即可输出 tech_stocks_2017.csv 文件。

☻ 苹果概念科技股收盘价与成交量的散点图 ◀Ch16_4_3d.py▶

使用 tech_stocks_2017.csv 数据集绘出苹果概念科技股收盘价与成交量的散点图，代码如下：

```
df = pd.read_csv("tech_stocks_2017.csv", encoding="utf-8")

output_file("Ch16_4_3d.html")

tech_stocks = ["台积电", "鸿海", "广达", "联发科", "和硕"]
c_map = CategoricalColorMapper(
        factors=tech_stocks,
        palette=["blue","green","red","yellow","gray"])
```

上述代码导入 CSV 文件后，指定输出的 HTML 文件名称，然后创建色彩地图 CategoricalColorMapper 对象对应 5 只股票，可以使用不同色彩绘出数据点。在下方创建数据来源的 ColumnDataSource 对象，使用 "Close""Volume""Name" 三个字段，代码如下：

```
data = ColumnDataSource(data={
        "close": df["Close"],
        "volume": df["Volume"],
        "name": df["Name"]
})

p = figure(title="苹果概念科技股的收盘价与成交量",
            plot_height=400, plot_width=700,
            x_range=(min(df.Close), max(df.Close)),
            y_range=(min(df.Volume), max(df.Volume)))
p.diamond(x="close", y="volume", source=data,
        color={"field": "name", "transform": c_map})
p.xaxis.axis_label = "2017年收盘价"
p.yaxis.axis_label = "2017年成交量"

show(p)
```

　　上述代码创建 Figure 对象的图形后，调用 diamond() 函数绘出散点图，color 参数指定色彩地图的转换，可以看到 5 种色彩的数据点，分别代表不同的股票，如图 16-22 所示。

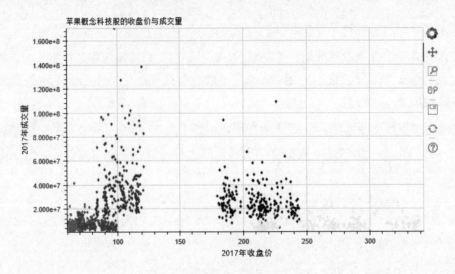

图16-22　苹果概念科技股散点图

✪ 在散点图使用悬停工具提示框

Ch16_4_3e.py

　　Python 程序 Ch16_4_3d.py 是使用 5 种色彩绘出 5 只苹果概念科技股的散点图，在图表加上悬停工具提示框，可以显示数据点的股票信息，首先在 ColumnDataSource 对象新增 "Date" 字段，代码如下：

16

```
data = ColumnDataSource(data={
        "date": df["Date"],
        "close": df["Close"],
        "volume": df["Volume"],
        "name": df["Name"]
})
```

然后创建 HoverTool 对象，tooltips 参数是浮动框显示的股票信息，即：

```
hover_tool = HoverTool(tooltips = [
            ("日期", "@date"),
            ("公司", "@name"),
            ("收盘", "@close"),
            ("成交量", "@volume")
])
p.add_tools(hover_tool)
```

上述代码调用 add_tools() 函数在图表新增悬停工具，其执行结果如图 16-23 所示。

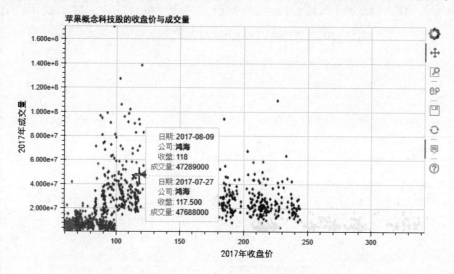

图16-23　显示股票信息的散点图

1. 请简单说明在执行数据可视化时，如何问对问题和选对图表。

2. 请问如何找出数据之间的关联性？

3. 请问因果关系和相关性有何不同？

4. 什么是探索性数据分析？什么是解释性数据分析？

5. 请参考 16-4 节示例和说明，使用 Ch16\NBA_players_salary_stats_2018.csv 的 NBA 球员统计数据来进行数据可视化。

6. 请参考 16-4-3 小节示例和说明，使用 Ch16\stocks 目录下的股票数据，进行美国科技股 Apple、Amazon、Google、Facebook 和 Microsoft 的数据可视化。